Robert Park

Fauler Zauber

EUROPA
VERLAG

Aus dem Amerikanischen von AMS / Dirk Oetzmann

ROBERT PARK

Fauler ZAUBER

Betrug und Irrtum in den Wissenschaften

Wie wir reingelegt werden und uns schützen können

Europa Verlag
Hamburg · Wien

Die Deutsche Bibliothek – CIP-Einheitsaufnahme

Ein Titelsatz für diese Publikation ist bei
Der Deutschen Bibliothek erhältlich.

Originalausgabe:
Voodoo Science
The Road from Foolishness to Fraud

Deutsche Erstausgabe

Lektorat: Aenne Glienke
Umschlaggestaltung: Kathrin Steigerwald, Hamburg,
unter Verwendung des Gemäldes
»Die schönen Realien« von René Magritte
Innengestaltung: AMS, Reute bei Freiburg
Druck und Bindung: Wiener Verlag, Himberg bei Wien
ISBN 3-203-81005-0

Informationen über unser Programm erhalten Sie beim
Europa Verlag, Neuer Wall 10, 20354 Hamburg
oder unter www.europaverlag.de

Inhalt

Vorwort

Im Jahr 1982 rief mich der Physiker William (Willy) Fowler vom California Institute of Technology an, dessen Arbeit über die Materiehäufigkeit im Universum ein Jahr später mit einem Nobelpreis belohnt werden sollte, und fragte mich, ob ich mein Forschungsjahr nicht dazu verwenden wolle, für die American Physical Society ein Büro für Öffentlichkeitsarbeit in Washington einzurichten. Schließlich sollten die Physiker über die Entwicklungen in Washington auf dem Laufenden gehalten werden, die für sie von Bedeutung sind. Vielleicht, sagte Fowler, könne man ja die Forschungsergebnisse nicht nur der Regierung, sondern auch der Öffentlichkeit zugänglich machen.

Das Ganze war als Experiment gedacht. Bis dahin hatte niemand die Präsenz der American Physical Society, deren Hauptsitz sich in New York befand, in Washington für notwendig gehalten, aber die Zeiten hatten sich geändert. Die öffentliche Unterstützung für die Wissenschaft hatte seit dem Vietnamkrieg stark nachgelassen.

Die Wissenschaftler, die noch vor nicht allzu langer Zeit öffentlich gefeiert wurden und als Patrioten angesehen waren, weil sie geholfen hatten, den Zweiten Weltkrieg zu gewinnen und den Menschen zum Mond zu bringen, fanden sich plötzlich wegen ihrer Beziehungen zur Regierung gebrandmarkt. In Regierungskreisen herrschte der Kalte Krieg. Von der Regierung beauftragte Zensoren versuchten, den Austausch nicht geheimer Arbeitsergebnisse bei öffentlichen Konferenzen zu unterbinden, das Budget für Grundlagenforschung wurde gekürzt und der atomare Rüstungswettlauf war außer Kontrolle geraten.

Mein Forschungsjahr war längst überfällig. Ich hatte zuvor einfach keine Zeit dafür gefunden: Meine Examenskandidaten brauchten Hilfe, ständig bat mich eine große Forschungsgruppe um Beistand und Anregungen, ich gab eine internationale Zeitschrift für Oberflächenphysik heraus und hatte den Lehrstuhl für Physik und Astronomie an der University von Maryland inne. Im Frühling wurde Ellen Williams, die als Graduierte zu meiner Forschungsgruppe gestoßen war, zum Assistant Professor ernannt, sodass ich ihr die Verantwortung für ein Jahr übertragen konnte. Am Ende des Jahres würde jemand anderes die Leitung in Washington übernehmen, und ich würde weiter unterrichten und die Forschung über die Molekularstruktur kristalliner Oberflächen wieder aufnehmen, die den Großteil meiner Arbeitszeit in den letzten 20 Jahren beansprucht hatte.

Tatsächlich war am Ende des Jahres aber niemand da, der meinen Platz in Washington einnehmen konnte. Es gibt kaum ein größeres Privileg, als den Lehrstuhl für Physik an einer renommierten Universität innezuhaben, aber eine solche Position bringt auch die Pflicht mit sich, die Missstände unserer Zeit anzuprangern. Ich versuchte also, meine Arbeiten in Washington und in Maryland unter einen Hut zu bringen. Nachdem die Forschungsgruppe ihre Arbeit abgeschlossen hatte, widmete ich mich immer weniger der Forschung. Eigentlich war die Gruppe schon längst zu Ellens Gruppe geworden und hatte sich unter ihrer Leitung prächtig entwickelt.

Die wichtigen gesellschaftlichen Probleme – also solche, die Umwelt, nationale Sicherheit, Gesundheitsfürsorge und Wirtschaft betreffen – sind kaum ohne wissenschaftliche Hilfe zu bewältigen. Da ich aber eine Lanze für die Wissenschaft brechen wollte, zog ich wissenschaftliche Theorien und Ideen heran, die ohne jeden Zweifel absolut und vollkommen falsch sind, sich aber dennoch einer großen Schar leidenschaftlicher und manchmal einflussreicher Anhänger erfreuen.

Ich musste erkennen, dass viele Menschen sich wissenschaftlichen Theorien gerade so anschließen, wie sie sich dafür entscheiden, Methodisten, Demokraten oder Fußballfans zu werden. Sie bewerten die Wissenschaft danach, wie gut sie in ihr eigenes Weltbild passt.

Sind wir selbst daran schuld? Haben die Wissenschaftler mit ihrer Begeisterung und ihrem Entdeckerdrang das Bild eines Universums vermittelt, in dem alles passieren kann? Wie können wir den Menschen helfen, Wissenschaft von Pseudowissenschaft zu unterscheiden?

Ich begann, meine Erfahrungen mit Voodoo Science in meine wöchentliche Kolumne im Internet – *What's New* – und in meine Artikel für die Fachpresse zu integrieren. Einer dieser Artikel erschien in der *New York Times*, versehen mit dem Titel „Voodoo Science". Titel und Artikel erregten großes Interesse bei den Lesern, also wurde ich beauftragt, das Thema intensiver zu bearbeiten. Das Ergebnis war eine Sammlung von Aufsätzen mit dem Titel *Dumbing Down: Essays on the Strip-Mining of American Culture*, herausgegeben von Katherine Washburn und John Thornton bei W. W. Norton & Co. Meine Agentin Theresa Park (die nicht mit mir verwandt ist) drang darauf, „Voodoo Science" ebenfalls zum Thema eines Buchs zu machen. Sie war mir immer eine Quelle der Inspiration und eine große Unterstützung, selbst nachdem unser erster Versuch gescheitert war.

Natürlich freue ich mich darüber, wenn Wissenschaftler Gefallen an meinem Buch finden, aber es ist eigentlich nicht für sie geschrieben. Ich wollte kein Fachbuch schreiben, das nur von Fachleuten gelesen wird. Kirk Jensen, mein Lektor bei Oxford University Press, war derselben Meinung. Er schlug vor, dass sich das Buch wie eine Erzählung ohne Fußnoten und Querverweise lesen sollte. Das hat leider den Nachteil, dass nur wenig Gelegenheit bleibt, die Arbeit anderer zu würdigen, vor allem die so scharfsichtiger Menschen wie Richard Dawkins, Martin Gardner, Ursula Goodenough, Steven Gould, James Randi, Michael Shermer, Steven Weinberg und E. O. Wilson.

Mein Dank gilt allen, die sich die Zeit genommen haben, mein Manuskript während seiner Entstehung zu begleiten: Barry Beyerstein, K. C. Cole, Alex Dessler, Ursula Goodenough, Francis Slakey, David Voss und Peter Zimmermann.

Sie alle halfen mit Verbesserungsvorschlägen und ersparten mir so manche peinliche Situation. Alle noch bestehenden Fehler liegen allein in meiner Verantwortung. Mein besonderer Dank gilt meinem Sohn Robert T. Park, der mir bei unseren langen Läufen an Sonntagnachmittagen auf dem Northwest Branch dabei half, einzelne Aspekte des Buchs zu überdenken. Schließlich danke ich auch der American Physical Society, die mir 16 Jahre lang erlaubt hat, mich mit den klügsten Köpfen der Welt auszutauschen und dafür nur eine einzige Bedingung stellte. Meine wöchentliche Kolumne musste den folgenden Zusatz aufweisen: „Der Inhalt des Textes spiegelt die Meinung des Autors wider und ist nicht unbedingt auch die der APS, sollte es aber sein.“

Eins

Wie Voodoo Science verpackt wird

Joe Newman und die Energiemaschine

Ich rief Joe Newman in seinem Haus in Lucedale, Mississippi, an. Zu meiner Überraschung nahm er den Hörer ab, ich hatte es schon einige Male versucht, aber immer nur seinen Anrufbeantworter erreicht, der mir sein neues Buch *The Energy Machine of Joseph W. Newman* für 74,95 Dollar anpries. Ich erklärte ihm, dass ich an einem Buch über Theorien arbeitete, die nicht offiziell von der Wissenschaft anerkannt werden, und dass dieses Buch ohne einen Bericht über seine Energiemaschine nicht vollständig sei. Er war misstrauisch. „Alles, was Sie wissen müssen, steht in meinem Buch“, sagte er. Ich erklärte, dass ich sein Buch schon 1986 zurzeit seiner Anhörung vor dem Senat gelesen hätte und nun wissen wolle, ob sich seine Ansichten seitdem geändert hätten. Daraufhin beruhigte er sich. Das Buch sei überarbeitet worden, und ich benötigte eigentlich ein neues Exemplar, aber im Grunde stünde er noch immer zu allem, was er hinsichtlich der Energiemaschine gesagt hatte.

Ich wartete, während er sich überlegte, was er mir sagen sollte. Dann begann er zu erzählen. Die wichtigste Änderung seit der Anhörung war, dass Joe Newman inzwischen zu Gott gefunden hatte. Nachdem er im Alter von 14 Jahren aus dem methodistischen Waisenhaus geflohen war, in dem er aufwuchs, wurde er Atheist, weil er nicht glauben wollte, dass ein Gott es zulassen würde, dass Kinder so sehr leiden müssen. Jetzt aber wurde ihm klar, dass die Energiemaschine das Leiden der Menschen mindern würde und dass er von Gott auserwählt worden war, sie zu entdecken, denn „Gott wusste, dass Joe Newman der richtige Mann dafür war“.

Newman war enttäuscht darüber, dass der Segen der Energiemaschine die Menschheit trotz seiner Bemühungen immer noch nicht erreichen konnte. „Ich tue alles für die Menschheit, aber die Menschen, denen ich am meisten vertraute, haben mich und die Menschheit betrogen“, behauptete er. Sein Patentanwalt, die Firma, die die Batterien für seine Maschine herstellte, sogar diejenigen, die für ihn vor dem Senat ausgesagt hatten, alle hatten seine Ideen verkauft oder für sich selbst genutzt. Er versicherte mir, dass es heute Motoren auf dem Markt gäbe, die auf seinen Theorien beruhen und die mit einer Effizienz von über 100 Prozent arbeiten, aber die Hersteller geben das nicht zu, um ihm keine Tantiemen zahlen zu müssen. Es würde ihn ja nicht stören, wenn man seine Ideen stiehlt, solange sie zum Wohl der Menschheit verwendet werden, aber diese Leute verschwiegen die Wahrheit über seine Erfindung. „Die Menschheit kümmert sie nicht“, sagte er traurig.

Kurz blitzte der alte Joe Newman noch einmal durch, als er schwor, die Verräter vor Gericht zu bringen. Er erklärte, dass es jetzt keine Rolle mehr spiele, dass das amerikanische Patentamt ihm sein Patent für eine „unbegrenzte Energiequelle“ verweigert hatte, denn inzwischen hatte er seine Energiemaschine in Mexiko patentieren lassen. Dank NAFTA- und GATT-Abkommen gelte das Patent weltweit. „Diese Leute werden alle verurteilt werden“, versicherte er mir.

Inzwischen glauben eine Menge Leute, dass Joe Newman tatsächlich einen Weg gefunden hat, unbegrenzte Energiemengen zu erzeugen. Newman ließ mich wissen, dass er seine Energiemaschine immer noch in Mississippi und Louisiana demonstriere und ab und zu in Radiointerviews zu Wort komme. Er sagte, man wolle ihn „nicht im Radio, weil man mir glaubt, sondern weil ich gute Quoten bringe. Kreative Menschen“, fügte er seufzend hinzu, „sterben arm.“ Danach folgte eine weitere lange Pause. „Die Einwohner von Mississippi haben diese Technologie nicht ausreichend gewürdigt“, führte er aus. „Ich werde nach Westen gehen. Dort macht man sich ernsthafte Sorgen um die Umweltverschmutzung und man wird meine Erfindung zu schätzen wissen.“

Wie viel davon glaubt Joe Newman eigentlich selbst? Auch jetzt ist es mir unmöglich, die Frage zu beantworten. Vielleicht weiß er es ja selbst nicht. Aber Joe Newman lässt sich nicht so leicht unterkriegen. Das erste Mal hörte ich von ihm und seiner Energiemaschine am 11. Januar 1984 in den *Evening News* auf CBS. „Wo liegt der Weg aus der Energiekrise?", fragte der Moderator Dan Rather. „Was wäre, wenn jemand sagte, die Lösung sei eine Maschine, die er entwickelt hat? Bevor Sie lachen, hören Sie erst einmal den Bericht von Bruce Hall." Der CBS-Reporter war in das kleine Städtchen Lucedale gereist. Am Ende einer staubigen Landstraße, gesäumt von Schildern mit der Aufschrift „Kein Zutritt" und „Durchfahrt verboten", stand Hall mit Joseph Wesley Newman vor dessen Werkstatt. Er beschrieb Newman als „brillanten Autodidakten und Erfinder". Ein gut aussehender Mann in den Vierzigern mit streng nach hinten gekämmten Haaren, gekleidet in einen Arbeitsanzug, sah den Zuschauern direkt in die Augen. Er erklärte, dass seine Maschine zehnmal so viel Energie liefere, wie sie verbrauche. „Stellen Sie sich eine davon zu Hause auf, und Sie brauchen nie mehr eine Stromrechnung zu bezahlen", behauptete er.

Amerikaner lieben solche Geschichten. Ein ungebildeter Hinterwäldler ohne Abitur macht eine herausragende wissenschaftliche Entdeckung. Er wird jedoch von dem übermächtigen Wissenschaftsapparat und einem Patentprüfer um die Früchte seiner Arbeit gebracht, die das Patent für eine „unbegrenzte Energiequelle" ablehnen, ohne das Gerät überhaupt gesehen zu haben, weil Patente für Perpetuum Mobiles grundsätzlich nicht erteilt werden. Joseph Newman aber lässt sich nicht herumschubsen, er tritt gegen die US-Regierung an und prozessiert gegen das Patentamt. Es ist der Kampf des kleinen Mannes gegen ein gigantisches, unpersönliches System.

Bei CBS hinterfragte niemand Newmans Idee. Im Gegenteil, die Reportage beinhaltete sogar die Aussagen zweier „Experten", die Newmans Maschine getestet hatten. Roger Hastings, ein jugendlich wirkender Doktor der Physik von der Sperry Corporation erklärte: „Möglicherweise stimmt seine Theorie, sie könnte die Gesellschaft revolutionieren." Milton Everett, Ingenieur des

Mississippi Department of Transportation, teilte den Zuschauern mit: „Joe ist ein außergewöhnlicher Denker. Er geht weiter als das, was in Büchern zu lesen ist.“ Wenn man sich damals die Nachrichten angesehen hat, musste man sich fragen, wie das Patentamt so sicher sein konnte, dass Joe Newman sich irrte.

Das Patentamt berief sich auf die lange und farbenprächtige Geschichte der Versuche, das Perpetuum Mobile zu bauen, die mindestens bis ins 17. Jahrhundert zurückreichte. Seit Jahrhunderten wurden in Europa Wasserräder verwendet, um Korn zu mahlen, aber in vielen Gegenden gab es keine geeigneten Flüsse für eine Mühle. Die Bauern dieser Gegenden mussten ihr Korn zu entfernten Mühlen transportieren, um es mahlen zu lassen. Im Jahr 1618 arbeitete der bekannte Londoner Physiker Robert Fludd an einer Mühle, die ohne einen Fluss auskommen sollte. Dr. Fludd war genau wie Joe Newman ein Mann mit grenzenlosem Selbstbewusstsein und viel Fantasie; wir werden ihm später als Heiler noch einmal begegnen. Dr. Fludd überlegte, ob das Wasserrad nicht nur Mühlsteine, sondern auch ein Pumpe antreiben könnte. Sie könnte dann das Wasser wieder zurückpumpen und so einen Kreislauf herstellen. So müsste es doch möglich sein, eine Mühle auf unbestimmte Zeit zu betreiben.

Dr. Fludds Idee scheiterte, aber sein Scheitern ebnete den Weg für eine der größten wissenschaftlichen Entdeckungen der Geschichte und führte schließlich zur Industriellen Revolution. Man misst die Arbeit eines Wasserrads, indem man das Gewicht des Wasser, das das Wasserrad verlässt, mit der Strecke multipliziert, die das Wasser während der Drehung des Rads zurücklegt. Man würde die gesamte dabei entstehende Energie brauchen, um das Wasser wieder in das oben liegende Reservoir zurückzupumpen. Es bliebe also keine Energie mehr übrig, um das Korn zu mahlen.

Leider sprach man im 17. Jahrhundert noch nicht von Energie und „Arbeit“ als messbaren Größen. Erst 200 Jahre später wurde der Grund für Fludds Scheitern als eines der grundlegenden Naturgesetze formuliert: *Die Energiemenge im Universum ist konstant.* Als mathematische Gleichung formuliert, entspricht dies dem *1. Hauptsatz der Thermodynamik*, und damit einer der wichtigsten Stützen der modernen Wissenschaft. Das Gesetz erklärt zum

Beispiel, warum ein Ball unabhängig vom Material, aus dem er gemacht ist, nicht höher springen kann als bis zu dem Punkt, von dem aus er fallen gelassen wurde. Diese Konstante der Energiemenge begegnet uns auch im täglichen Leben, denn einfach ausgedrückt: von nichts kommt nichts.

Leider drehte sich Dr. Fludds Wasserrad auch dann nicht, wenn man gar kein Korn mahlte, denn bei jeder Form von Arbeit geht Energie verloren, etwa durch die Reibungswärme, die in einer Maschine entsteht. Ohne zusätzliche Energie würde jede Maschine, egal wie gut sie konstruiert worden ist, langsamer werden und schließlich stoppen. Beschrieben wird dies im *2. Hauptsatz der Thermodynamik*. Der fallen gelassene Ball kann unabhängig vom Material nicht einmal genau den Punkt erreichen, von dem aus er fiel. Das erste Gesetz sagt also aus, dass man nicht gewinnen kann, das zweite, dass es nicht einmal für ein Unentschieden reicht.

Fast 400 Jahre sind seit Robert Fludds Experimenten vergangen, und Hunderte von Erfindern haben versucht, die Hauptsätze der Thermodynamik zu widerlegen. Vergeblich. Viele Erfinder waren so frustriert – oder vielleicht peinlich berührt –, dass sie versuchten, zu betrügen, indem sie komplizierte Vorrichtungen erdachten, mithilfe derer die Maschinen weiterliefen. Jedes Scheitern und jeder aufgedeckte Betrug bestätigte die Hauptsätze der Thermodynamik. Im Jahr 1911 schließlich legte die US-Regierung aus Ärger darüber, dass das Patentamt so viel Zeit auf die Prüfung unmöglicher Ideen aufwenden musste, fest, dass ein Patent nur dann ausgegeben werden sollte, wenn eine Maschine ein Jahr nach ihrer Anmeldung noch funktionierte. Natürlich gelang dies keiner der Maschinen, die neue Regelung schien die Patentanmeldungen für Perpetuum Mobiles gestoppt zu haben.

Dazu bezog in dem Bericht von CBS allerdings niemand Stellung. Er endete mit einem letzten Blick auf Joe Newman, der mit zusammengebissenen Zähnen feststellte: „Ich werde weiter kämpfen, bis die Hölle zufriert." Der Mann hatte irgendetwas Zwingendes an sich. Was immer Charisma auch genau sein mag, Joe Newman besaß es. Was soll's, dachte ich, niemand wird ihn ernst nehmen. Ich würde nie mehr etwas von Joe Newman und seiner Energiemaschine hören.

Natürlich hatte ich Unrecht. Die meisten Zuschauer wussten kaum etwas über Thermodynamik und sahen keinen Grund zu spotten. Die Experten hatten sich für Newman ausgesprochen und der renommierte Moderator Dan Rather, regelmäßiger Gast in Millionen Haushalten, hatte dazu aufgefordert, die Geschichte ernst zu nehmen. Zehntausende folgten der Aufforderung. Joe Newman ist inzwischen ein Klassiker in der Tradition von Elmer Gantry geworden und die Amerikaner lieben Elmer Gantry. Sie wollten, dass Newman Recht behielt.

CBS hatte Newman prominent gemacht. Er war Gast in der Johnny-Carson-Show und mietete für eine Woche den Superdome in New Orleans, um Tausenden von Fans, die je einen Dollar Eintritt zahlten, seine Maschine zu demonstrieren. Die komplizierte, 500 Pfund schwere Apparatur mit ihren riesigen Anzeigen, die Newman und seine Frau mit ihren eigenen Händen gebaut hatten, war nun unter der Motorhaube eines schicken roten Sterling-Sportwagen versteckt, mit dem Newman im Superdome mit einer Geschwindigkeit von konstanten sechs Kilometern pro Stunde im Kreis herumfuhr, während das Publikum applaudierte.

Mit dem triumphierenden Lächeln eines Mannes, der gerade die Formel-1-Weltmeisterschaft gewonnen hat, erklärte Newman, dass dieser Wagen ewig so weiterfahren könnte. Der Applaus wird zum Jubel. „Diese Maschine wird die Welt verändern!“, ruft er aus. „Warum ich das sagen kann? Ganz einfach! Die Wahrheit ist wie ein Laserstrahl, der alle Lügen verbrennt.“ Jetzt hat er sie da, wo er sie haben will. „Glaubt Ihr, dass dieses Auto nur von einer einzigen Batterie angetrieben wird? Ich kann euch nicht hören“, ruft er und hält eine winzige Babyzelle in die Höhe, mit der man normalerweise Transistorradios betreibt. Der Superdome bebt, Pfiffe und zustimmende Rufe mischen sich unter den Jubel. Newman holt zum entscheidenden Schlag aus. Er fordert die Physiker im Publikum auf, zu ihm auf die Bühne zu kommen und ihn herauszufordern. Sofort kehrt im Publikum Ruhe ein. Einige beginnen zu kichern, als Newman die Hand über seine Augen legt und so tut, als würde er vergeblich nach einem mutigen Physiker Ausschau halten.

Die meisten Wissenschaftler jedoch ignorierten Newman einfach. Die Vorstellung, dass jemand ohne fundierte Ausbildung, der noch nie wissenschaftlich auf sich aufmerksam gemacht hatte, plötzlich grundlegende Gesetze der Physik, die bisher jeder Prüfung standgehalten hatten, widerlegen konnte, erschien schlicht zu unwahrscheinlich, um sich damit näher zu befassen. Sie schauten weg, als ihre Wissenschaft mit Füßen getreten wurde. Aber hätten sie es verhindern können? Die vielleicht liebenswerteste Eigenschaft der Amerikaner ist ihre Sympathie für Außenseiter. Sie mögen weder arrogante Wissenschaftler, die ihnen von oben herab etwas in einer unverständlichen Sprache erzählen, noch Bürokraten, die sich hinter irgendwelchen Normen verstecken. Außerdem traf Newman den Nerv eines der wichtigsten Mythen der industrialisierten Gesellschaft – freie Energie. Wer hat nicht schon einmal das Märchen von einem Auto gehört, das mit Wasser fährt? Natürlich wird die Produktion von der Ölindustrie verhindert. Den Menschen wird diese Geschichte niemals langweilig.

Wir werden auf den Traum von der freien Energie noch häufiger zurückkommen – und wir werden immer wieder auf Joe Newman stoßen. Vielleicht werden wir ihn sogar verstehen lernen. Seine Energiemaschine ist aber nur ein Beispiel von vielen für den Missbrauch von Wissenschaft. Er wird andauernd getrieben.

Voodoo Science

Die Wissenschaft fasziniert uns durch ihre Fähigkeit, zu überraschen. Unvorhergesehene Ergebnisse, die scheinbar unverrückbare Naturgesetze widerlegen, führen manchmal zu revolutionären Fortschritten der Forschung. Im letzten Jahrhundert hat sich durch solchen Fortschritt in der Wissenschaft unsere Lebenserwartung verdoppelt, die Fronarbeit wurde abgeschafft, die bis dahin über Jahrhunderte das Los des größten Teils der Bevölkerung gewesen war, wir entdeckten die Größe des Universums und uns steht jetzt Wissen über die ganze Welt zur Verfügung. Am Anfang dieses Jahrhunderts entschlüsseln wir mithilfe der Molekularbiologie die Geheimnisse des Lebens selbst, und die Physiker träumen bereits von der Entdeckung der „Weltformel“, die das ganze Universum erklärt.

Leider erweisen sich viele „revolutionäre“ Entdeckungen als Unsinn. Fehler gehören nun mal zur Forschung, und es ist ein selbstverständlicher Teil wissenschaftlicher Arbeit, Ungereimtheiten in wissenschaftlichen Experimenten und Beobachtungen aufzudecken. Um falsche Ergebnisse zu vermeiden, werden einzelne Experimente und Messungen immer wieder durchgeführt. Aber selbst bedeutende Wissenschaftler haben im Lauf ihrer Karrieren Ergebnisse eigentlich unwichtiger Versuche dergestalt fehlinterpretiert, dass sie in der Folge davon überzeugt waren, eine fantastische Entdeckung gemacht zu haben. Außerdem neigen Wissenschaftler genau wie alle anderen Menschen dazu, das zu sehen, was sie sehen wollen, und die fehlerhafte Schlussfolgerung eines Kollegen kann einen ganzen Berufsstand in die Irre führen. Wir sprechen hier von einer Art *pathologischer Wissenschaft*, bei der die Akteure sich selbst betrügen.

Wenn das sogar Wissenschaftlern passiert, wie viel einfacher muss es dann sein, etwa Juristen und Anwälte ohne naturwissenschaftlichen Hintergrund mit klug klingenden Argumenten durcheinanderzubringen? Das ist natürlich *falsche Wissenschaft*. Sie baut hauptsächlich auf verquasten Theorien, die zeigen, wie es sein *könnte*, aber nicht beweisen, dass es so *ist*.

Manchmal gibt es eben keine Beweise. Vor 200 Jahren glaubten gebildete Menschen, dass es die größte Leistung der Wissenschaft wäre, die Welt von Aberglaube und Quacksalberei zu befreien. Das ist nicht gelungen.

Der uralte Glaube an Dämonen und Magie geistert auch heute noch durch die Welt, er hat sich allerdings in wissenschaftliche Sprache und Symbole gekleidet: Ein erfolgreicher Gesundheitsguru behauptet etwa, dass seine spirituelle Heilmethode im Einklang mit der Quantentheorie steht; die Hälfte der Erdbevölkerung glaubt, dass die Erde von Außerirdischen besucht wird, die schneller als das Licht fliegen können; und selbst gebildete Leute laufen mit Magneten in den Schuhen herum, um Energie aus der Erde aufzunehmen. Das ist *Pseudowissenschaft*. Die daran glauben, mögen sie für echte Wissenschaft halten, aber Hexen und

Gesundbeter glauben ja auch, dass sie tatsächlich über übernatürliche Kräfte verfügen.

Was als möglicherweise einfacher Fehler beginnt, kann jedoch eine gewisse Eigendynamik entwickeln und so über Selbsttäuschung zum Betrug werden. **Die Grenze zwischen Dummheit und Betrug ist fließend. Da es oft nicht leicht ist, zu erkennen, ob diese Grenze überschritten wurde, verwende ich hier den Oberbegriff *Voodoo Science* für pathologische, falsche, Pseudo- und betrügerische Wissenschaft. Dieses Buch soll dem Leser helfen, Voodoo Science zu erkennen und die Kräfte zu verstehen, die sie am Leben erhalten.**

Die meisten Menschen hören von wissenschaftlichen Entdeckungen in den Nachrichten, zumeist im Fernsehen, und genau da beginnt unsere Geschichte.

Die Patterson-Zelle und die magischen Perlen

Am 6. Februar 1996 brachten die *Morning News* von ABC einen Bericht über den Erfinder James Patterson. Auch er hatte eine neue, unerschöpfliche Energiequelle entdeckt. „Jack pflanzte magische Bohnensamen, aus denen eine riesige Pflanze wuchs", begann der Sprecher, „aber als der Erfinder James Patterson ein paar Perlen – fast perfekt runde Perlen – mit Wasser mischte, erhielt er riesige Mengen Energie. Diese Erfindung könnte wie die Gans sein, die goldene Eier legt. Ein Bericht von Michael Guillen." Auch hier verkaufte ein seriöser Nachrichtensender eine „Wissenschaftsstory" als ernst gemeint.

Der Korrespondent Michael Guillen stand mit James Patterson in dessen vollgestopfter Garagenwerkstatt. Patterson hatte einen gewissen Erfolg mit der Herstellung kleiner Plastikperlen für eher banale Verwendungsmöglichkeiten erzielt. Gekleidet in einen Laborkittel schien der freundliche, onkelhafte 75-Jährige mit seinem weißen Haar fast die Karikatur eines Erfinders zu sein.

„Ich bin besser als 'n Millionär. Ich bin ein moderner Alchimist, der kleine Plastikperlen in Gold verwandelt", grinst er. Er überzieht die Polymerperlen mit einer Schicht aus Nickel und Palladium, wirft sie in Salzwasser und legt eine elektrische Spannung an. Dadurch, so erklärt er Guillen, entsteht 200-mal so viel Energie wie eingesetzt wurde. Wie das funktioniert? Er sagt, er habe keine Ahnung.

Palladium? Elektrolyse? Das erregte meine Aufmerksamkeit. Pattersons Behauptung erinnerte verdächtig an die „cold fusion" (kalte Fusion), die sieben Jahre zuvor Stanley Pons und Martin Fleischmann, zwei Chemiker der University of Utah, entdeckt haben wollten. Michael Guillen, selbst Physiker, müsste die Parallele doch erkannt haben, aber wenn es so war, ließ er sich zumindest nichts anmerken. Stattdessen setzte er ein ernstes Gesicht auf und sprach direkt in die Kamera: „Schon oft haben Leute behauptet, das Perpetuum Mobile gefunden zu haben, aber diese Apparatur hier ist etwas Besonderes. Der Erfinder hat sich bereits einen Namen gemacht, und mehrere große Firmen melden schon Interesse an. Außerdem scheint die Funktionsweise von mehreren Wissenschaftlern an renommierten Universitäten unabhängig voneinander bestätigt worden zu sein. Manche zweifeln jedoch immer noch."

Diese Zeile diente als Überleitung, um die so genannten „Experten" zu Wort kommen zu lassen. Sie werden meist durch eingeblendete Stichworte identifiziert, ihre Beiträge sind auf wenige Satzfetzen zusammengekürzt. In der Fernsehberichterstattung ist dies längst zur Selbstverständlichkeit geworden. Als Erster sprach „John Huizenga, Nuklearwissenschaftler": „Ich glaube nicht, dass da irgendetwas dran ist." Das war alles! Drei Sekunden für die gegensätzliche Meinung. Es folgte ein gewisser Quentin Bowles, seines Zeichens Professor an der University of Missouri: „Es funktioniert, aber wir wissen nicht, warum. Mehr kann man dazu nicht sagen." Die ganze Sequenz dauerte nicht länger als sieben Sekunden.

Der Ingenieur Quentin Bowles war nicht gerade berühmt. John Huizenga jedoch war ein bekannter Atomwissenschaftler an der University of Rochester, Mitglied der National Academy of Sciences und Vorsitzender des Gremiums, das 1989 gebildet worden war, um Fleischmann und Pons' „kalte Fusion" zu untersuchen. Er hatte daraufhin ein Buch darüber geschrieben, das große Anerkennung fand. Guillen hätte keinen besseren Fachmann finden können. Jeder Wissenschaftler, der von der kalten Fusion gehört hatte, hatte auch von John Huizenga gehört, aber der Durchschnittszuschauer kannte beide Experten nicht.

So entstand etwas, das Christopher Toumey in seinem Buch *Conjuring Science* als „Pseudosymmetrie“ bezeichnet – der Eindruck, dass etwa gleich viele Wissenschaftler für oder gegen eine neue Entdeckung sind.

Ich suchte in den Tageszeitungen nach Berichten über die Patterson-Zelle. Fernsehnachrichten sind gut und schön, aber es gibt keinen Ersatz für das gedruckte Wort. Bei Einblendungen im Fernsehen kann man schnell Missouri und Mississippi verwechseln, aber nicht noch einmal zurückblättern, um nachzusehen. Seltsamerweise fand ich keine Hinweise auf Patterson in den Zeitungen. Ein Gerät, das 200-mal mehr Energie produziert, als es verbraucht, wäre ein Meilenstein der Weltgeschichte. Man sollte annehmen, dass James Patterson und seine magischen Perlen auf der Titelseite stünden, aber er wurde nirgends erwähnt. Und warum hatte Michael Guillen die Erwähnung der kalten Fusion so geflissentlich vermieden? Wurde das Publikum hier absichtlich getäuscht?

Möglicherweise. Die Geschichte war keine Nachricht und schon gar keine Wissenschaft, sie war Unterhaltung. Patterson ist genau wie Joe Newman eine interessante, schillernde Figur. Der Begriff *kalte Fusion* war deshalb nicht erwähnt worden, weil er negativ besetzt ist: Viele Menschen erinnern sich immer noch vage daran, dass sie nicht funktioniert hat. Durch das Verschweigen hat Guillen aber ein bemerkenswertes Detail verschleiert: Es gibt die kalte Fusion immer noch! Sie ist nicht ad acta gelegt.

Die kalte Fusion ist zwar schon vor Jahren von den Titelseiten verschwunden, aber seit 1989 trifft sich eine immer kleiner werdende Schar von Anhängern dieser Theorie an einem prestigeträchtigen Ort, um sich gegenseitig ihre neuesten Forschungsergebnisse zu demonstrieren. 1996 fand die International Cold Fusion Conference in einem Luxushotel im japanischen Sapporo statt. 1995 traf man sich in Monte Carlo, im Jahr davor in Maui. Wie die vorangegangenen Meetings war auch Sapporo eine vertrauliche Angelegenheit. Außerhalb der verschworenen Gemeinschaft redet man nicht viel darüber. Da sie sich ständig vom Rest der wissenschaftlichen Welt bedrängt fühlen, gibt es untereinander praktisch keinerlei Dissens. Selbst wenn einzelne Mitglieder zu gegensätzlichen Resultaten kommen, kritisieren sie sich nicht offen, sondern versuchen, einen gemeinsamen Nenner zu finden. Einer der Sprecher auf der Konferenz in Sapporo war der Erfinder James Patterson.

Ungläubige fühlen sich bei den Treffen nicht recht wohl und nehmen daher selten teil. Eine erwähnenswerte Ausnahme ist der Brite Douglas Morrison, der als Hochenergiephysiker beim CERN beschäftigt ist, dem großen europäischen Nuklear-Forschungszentrum in der Schweiz. Morrison hat es auf sich genommen, jedem Treffen beizuwohnen und die Wissenschaftler in aller Welt über die Fortschritte auf dem Laufenden zu halten. Zwei Jahre vor Sapporo war Morrison offiziell in den Ruhestand getreten, was für ihn wie für viele andere Wissenschaftler aber lediglich bedeutete, dass sein Einkommen sank, er aber mehr Zeit zur freien Verfügung hatte, um sich den Dingen zu widmen, die seine Aufmerksamkeit und sein Interesse erregten. Es scheint ihn nicht weiter zu stören, dass ihm Misstrauen und sogar offene Feindschaft entgegenschlagen, weil einige offenbar glauben, dass Morrison für eine mächtige, internationale Organisation arbeitet, die versucht, die Theorie der kalten Fusion zu unterdrücken. Morrison, der seine Reisekosten übrigens selbst trägt, sagt dazu nur, dass er eben gute Wissenschaft mag – und schlechte Wissenschaft ablehnt. Er erinnert sich an ein Interview aus dem Jahr 1989, in dem Pons eine Apparatur vorführte, die angeblich in der Lage war, eine kalte Fusion durchzuführen: „So wie sie hier steht“, hatte Pons gesagt, „könnte sie zum Beispiel Teewasser kochen.“ Seitdem fragt Morrison jedes Jahr während der Konferenz höflich nach einer Tasse Tee.

Die Anhänger kommen jedes Jahr in der Hoffnung wieder, endlich gute Nachrichten zu hören, doch 1996 wurden sie enttäuscht. Bis dahin war für die finanzielle Unterstützung hauptsächlich das EPRI (Electrical Power Research Institute) zuständig, an dem mehrere private Unternehmen beteiligt sind. Ein paar Monate zuvor hatte das EPRI jedoch bekannt gegeben, dass die Förderung für die Forschung über kalte Fusion gestoppt würde. Inzwischen waren zudem Gerüchte im Umlauf, dass auch das MITI (das japanische Ministerium für Handel und Industrie), das bis dahin das Treffen in Sapporo gesponsert hatte, sich zurückziehen wolle. Den Teilnehmern war dies unerklärlich. Warum sollten diese Organisationen ihre Unterstützung ausgerechnet jetzt versagen, da man der Lösung ganz nah war?

Leider war man der Lösung eigentlich immer ganz nah gewesen. Bei jedem der jährlichen Treffen gibt es große Aufregung um unwiderlegbare Beweise, die man nun endlich gefunden zu haben glaubt. Vielleicht hat man Spuren von Neutronen oder Gammastrahlung gefunden, die auf eine Verschmelzung von Deuteriumkernen hindeuten; oder man fand Helium, das Produkt einer Kernschmelze, im Metallgitter; oder bei einem halbwegs verlässlichen Experiment wurde wenigstens Energie frei; oder aber eine theoretische Untersuchung hat gezeigt, dass kalte Fusion doch nicht im Gegensatz zu den Gesetzen der Physik steht.

Beim folgenden Treffen sind dann alle Experimente und Untersuchungen bereits widerlegt bzw. gestoppt, entweder weil es Probleme mit dem Material gegeben hatte oder weil Fehler in der Argumentation gefunden wurden oder weil es niemandem gelungen war, zu denselben Ergebnissen zu kommen. Im Grunde ist man mit der kalten Fusion überhaupt keinen Schritt weiter gekommen.

Wir sprechen hier von Wissenschaftlern, die eine Ausbildung genossen haben und Neuentwicklungen mit professionellem Misstrauen betrachten sollten. Warum nur kommen sie jedes Jahr mit neuer Hoffnung wieder? Warum glaubt diese kleine Gruppe so fest an eine Hypothese, die von der Science Community schon Jahre zuvor als Unsinn abgetan wurde? Im Büro des FBI-Agenten Fox Mulder aus der erfolgreichen Fernsehserie *Akte X*, die sich mit paranormalen Phänomenen beschäftigt, hängt ein Poster mit der simplen Aufschrift: I want to believe (ich möchte glauben). Genau wie Mulder wollen auch die Anhänger der kalten Fusion glauben. Wenn wir verstehen wollen, warum sie sich gerade die kalte Fusion ausgesucht haben, müssen wir die Geschehnisse im Frühling des Jahres 1989 näher beleuchten.

Kalte Fusion und die Chemiker aus Utah

Einer der Gründe dafür, warum die meisten Wissenschaftler mit Joe Newmans Arbeit nichts anfangen können, ist darin zu suchen, dass er die „Regeln" nicht befolgte. Wissenschaftliche Neuentdeckungen werden im Allgemeinen zuerst einigen nahe stehenden Kollegen anvertraut und vielleicht in einem gemeinsamen Labor überprüft. Man kann seine Arbeit auch bei einer Fachkonferenz vorstellen – allerdings werden viele den Superdome nicht gerade als geeigneten Tagungsort ansehen. Wenn es keine Schwierigkeiten gibt, wird die Arbeit danach in einer Fachzeitschrift veröffentlicht. Der Herausgeber legt die Arbeit ohne Angabe des Autors einigen Fachleuten vor, um sie auf offensichtliche Fehler überprüfen zu lassen und um sicherzustellen, dass vorhergegangene Arbeiten gewürdigt werden. Sorgfältiges und objektives Korrekturlesen der Manuskripte anderer Wissenschaftler gilt als geradezu heilige Pflicht.

Soweit die Theorie. Tatsächlich kommt es häufig zu lautstarken und unangenehmen Zwischenfällen. Wissenschaftliche Konferenzen entwickeln sich oft zu hitzigen Diskussionen. Kollegen werden beschuldigt, Veröffentlichungen zu verhindern, die der eigenen Arbeit widersprechen, Redakteuren unterstellt man Voreingenommenheit.

Es kommt zu einer Rivalität, wie man sie sonst nur vom Fußballplatz kennt. So kann es passieren, dass völlig unsinnige Arbeiten veröffentlicht werden, während neue, spektakuläre Einsichten in belanglosen Debatten versickern. Und trotzdem arbeitet das System insgesamt gesehen erstaunlich gut. Letztendlich setzt sich gute Arbeit doch durch, während die minderwertige Arbeit schließlich unter den Tisch fällt. Der wissenschaftliche Entwicklungsprozess kann Fehler des Einzelnen verkraften – wobei die kalte Fusion eine bemerkenswerte Ausnahme bildet.

Am Donnerstag, dem 23. März 1989, wärmte die Sonne die Erde mittels Fusion von Wasserstoffkernen bei hohen Temperaturen, wie sie das schon seit fünf Milliarden Jahren tut. Sie wird dies auch noch weitere Milliarden Jahre tun, denn selbst in der enormen Hitze innerhalb der Sonne geschieht die Fusion nur langsam, was natürlich unser Vorteil ist. An der Universität von Utah in Salt Lake City fand eine Pressekonferenz statt, auf der bekannt gegeben wurde, dass die Chemiker Martin Fleischmann und Stanley Pons eine unerschöpfliche, umweltfreundliche Energiequelle entdeckt hätten. Diese nannten sie kalte Fusion. „Es ist uns gelungen, eine fortlaufende Fusionsreaktion mit Mitteln auszulösen, die sehr viel einfacher sind als konventionelle Methoden“, erklärte Professor Pons. Das würde bedeuten, dass man die Energieproduktionsrate der Sonne im Labor verdoppelt hätte.

Moshe Gai, Atomphysiker an der Universität von Yale, erinnert sich, dass er gerade auf dem Weg nach Hause war, als er die Neuigkeit im Radio hörte. Sollte sie wahr sein, wäre dies die größte wissenschaftliche Entdeckung des 20. Jahrhunderts. Gai befand sich kurz vor einer Ausfahrt, er konnte gerade noch die Abbiegespur erreichen. Gai wendete und fuhr so schnell zur Universität zurück, wie er konnte. Er glaubte zu wissen, wie er die Entdeckung aus Utah überprüfen konnte.

Eigentlich war die Nachricht bereits am Morgen an die Öffentlichkeit geraten. Schon Stunden vor der Pressekonferenz war sie in der *Financial Times* in London und im *Wall Street Journal* zu lesen. In den folgenden Wochen erschien eine optimistische Story nach der anderen über kalte Fusion im *Wall Street Journal*, darunter sogar ein Leitartikel, in dem die Zeitung sich rühmte, schon immer besonders progressiv über technische Neuentwicklungen berichtet zu haben. Die University of Utah benutzte das *Wall Street Journal*, um die kalte Fusion zu vermarkten, und das *Wall Street Journal* benutzte die kalte Fusion, um die Auflage zu steigern. Eine Entdeckung wie diese könnte zur Entstehung des größten Wirtschaftszweigs der Welt führen, dass sie zu den wichtigsten Wirtschaftstageszeitungen der Welt durchgedrungen war, war sicherlich kein Zufall.

Ein Zufall war jedoch, was sonst noch in dieser Nacht geschah. Vier Minuten nach Mitternacht lief der Supertanker Exxon Valdez im Prinz William Sund vor Alaska auf Grund und löste die größte Ölkatastrophe in der Geschichte Amerikas aus. Die Nachricht über die Exxon-Valdez-Katastrophe kam zu spät, um noch in den Morgenzeitungen an der Ostküste zu erscheinen, doch auf der

Titelseite der *New York Times* war die Entdeckung einer unerschöpflichen, umweltfreundlichen Energiequelle beschrieben. In den folgenden Tagen erinnerten Bilder von ölverschmierten Vögeln und Seehunden immer wieder daran, welchen Preis die Gesellschaft für ihre Mobilität bezahlen muss. Besah man sich neben der Katastrophe im Prinz William Sund Umweltverschmutzung durch sauren Regen und Tagebau, die Verseuchung durch das Reaktorunglück in Tschernobyl, den Treibhauseffekt und nukleare Abfälle weltweit, entstand unausweichlich der Eindruck, dass die Menschheit in den Exkrementen ihrer eigenen Energieproduktion versank. Die kalte Fusion versprach, die Erde aus ihrer selbstverschuldeten Umklammerung zu befreien.

Die Reaktion der Forschungsgemeinde auf die Nachrichten aus Salt Lake City stand in krassem Gegensatz zu der Gleichgültigkeit, die sie fünf Jahre zuvor Joe Newmans Behauptungen entgegengebracht hatte. Pons war schließlich ein anerkannter Professor der Chemie mit einer langen Reihe wissenschaftlicher Publikationen. Fleischmann war Gastprofessor in Utah, er arbeitete normalerweise an der University of Southampton und war Mitglied der British Royal Society, eine große Auszeichnung für jeden Wissenschaftler. Man durfte sie einfach nicht ignorieren.

Am Tag nach der Pressekonferenz versammelten sich Wissenschaftler auf der ganzen Welt und diskutierten die wenigen Informationen, die sie den Nachrichten entnehmen konnten. Zunächst einmal fragten sie sich, ob die Behauptungen aus Utah mit den bekannten Gesetzen der Physik vereinbar waren. Die ersten Berechnungen waren nicht sehr vielversprechend. Die Medien hatten allerdings nicht ausreichend Informationen verlauten lassen, um eine genaue Überprüfung der These aus Utah zuzulassen oder das Experiment zu wiederholen. Auf Anrufe bei der University of Utah hin erhielt man immer wieder nur die Pressemitteilung, die sich allerdings mehr mit dem wirtschaftlichen Potenzial der kalten Fusion beschäftigte als mit wissenschaftlichen Beweisen.

Das war mehr als nur eine Nichtbeachtung der Etikette. Die Integrität der Wissenschaft beruht auf der Bereitschaft der Wissenschaftler, ihre Theorien testen und ihre Ergebnisse von Kollegen überprüfen zu lassen. Die University of Utah hatte diese ungeschriebenen Gesetze gebrochen. Fleischmann und Pons waren zwar ständig in den Nachrichten präsent, sprachen aber nicht mit anderen Wissenschaftlern.

Genau wie Joe Newman hatten sie sich direkt an die Medien gewandt, und nun konnten ihre Kollegen nur aus den Medien Informationen erhalten.

Außergewöhnliche Theorien müssen durch außergewöhnliche Beweise gestützt werden, hat Carl Sagan einmal gesagt. Einer Ankündigung von solcher Tragweite wäre für gewöhnlich eine ganze Reihe genauer Prüfungen innerhalb der Wissenschaftlergemeinschaft vorausgegangen, außerdem hätte bis zum Zeitpunkt der Pressekonferenz jedem interessierten Wissenschaftler ein detaillierter Bericht zur Verfügung gestanden. Die grundlegende Hypothese der beiden Chemiker war jedoch bekannt: Bei der Elektrolyse von „schwerem Wasser" (Wasser, in dem statt normalem Wasserstoff Deuterium gebunden ist) werden Deuteriumkerne in einer Palladium-Kathode so stark zusammengepresst, dass sie verschmelzen, wobei große Mengen Energie frei werden. Deuterium ist ein in der Natur vorkommendes, stabiles Isotop von Wasserstoff. Da Deuterium immerhin 0,014 Prozent aller Wasserstoffatome der Ozeane ausmacht, ist der Vorrat praktisch unerschöpflich.

Die Fusion zweier Deuteriumkerne wurde schon 1934 von Ernest Rutherford in Cambridge geprüft. Nur wenige Prozesse der Kernphysik sind seither gründlicher untersucht worden. Aufgrund der positiven Ladungen stoßen Deuteriumkerne einander ab. Zwingt man sie jedoch nah genug zusammen, kommt die starke, aber nicht weit reichende Teilchenkraft zum Tragen. Sie verschmelzt die beiden Kerne zu einem zusammengesetzten Kern mit zwei Protonen und zwei Neutronen. Aus denselben Bestandteilen besteht Helium bzw. Helium-4, aber während dieses Atom sehr stabil ist, befindet sich der zusammengesetzte Kern in einem Zustand hochgradiger „Erregung", wie ein rotierender Reifen, kurz bevor er platzt. Wenn dies geschieht, wird die überschüssige Energie explosionsartig freigesetzt.

Die überschüssige Energie wird in Form von radioaktiver Strahlung transportiert. Etwa die Hälfte der Zeit besteht die Strahlung aus einem Neutron, das mit großer Geschwindigkeit aus dem Kern herausgeschleudert wird. Dadurch wird das Isotop zu Helium-3, einem leichten, aber stabilen Isotop von Helium. Sowohl das Helium-Isotop als auch das energiereiche Neutron sind eindeutige Nachweise einer Fusion. Da Neutronen keine elektrische Ladung tragen, können sie leicht durch die Wände der Zelle entweichen und mit der richtigen Ausrüstung daher nachgewiesen werden.

Es schien allerdings, als ob selbst sehr hohe Deuterium-Konzentrationen im Palladium die Kerne nicht so nahe zusammenpressten, um sie zur Fusion zu zwingen. Fleischmann hatte in einem Fernsehinterview erklärt, dass die hohe Konzentration des Deuteriums im Palladium gleichbedeutend mit sehr großem Druck sei. „Bisher haben sich Physiker immer auf hohe Temperaturen konzentriert", sagte Fleischmann herablassend, „niemand hat an großen Druck gedacht."

Dieser Kommentar überraschte mich, denn hohe Konzentrationen von Wasserstoffisotopen in Metallen werden schon seit Jahren untersucht. Tatsächlich können Wasserstoffisotope in Metallen wie Titan, Skandium und Erbium zwei- bis dreimal so hohe Konzentrationen erreichen wie in Palladium. Diese Metalle werden dazu verwendet, Deuterium und Tritium (ein radioaktives Isotop mit zwei Neutronen im Kern) in bestimmten Komponenten von Atomwaffen zu lagern, sie sind absolut stabil. Wenn Wissenschaftler glauben, eine ganz neue Idee zu haben, suchen sie meist zuerst einmal die Bibliothek auf, um nachzusehen, ob nicht schon früher jemand auf dasselbe gekommen ist. Wie konnten Fleischmann und Pons fünf Jahre an ihren Experimenten arbeiten, fragte ich mich, ohne in der Bibliothek nachzusehen, was bereits über das Verhalten von Wasserstoff in Metallen bekannt war?

Es gab noch andere Ungereimtheiten: Die Nebenprodukte einer Deuteriumfusion sind außer Helium auch Neutronen, Tritium und Gamma-Strahlung. Bei den Energiemengen, von denen Pons und Fleischmann sprachen, müssten eigentlich tödliche Mengen Gamma-Strahlung frei werden. Trotzdem hielten hier zwei strahlende Chemiker auf den Titelseiten der Zeitungen in aller Welt ihre Ausrüstung in die Kamera. Der Atomphysiker Frank Close kommentierte, sie müsste die stärkste Strahlungsquelle westlich von Tschernobyl sein. Selbst in der Fakultät für Physik an der University of Utah regte sich Skepsis, wie auch der Witz zeigt, den man sich damals erzählte: „Hast Du schon die schlechten Nachrichten über den wissenschaftlichen Assistenten in Pons' Labor gehört? Es geht ihm ausgezeichnet." Wenn hier wirklich eine Fusion stattfand, war es eine Fusion, wie sie die Menschheit noch nie gesehen hatte, denn die Energie wurde hauptsächlich als Hitze frei und nicht als Strahlung. Wenn Atomphysiker dies nicht erklären konnten, schienen die beiden Chemiker zu sagen, sprach das eben gegen die Atomphysiker.

Ein paar Tage nach der Pressekonferenz in Salt Lake City wurde ich von Robert Bazell interviewt, dem Chef der Wissenschaftsredaktion von NBC.

Bis dahin hatte weder NBC noch sonst einer der großen Rundfunk- und Fernsehsender über die Geschichte berichtet. Bazells Recherchen hatten ergeben, dass die Mehrheit der Wissenschaftler, insbesondere Physiker, davon überzeugt waren, dass die These aus Utah falsch sein müsse. Es schien jedoch niemand bereit zu sein, dies auch klar und deutlich vor einer Kamera zu sagen, daher fürchtete Bazell, dass der Öffentlichkeit ein falsches Bild vermittelt würde.

Das Interview fand in meinem Büro in Washington statt. Ich fasste kurz zusammen, aus welchen Gründen die Theorie der beiden Chemiker aus Utah meiner Meinung nach falsch sein musste. Der Kameramann von NBC stellte mir, erst als er bereits sein Equipment zusammenpackte, die entscheidende Frage, die natürlich nicht bei laufender Kamera gestellt werden durfte: „Also, was ist hier eigentlich los, Herr Professor? Ist es Betrug?" „Das glaube ich nicht", erwiderte ich, „aber warten Sie ein paar Wochen ab." Über Nacht waren Pons und Fleischmann weltberühmt geworden, aber da sie ihre Position öffentlich so vehement vertreten hatten, gab es nun keine Möglichkeit mehr für sie, alles zu relativieren. Sollte sich ihre Behauptung nicht bestätigen, und ich war sicher, dass dies geschehen würde, stünde ihre Reputation auf dem Spiel.

Einer der Gründe, die gegen die Theorie von Pons und Fleischmann sprachen, war, dass die Zahl der Neutronen, die angeblich frei wurden, mindestens eine Million Mal so groß sein musste, um die Energiemenge zu rechtfertigen, die bei der kalten Fusion entstehen sollte. Dennoch wäre jeder Nachweis von Neutronen ein Beweis dafür, dass irgendeine Form von Fusion stattgefunden hätte.

Besonders schwierig sind solche Nachweise deshalb, weil Neutronen als Bestandteile kosmischer Strahlung eine Art „Hintergrundgeräusch" verursachen. Man muss sich das so vorstellen, als ob man auf einem lautstarken Fest ein Gespräch führen möchte. Ein Hörgerät böte dort keine Hilfe, da es auch die Hintergrundgeräusche verstärkt. Man muss also sehr nahe beieinander stehen und sich gegenseitig direkt ins Ohr sprechen. Moshe Gai hat mit seinen Studenten in Yale einen Neutronendetektor mit großer Blende gebaut, der nach genau diesem Prinzip arbeitet: Er versucht, so viel wie möglich von dem eigentlichen „Signal" aufzunehmen. Mit diesem Detektor kann man geringe Neutronenemissionen langsam zerfallender Atomkerne messen.

Gai hatte hinsichtlich der kalten Fusion eine Idee: Man könnte die Versuchszelle mit einem zweischichtigen Detektor umgeben und so nur die tatsächlich frei werdenden Neutronen zählen. Das entspräche auf der Cocktailparty praktisch einem Filter, der nur eine Stimme durchlässt. Er war von seiner Idee so begeistert, dass er einen Monat lang in seinem Labor aß und schlief, um den Detektor zu perfektionieren. Letztlich gelang es ihm, die Zahl der Hintergrundneutronen auf fantastische zwei pro Tag zu reduzieren – diese nannte er spaßhaft Stanley und Martin.

Gai war davon überzeugt, dass er die kalte Fusion mit diesem Experimentaufbau überprüfen konnte, aber er verstand nichts von Elektrochemie.

Allan Bromley arbeitete zu dieser Zeit als Chef des Labors für Atomphysik in Yale. Er war einer der bekanntesten Wissenschaftler des Landes, und aufgrund seiner konservativen politischen Einstellung ging das Gerücht, er stünde kurz vor seiner Ernennung zum wissenschaftlichen Berater des neu gewählten Präsidenten George Bush. Bromley erkannte, dass Gai ein Experte für Elektrochemie zur Seite gestellt werden sollte. Er arrangierte ein Treffen zwischen Gai und Kelvin Lynn, einem 41-jährigen Elektrochemiker des Brookhaven National Laboratory, das nur zwei Autostunden entfernt auf Long Island liegt. Wie sich herausstellte, hatte Lynn an der University of Utah studiert und kannte Pons und Fleischmann. Er neigte dazu, zu glauben, dass etwas an ihrer Theorie dran sein musste und hatte bereits begonnen, die Versuchsanordnung nachzubauen. Die Zusammenarbeit versprach interessant zu werden, denn Gai und Lynch gingen das Problem mit völlig gegensätzlichen Vorstellungen an.

Aber Gai und Lynn waren nicht die Einzigen, die sich mit der kalten Fusion beschäftigten. Auch Wissenschaftler, die Joe Newmans Energiemaschine keinerlei Aufmerksamkeit geschenkt hatten, arbeiteten plötzlich Tag und Nacht an der kalten Fusion, obwohl die Geschichte aus Utah vieles auf den Kopf stellte, was man bis dahin über Teilchenphysik wusste. „Wenn doch jeder weiß, dass das nicht sein kann“, fragte mich ein verwirrter Reporter, „was soll das Ganze dann?“ Sicherlich lockte die entfernte Möglichkeit einer Neuentdeckung, aber da war auch so etwas wie Sensationsgier. „Das Publikum jubelt bei einem Eigentor genauso laut wie bei einem richtigen“, erklärte ich dem Reporter. Aber seine Frage war beunruhigend. Was auch immer ihre Motive waren, Wissenschaftler aus aller Welt und allen Bereichen der Physik und Chemie wollten die kalte Fusion als Erste testen. Die Sache entwickelte sich langsam zu einem Wettrennen.

Etwas Ähnliches war bereits zwei Jahre zuvor geschehen, als die Superleitfähigkeit im Hochtemperaturbereich entdeckt wurde. Damals waren die Vorhersagen widerlegt worden. Allerdings gab es auch einen entscheidenden Unterschied zur gegenwärtigen Situation: Die Entdecker der Superleitfähigkeit, Georg Bednorz und Karl Mueller vom IBM-Versuchslabor in Zürich, die ein Jahr später für ihre Arbeit mit einem Nobelpreis belohnt werden sollten, hielten sich gewissenhaft an die „Regeln“ des wissenschaftlichen Austauschs.

Die öffentliche Bekanntmachung fiel mit der Veröffentlichung eines Artikels zusammen, der jedes Detail des Versuchsaufbaus enthielt und zuvor bereits von Kollegen genauestens geprüft worden war. Jeder, der das Experiment nachvollzog, kam zu demselben Ergebnis. Nach wenigen Wochen wurden Hochtemperatur-Superleiter in Oberstufenkursen vieler Schulen nachgebaut.

Wenn man das Experiment von Pons/Fleischmann nachvollziehen wollte, musste man zuerst einmal herausfinden, worum es sich dabei eigentlich handelte. Einige Wissenschaftler genossen offenbar die Herausforderung, Licht in das Geheimnis um das Experiment zu bringen. Über Nacht nahm ein informelles Netzwerk zum Austausch von Informationen Gestalt an. Das Internet gab es zu der Zeit noch nicht, aber es wurde ein virtuelles „schwarzes Brett" eingerichtet, dass von Labors auf der ganzen Welt eingesehen werden konnte. Mithilfe von Faxgeräten wurden Pressemitteilungen weitergeleitet. Überall wurden Videoaufzeichnungen von Interviews mit Pons und Fleischmann abgespielt. Man vergrößerte die in Zeitungen abgebildeten Fotos, um einen besseren Blick auf den Versuchsaufbau erhaschen zu können; dabei verwendete man Pons' Handgelenk, um die Abmessungen besser abschätzen zu können. Innerhalb weniger Tage erklärten sich viele Labors in der Lage, das Experiment zur kalten Fusion nachvollziehen zu können.

Die ersten Presseberichte waren für Pons und Fleischmann durchaus positiv. Die Aufregung, die die kalte Fusion ausgelöst hatte, wurde von vielen Journalisten dahingehend interpretiert, dass die kalte Fusion einen ernsthaften Hintergrund haben musste. Die Geschichte wurde ein Selbstläufer. Optimistische Zeitungsberichte forderten andere Gruppen dazu auf, voreilig mit ihren Ergebnissen an die Öffentlichkeit zu gehen. Ein loser Draht, eine verschmutzte Elektrode, Fehleinstellungen am Gerät, mysteriöse Apparate – all das wurde in den Medien zu „ungewöhnlichen Ergebnissen" und „Teilbestätigungen" stilisiert.

Als die ersten Berichte über Labors auftauchten, die keinen Hinweis auf kalte Fusion entdecken konnten, erklärten Pons und Fleischmann, dass man die Kathode erst mehrere Tage lang mit Deuterium „laden" müsse, bevor die Reaktion beginnen könne. Wenn auch nach einer Woche keine Ergebnisse zu erzielen waren, erklärten sie, dass es zehn Tage dauern könne, vielleicht auch drei Wochen; oder man benutze eine falsche Kathode bzw. das falsche Elektrolyt; oder aber der Versuch funktioniere nur mit gegossenem Palladium, aber nicht mit gepresstem. Es verbreitete sich das Gerücht, dass Pons und Fleischmann die Untersuchungen absichtlich in die Irre führten, um ihr „Geheimnis" zu wahren und währenddessen mit potenziellen Investoren zu verhandeln.

Trotz allem begrüßten 7000 Chemiker am 12. April beim jährlichen Treffen der American Chemical Society in Dallas Pons mit stehenden Ovationen. Nach der Pressekonferenz am 23. März war dies das erste Mal, dass sich der zurückhaltende Pons den Fragen anderer Wissenschaftler stellte. Mit ihm auf dem Podium stand der Physiker Harold Furth, Chef des Princeton-Labors, das mehrere 100 Millionen Dollar investiert hatte, um eine Fusion bei hohen Temperaturen zu erreichen. Genau über diese Arbeiten hatte Pons sich in Salt Lake City mit Begriffen wie „konventionelle Technik" lustig gemacht.

Bei dieser Gelegenheit sollten wir uns ins Gedächtnis rufen, was „konventionelle" Fusion ist – oder sein kann. Schon seit den 50er Jahren träumen Wissenschaftler davon, einen Fusionsreaktor zu bauen, der nach demselben Prinzip arbeitet wie die Sonne: Bei sehr hohen Temperaturen würden darin Wasserstoffatome innerhalb eines Plasmas mit solcher Heftigkeit aufeinanderprallen, dass sie ihre natürliche Abstoßung überwinden und verschmelzen. Aber selbst in der Sonne vollzieht sich dieser Prozess eher langsam. Deshalb explodiert die Sonne auch nicht. Sie „brennt" schon seit mehreren Milliarden Jahren und wird dies auch noch einmal solange tun, bis sie schließlich keine Energie mehr besitzt.

Eigentlich ist es ganz einfach, diesen Prozess im Labor zu imitieren; das Problem ist nur, dass er dort leider sehr ineffizient ist. Heißes Gas dehnt sich aus und kühlt sich dabei ab; das Plasma muss also irgendwie „eingesperrt" werden, und genau hier liegt der Hund begraben. In der Sonne, die dankenswerterweise nur langsam verbrennt, wird die Ausdehnung des heißen Gases durch die starke Gravitation ausgeglichen. In einem künstlichen Fusionsreaktor muss das Plasma jedoch noch heißer sein als in der Sonne. Aber welches Material könnte einer solchen Temperatur standhalten?

Wissenschaftler haben versucht, mit der magnetischen Flasche zu arbeiten. Sie funktioniert folgendermaßen: Ein geladenes Teilchen, das sich innerhalb eines Magnetfelds bewegt, erfährt eine Kraft senkrecht zur Bewegungsrichtung, die es dazu veranlasst, eine spiralförmige Flugbahn in der Richtung des Magnetfelds anzunehmen. Je stärker das Magnetfeld, desto enger die Spirale. Die spiralförmigen Bahnen entsprechen den Wicklungen eines Elektromagneten, sie schaffen ihr eigenes Magnetfeld zusätzlich zu dem externen Magnetfeld. Dadurch wird das Plasma weiter erhitzt und die Temperatur steigt. Dieser Effekt sollte es ermöglichen, so hoffte man, die für eine fortdauernde Fusion notwendige Temperatur zu erreichen. Als man den Effekt in den 50er Jahren des 20. Jahrhunderts der Öffentlichkeit vorstellte, glaubte man sich den ersten Fusionskraftwerken schon ganz nahe.

Natürlich konnte das Plasma durch die offenen Enden des Zylinders austreten. Dieses Problem sollte gelöst werden, indem man den Zylinder zu einem Ring bog, der dann keine Enden mehr haben würde. Alles lief genau nach Plan, bis man versuchte, zu einer positiven Energiebilanz zu gelangen, d. h. dass mehr Energie bei dem Experiment frei würde, als man benötigte, um das Plasma aufzuheizen. Man kommt häufig zu überraschenden Ergebnissen, wenn man versucht, Experimente auf höherer Ebene durchzuführen. Das erste Automobil war z. B. etwa 15 km/h schnell. Verbesserungen an Motor, Aufhängung, Lenkung, Federung usw. haben die Höchstgeschwindigkeit schnell auf 150 km/h (also um den Faktor 10) anwachsen lassen. Allerdings endet jeder Versuch, diese Geschwindigkeit noch einmal um das Zehnfache auf 1500 km/h zu erhöhen, an der Schallgrenze bei einem Tempo von ungefähr 1190 km/h. Theoretisch ist eine größere Geschwindigkeit zwar dennoch möglich, aber aufgrund physikalischer Gesetzmäßigkeiten, die man bei Tempo 150 noch vernachlässigen kann, ist es extrem schwierig, sie zu erreichen.

Für die Fusion gilt Ähnliches. Der Fusionsreaktor muss den Punkt erreichen, an dem mehr Energie frei als verbraucht wird. Doch bevor dieser Punkt erreicht wurde, kam es zu unvorhergesehenen Stabilitätsproblemen, und die magnetische Flasche bekam Risse. Man kann sich das so vorstellen, als versuche man, einen aufgeblasenen Luftballon in den Händen zu zerdrücken: Dabei bilden sich kleine Blasen zwischen den Fingern. Sobald es gelang, ein Problem zu lösen, ergab sich bei etwas höherer Temperatur das nächste. Es werden zwar ständig Fortschritte gemacht, aber von einem funktionstüchtigen Fusionsreaktor scheinen wir heute weiter entfernt als je zuvor. Die Investitionskosten könnten sich als so hoch erweisen, dass die Fusion solange unrentabel bleiben wird, bis fast alle anderen Energiequellen der Erde erschöpft sind. Sarkastische Zungen behaupten: „Die Kernfusion ist die Energiequelle der Zukunft – und wird es auch immer bleiben."

Den höchsten Entwicklungsstand auf dem Gebiet künstlich herbeigeführter Kernfusion hatte das Plasma Physics Laboratory in Princeton unter der Leitung von Harold Furth erreicht. Das zentrale Element des Labors bildete ein riesiges ringförmiges Gerät von unglaublicher Komplexität mit dem Namen Tokamak. Pons demonstrierte einen Ausschnitt seines Experiments – auf dem Tisch stand ein Becken, das ein Milieu mit konstanter Temperatur bereitstellte. „Das hier", erklärte er trocken, „ist der U-1 Tokamak."

Das Publikum lachte laut auf. Harold Furth stellte unbeeindruckt eine einzige Frage: „Was geschieht, wenn man in diesem Experiment das schwere Wasser durch normales Wasser ersetzt?"

Forschung bedeutet häufig, „Kontrollen" zu entwickeln, um sicherzustellen, dass die Ergebnisse die Theorie bestätigen und nicht etwa Fehler beim Versuchsaufbau aufdecken. Kontrollversuche sollen dem Original so ähnlich wie möglich sein – abgesehen von einem wichtigen Detail. In diesem Fall war das Wasser das entscheidende Detail. Da die Wasserstoffatome in Wasser keine Neutronen enthalten, können sie auch nicht zu Helium verschmelzen, da dieses ein bzw. zwei Neutronen besitzt. Wenn man ein Experiment, das mit schwerem Wasser durchgeführt wird, auch mit einfachem Wasser durchführen kann, bedeutet das, dass man sich etwas vorgemacht hat.

Pons entgegnete, dass man noch kein einfaches Wasser verwendet habe, aber dies eine gute Idee sei. Wie konnten die Chemiker aus Utah fünf Jahre lang an einer Theorie arbeiten, ohne ein so elementares Kontrollexperiment durchzuführen? In dem Ozean des Optimismus konnte eine so kleine Welle aber keine

Aufregung verursachen, weder Journalisten noch Wissenschaftler bekamen den Eindruck, dass hier irgendetwas nicht stimmen konnte. Vielmehr interpretierten viele Reporter Furths Frage als bloßen Neid und begannen, von einem Kompetenzkrieg zwischen Chemikern und Physikern zu sprechen. Für sie war das natürlich ein gefundenes Fressen, aber viele Labors von Physikern und Chemikern – darunter auch Moshe Gai und Kelvin Lynn – hatten sich bereits zusammengetan, um die kalte Fusion nachzustellen.

Pons kehrte in der Vorfreude auf die Durchführung des Kontrollexperiments, das Furth angeregt hatte, nach Utah zurück, aber als er einige Tage später von einem Journalisten nach den Ergebnissen gefragt wurde, murmelte er nur so etwas wie: „Wir haben nicht ganz die erwarteten Ergebnisse erzielt." Offenbar lief das Experiment in gewöhnlichem Wasser genauso ab wie in Deuterium-Wasser. Pons und Fleischmann erwähnten das Kontrollexperiment nie wieder.

Damit war ein kritischer Punkt in der Erfolgsgeschichte der kalten Fusion erreicht. Pons hatte seine Hypothese überprüft – und war gescheitert. Aber anstatt die offensichtliche Schlussfolgerung zu ziehen, ignorierten sie das Ergebnis und glaubten lieber, dass die Kernfusion irgendwie auch in normalem Wasser stattfinden könne. War der Wunsch damit endgültig zum Vater des Experiments geworden, endete hier eine akademische Karriere? Oder war da noch etwas anderes?

Allan Bromley hatte inzwischen in New Haven einen Anruf aus dem Weißen Haus bekommen. Präsident George Bush, selbst Yale-Absolvent, wollte ihn so bald wie möglich treffen, um mit ihm über die Position des wissenschaftlichen Beraters zu sprechen. Bromley war für die Stelle prädestiniert. Er hatte unter Präsident Reagan im White House Science Council gesessen und Bush während dessen Wahlkampf beraten. Bromley war der ideale Kandidat. Nach einem gängigen Vorurteil sehen Physiker häufig etwas zu dünn und ungepflegt aus, weil sie so sehr mit ihrer Arbeit beschäftigt sind, dass sie keine Zeit dafür haben, sich um ihr Äußeres zu kümmern. Die schwarzen Anzüge und weißen Hemden, die man in Washington erwartet, passen nicht besonders gut zu ihnen. Bromley dagegen war eine beeindruckende Erscheinung mit einer Vorliebe für konservative Anzüge und Fliegen, er hatte volles weißes Haar und die Art von Stimme, die man mit einem römischen Senator verbindet. Wenn Bromley einem Treffen beiwohnte, hatte man immer den Eindruck, dass er derjenige war, der die Leitung innehatte.

Bromley fuhr zum Bahnhof und setzte sich in den Zug nach Washington. Die erste Frage, die ihm Präsident Bush im Weißen Haus stellte, betraf die Glaubwürdigkeit der Berichte aus Utah. Die Verwaltung und der Kongress gerieten zunehmend unter Druck, doch endlich in die Energiequelle des 21. Jahrhunderts zu investieren, als die die kalte Fusion damals bereits proklamiert wurde. Bromley war auf diese Frage vorbereitet; Lynn und Gai hatten ihm gerade erst ihre letzten Ergebnisse zukommen lassen. Es gab keine Emission von Neutronen. Bromley erklärte dem Präsidenten mit aller Überzeugung, dass die Berichte aus Utah haltlos seien.

Die Staatsregierung in Utah war sich der wachsenden Skepsis unter den Wissenschaftlern nicht bewusst und beschloss eine Investition von fünf Millionen Dollar. Damit sollte die University of Utah beginnen, die kalte Fusion zu erforschen. Die Universität erklärte, nur mit Unternehmen zusammenarbeiten zu wollen, die zumindest teilweise auch in Utah tätig waren. Es wurde berichtet, dass James Fletcher, der gerade aus der NASA ausschied und früher Präsident der University of Utah gewesen war, sich bereit erklärt hatte, die Forschungen zu leiten. Fletcher war ein überzeugter Mormone, und viele Mormonen glaubten, dass die Entdeckung der kalten Fusion ein Geschenk Gottes sei, um den Staat aus seinen ernsthaften wirtschaftlichen Problemen zu führen.

Schon kurz nach jener Pressekonferenz in Salt Lake City hatte Edward Teller vom Lawrence Livermore National Laboratory in Kalifornien, der alternde „Vater der H-Bombe“ und hochverehrter Held der Konservativen, erklärt, dass sich die kalte Fusion „gut anhört“. Sein Protegé Lowell Wood versuchte, das Pons-Fleischmann-Experiment zu wiederholen, um die Aussage seines Mentors zu bestätigen. Wood war jedoch kein Fachmann für Elektrochemie und verursachte eine Explosion in seinem Labor, weil durch den während der Elektrolyse freigesetzten Wasserstoff Knallgas entstanden war, das sich entzündete. Die Explosion zerstörte seine Apparatur und beendete seine Bemühungen.

Die Strategic Defense Initiative begann mit der Organisation einer Arbeitsgruppe, die untersuchen sollte, ob man mit kalter Fusion militärische Abwehrraketen betreiben könnte. Senator Jake Garn aus Utah arrangierte den Transport einer Gruppe von Honoratioren aus Washington, die sich einen Überblick verschaffen sollten. Robert Walker, der ranghöchste Republikaner des House Science Committees wies fünf Millionen Dollar aus dem Budget des Energy Departments für die Erforschung der „heißen Fusion" für die kalte Fusion an, das Komitee kündigte Vorträge über „die neuesten Entwicklungen in der Fusionsenergie" an. Die kalte Fusion schien alle anderen Forschungsvorhaben beiseite zu schieben.

Allan Bromley stand zu Hause in New Haven gerade unter der Dusche, als um sieben Uhr morgens das Telefon klingelte. Seine Frau Pat nahm den Hörer ab. „Kann ich mit Allan sprechen?", fragte eine vertraute Stimme, „hier spricht George Bush." Nass und unbekleidet lief Bromley zum Telefon. Eine Pfütze bildete sich zu seinen Füßen, als der Präsident ihn dazu aufforderte, seine Arbeit als wissenschaftlicher Berater aufzunehmen. Er wurde in Washington gebraucht.

In dieser Zeit drang nur wenig über die Skepsis der Wissenschaftler an die Öffentlichkeit. Selbstverständlich ist es nicht die Aufgabe der Medien, zu entscheiden, was gute und was schlechte Wissenschaft ist. Die Medien meldeten das, was sie von den Wissenschaftlern zu hören bekamen. Allerdings berichten die Medien nur über einen winzigen Teil der laufenden Forschungsprojekte, und die meisten Wissenschaftler sprechen in ihrer ganzen Karriere nie mit einem Reporter. Neue Ideen und Ergebnisse werden in Forschungsinstituten diskutiert, auf wissenschaftlichen Konferenzen präsentiert und in Fachzeitschriften veröffentlicht. All dies geschieht, ohne dass die Öffentlichkeit informiert wird. Voodoo Science findet ihren Weg dagegen direkt in die Medien, ohne den Umweg über Prüfungen und Diskussionen zu gehen. Beispiele dafür sind Joe Newmans Energiemaschine, die Patterson-Zelle und die kalte Fusion von Pons und Fleischmann. Deshalb ist ein unverhältnismäßig großer Teil dessen, was die Öffentlichkeit über Wissenschaft erfährt, fehlerhaft.

Der Widerwille von Wissenschaftlern gegenüber Voodoo Science ist irritierend. Einerseits beklagen sie ständig das geringe wissenschaftliche Grundwissen der Bevölkerung, andererseits werden sie plötzlich sehr zurückhaltend, wenn sie die Gelegenheit haben, das Publikum über unsinnige Behauptungen zu belehren. Wenn sie überhaupt zu einem Kommentar bereit sind, ist dieser zumeist so vorsichtig formuliert, dass es scheint, als gäbe es gar nichts, dessen man sich sicher sein könne. Diese Zaghaftigkeit erklärt sich teilweise durch eine verständliche Angst, sich dem Vorwurf auszusetzen, neuen Ideen gegenüber intolerant zu sein. Außerdem steckt dahinter die Befürchtung, dass eine öffentliche Debatte wissenschaftlicher Theorien ein schlechtes Licht auf die Wissenschaft werfen könnte. Im Ergebnis bedeutet dies, dass der Öffentlichkeit jeder Blick auf den Prozess verwehrt wird, durch den wissenschaftliche Entdeckungen an Akzeptanz gewinnen. Wir werden diesen Prozess noch genauer betrachten.

Besonders überraschend aber war die Überreaktion, mit der die Science Community auf unwahrscheinliche Behauptungen antwortete, die auf fadenscheinigen Beweisen beruhten und um die ein Geheimnis gemacht wurde. Der Hauptgrund für solche Geheimhaltung sind schließlich die fragwürdigen Ergebnisse. Vielleicht bedeutete die kalte Fusion für einige Wissenschaftler ja einfach ein bisschen Abwechslung. Ein großer Teil ihrer Arbeitszeit wird weitgehend von Routinetätigkeiten ohne große Fortschritte bestimmt. Die plötzlichen Einsichten, die großartigen Momente, die für den Forscher die Belohnungen seiner Arbeit sind, werden meistens von langen Perioden der Langeweile begleitet.

Wir verlassen hier die Geschichte der kalten Fusion, ohne sie abzuschließen, aber wir kommen auf jeden Fall auf Pons und Fleischmann zurück. Über sie wird noch zu sprechen sein. Auch Joe Newman und seiner Energiemaschine und James Patterson und seinen magischen Perlen werden wir wieder begegnen. Aus ihren Geschichten lässt sich noch vieles lernen, und eine Menge Fragen sind unbeantwortet geblieben. Handelte – handelt – es sich um Betrug? Zu welchem Ergebnis kam die wissenschaftliche Elite im Frühling 1989? Wir werden versuchen, Antworten auf diese Fragen zu finden, und nach Parallelen anhand anderer Beispiele von Voodoo Science suchen. Zuerst aber müssen wir fragen, warum angesichts derselben Tatsachen manche sich überzeugen lassen und andere nicht.

Zwei

Das Gen des Glaubens
Die Strategien der Wissenschaft zur Wahrheitsfindung

Die klassische Fehleinschätzung

Im Jahr 1995 gelang es der Natural Law Party, ihren Präsidentschaftskandidaten John Hagelin in allen 50 Staaten der USA auf den Wahlzettel zu bringen – an diesem Ziel waren schon viele andere kleine Parteien gescheitert, darunter auch Ross Perot vier Jahre zuvor. Im Wahlkampf der Natural Law Party wurde viel über „Aktionspläne zur Revitalisierung der USA" gesprochen, die auf „wissenschaftlich belegten Lösungsansätzen" basierten. Das zentrale Element dieser wissenschaftlichen Belege war ein Experiment, das 1993 in Washington D. C. durchgeführt worden war.

Über 5000 Experten für Transzendentale Meditation (TM) aus den USA und 80 weiteren Ländern der ganzen Welt reisten für zwei Wochen in die Landeshauptstadt, um am National Demonstration Project to Reduce Violent Crime teilzunehmen. Die zumeist jüngeren, hellhäutigen Experten trafen ab dem 5. Juni ein.

Ihr Ziel war die gemeinsame Meditation, um so ein „zusammenhängendes Bewusstseinsfeld" zu schaffen, das besänftigend wirken sollte, und zwar nicht nur auf die Teilnehmer, sondern auf die ganze Stadt. Die Organisatoren des sechs Millionen Dollar teuren Projekts hatten vorhergesagt, dass die Kriminalitätsrate dadurch um 20 Prozent sinken werde.

Der Leiter des Projekts hieß John Hagelin, war 39 Jahre alt, ein Physiker mit Stirnglatze und einem sehr einnehmenden Lächeln. Nachdem er die Universität in Dartmouth summa cum laude abgeschlossen hatte, erwarb er einen Doktorgrad der Physik in Harvard. Im Jahr 1983 galt er bereits als kompetenter Physiktheoretiker, und er bekam einen Forschungsauftrag vom Stanford Linear Accelerator. Aufgrund persönlicher Probleme zog er sich plötzlich zurück, tauchte aber ein Jahr später als Leiter der physikalischen Fakultät der Maharashi International University in Fairfield, Iowa, wieder auf. Diese Universität war von Maharishi Mahesh Yogi gegründet worden, einem indischen Guru, der als geistiger Berater der Beatles zu einiger Bekanntheit gelangt war.

Hagelin hielt eine Pressekonferenz in der Bezirksverwaltung ab und kündigte das Anti-Gewalt-Projekt an. Der verfallene Zustand des Gebäudes mit der einst glänzenden marmorierten Fassade schien die Unfähigkeit der Regierung von Columbia zu symbolisieren. Die großen Hallen waren in kleine, wackelige Einheiten unterteilt worden, damit mehr Büroräume für die Mitarbeiter zur Verfügung standen. In einem Konferenzraum, dessen Farbe von den Wänden blätterte, erklärte Hagelin, das Project to Reduce Violent Crime werde „eine wissenschaftliche Demonstration, die die Existenz eines vereinigten Superstring-Felds beweisen wird". Die Superstring-Theorie ist eine abstrakte und hochspekulative Theorie, die versucht, alle Naturkräfte zu vereinen. Hagelin behauptete, eine solche Kraft bilde ein kollektives Bewusstsein, das durch TM erreicht werden könne. Ein Superstring-Feld, das von mehreren Bewusstseinsträgern generiert wird, könne die ganze Stadt umfassen, Stress mindern und beruhigend wirken.

Die folgenden Wochen erinnerten an frühe Spielfilme über verrückte Wissenschaftler, denen ein Experiment auf fatale Weise misslingt. Jeden Montag veröffentlichte die *Washington Post* Berichte über die Morde in der Stadt. Die Teilnehmer an dem Projekt schienen sich der schlimmen Zustände um sie herum nicht bewusst zu sein, sie saßen überall in der Stadt im Schneidersitz mit geschlossenen Augen in Gruppen herum und wiederholten ihre Mantras. Die Kriminalitätsrate stieg in diesen zwei Wochen auf ein Ausmaß, das weder davor noch danach wieder erreicht wurde.

Zum Abschluss des Projekts referierte Hagelin mit einem verträumten Lächeln, dass die Mordrate tatsächlich angestiegen war, „wegen der ungewöhnlich hohen Temperaturen", aber „brutale Übergriffe" hatte es weniger gegeben. Mit anderen Worten, die

Morde waren wohl besonders human durchgeführt worden, vielleicht durch einen glatten Schuss zwischen die Augen. Hagelin versprach, dass die Ergebnisse der Studie im folgenden Jahr genauestens und nach wissenschaftlichen Maßstäben untersucht würden.

Wie versprochen veröffentlichte Hagelin ein Jahr später einen 55 Seiten starken Bericht über die Ergebnisse des Projekts. Dieser erwies sich als klassisches Beispiel für Datenmanipulation. Ein selbstbewusster Hagelin erklärte auf der Pressekonferenz, dass die Verbrechensrate während der Zeit des Experiments um bemerkenswerte 18 Prozent gesunken sei. „18 Prozent weniger im Vergleich zu was?", fragte ein Reporter der *Washington Post* verwirrt und erinnerte an die schreckliche Vielzahl der Morde im Sommer 1993. Im Vergleich zu dem, was ohne die Meditationen geschehen wäre, erklärte Hagelin geduldig. „Aber woher wissen Sie, wie hoch die Rate sonst gewesen wäre?", beharrte der Journalist. Leicht irritiert entgegnete Hagelin, mithilfe einer „wissenschaftlich fundierten Langzeitanalyse", die nicht nur die Verbrechensrate der letzten Jahre berücksichtigte, sondern auch andere Faktoren wie das Wetter und Fluktuationen des Erdmagnetfelds.

Gemäß Hagelin zeigte die Analyse weniger Notrufe, weniger Beschwerden über die Polizei und einen höheren Beliebtheitsgrad von Präsident Clinton während des Experiments – all dies bestätigte die Hypothese, dass die feldgenerierenden TM-Experten in der Lage waren, die Gemeinschaft zu beruhigen und negative soziale Trends umzukehren. Die Beobachtungen waren von einem „unabhängigen wissenschaftlichen Gremium" durchgeführt worden, dass ebenfalls teilweise bei der Pressekonferenz anwesend war. Etwas stärker beunruhigte Hagelin die Frage, wie viele Mitglieder des „unabhängigen Gremiums" selbst TM praktizierten. „Einige Mitglieder des Gremiums sind schon mit TM in Kontakt geraten", antwortete er, und sein Lächeln gefror. Es verschwand schließlich vollständig, als ich darauf bestand, dass alle Mitglieder des Gremiums sich bekennen müssten. Wie sich herausstellte, waren alle Anhänger von Maharishi.

„Der häufigste aller Fehler", schrieb H. L. Mencken, „ist der unbedingte Glaube an etwas eindeutig Unwahres." Der Glaube der Maharishi-Anhänger an die Macht von TM war durch das Experiment nicht im Geringsten erschüttert worden. Wir haben es hier mit Pseudowissenschaft zu tun: Das ganze Gerede von „String-Theorien“, „Bewusstseinsfeldern“ und „Langzeitanalysen“ war nur dazu da, den Eindruck wissenschaftlicher Seriosität zu erwecken. Das soll nicht heißen, dass es den Projektteilnehmern nicht ernst gewesen ist. Sie haben vielleicht so stark an den Erfolg geglaubt, dass sie die Fakten dahingehend interpretieren *mussten*, dass sie ihre Überzeugung bestätigten. Die Menschen bemühen sich genauso sehr, sich selbst zu belügen, als ob sie jemand anderen belügen wollen – deshalb ist die Grenze zwischen Dummheit und Betrug auch schwer zu erkennen.

Ein großer Teil wissenschaftlicher Forschung ist natürlich weit von Dummheit und Betrug entfernt. Aber in welchem Maß beeinflusst das Weltbild eines Wissenschaftlers seine Interpretationen? Um dies zu untersuchen, bietet sich die gegenwärtige Diskussion über die globale Erwärmung an.

Der Disput um den Klimakollaps

Der große französische Moralist André Gide schrieb schon vor mehr als 50 Jahren: „Die Verantwortung des Menschen steigt in dem Maße, wie die von Gott abnimmt.“ Jeder Schritt, den die Wissenschaft vorangeht, bringt sie weiter auf ein Gebiet, das zuvor dem Übernatürlichen zugeschrieben wurde. Früher wurden Stürme und Dürren als göttliche Fügung akzeptiert, aber heute wissen wir, dass der Mensch selbst das Klima der Welt beeinflussen kann. Es zeigt, wie weit es die Wissenschaft gebracht hat, dass man heute Forschern erlaubt, uns zu erläutern, ob unser Planet auf eine Katastrophe zusteuert, für die wir selbst verantwortlich sind, und was wir gegebenenfalls tun können, um dies zu verhindern.

Wir verdanken den heutigen Wissensstand einer revolutionären Entwicklung in der Klimaforschung, die sich im letzten Jahrzehnt vollzogen hat. Sie wurde mithilfe neuer Techniken der Wetterbeobachtung durch Satellitenunterstützung und einen ungeheuren

Fortschritt in der Datenverarbeitung durch verbesserte Mikroelektronik ermöglicht. Es ist heute unbestritten, dass sich die Erdoberfläche in den letzten 100 Jahren erwärmt hat.

Es besteht ferner kein Zweifel, dass die Verbrennung fossiler Brennstoffe seit Beginn der industriellen Revolution zu einem deutlichen Anstieg des Kohlendioxid-Anteils in der Atmosphäre geführt hat.

Gestritten wird jedoch darüber, welche Konsequenzen der fortdauernde Ausstoß von Kohlendioxid für das Klima auf der Erde und unsere Lebensqualität haben wird. Kohlendioxid – oder CO_2 – wird auch als Treibhausgas bezeichnet, denn es speichert Wärme, eben so wie ein Treibhaus oder Ihr Auto, wenn Sie es mit geschlossenen Fenstern in der Sonne stehen lassen. Ein Teil des Sonnenlichts, das auf die Erde trifft, wird absorbiert und erwärmt die Erde, die daraufhin selbst Energie abgibt. Da sie aber bei weitem nicht so heiß ist wie die Sonne, deren sichtbares Licht in den Frequenzen von Gelb bis Grün am intensivsten ist, gibt sie ihre Energie mit viel größeren Wellenlängen ab, also im infraroten Bereich. CO_2 funktioniert wie Glas, es lässt das sichtbare Sonnenlicht zwar durch, blockiert aber die Wärme, die die Erde wieder abgeben will. CO_2 und andere Treibhausgase helfen, unseren Planeten warm zu halten. Außerdem ist CO_2 für das Wachstum der Pflanzen notwendig. Mithilfe der Energie des Sonnenlichts entziehen Pflanzen der Luft CO_2, bilden Kohlenwasserstoffe und geben als Nebenprodukt Sauerstoff ab. Wenn eine Pflanze stirbt, verrottet oder von einem Tier gefressen wird, verbindet sich der Kohlenstoff wieder mit Sauerstoff und tritt als Kohlendioxid in die Atmosphäre ein, um den Kreislauf zu schließen.

Vor der industriellen Revolution bewegte sich die Konzentration von Kohlendioxid auf gleichmäßigem Niveau. Die Menschen haben es jedoch in weniger als 100 Jahren geschafft, das natürliche Gleichgewicht, das sich im Lauf von Millionen Jahren eingependelt hatte, durch die Verbrennung fossiler Brennstoffe zu zerstören. Sollte der Ausstoß von Kohlendioxid unverändert fortschreiten, so warnen Klimaforscher, könnte dies im nächsten Jahrhundert katastrophale Konsequenzen haben: Viele Großstädte der Welt werden untergehen, weil der Meeresspiegel aufgrund der abschmelzenden Polkappen ansteigt. Außerdem werden verheerende Niederschläge viele Ernten vernichten und die Nahrungsversorgung der Menschen wäre gefährdet.

Die Durchschnittstemperatur auf der Erde ist im letzten Jahrhundert um etwa ein halbes Grad Celsius gestiegen. Die Differenz wäre noch größer, wenn wir die Atmosphäre nicht zusätzlich mit großen Mengen Ruß verschmutzt hätten, die einen Teil des Sonnenlichts blockieren. Die größte Gefahr dabei ist, dass es zu automatischen Prozessen kommen könnte, die die Erwärmung noch beschleunigen würden.

Wenn z. B. die Tundra auftaut, wird Methan frei, ein weiteres Treibhausgas, das die Erwärmung verstärkt. Ferner kann die Erwärmung einen Teil des Packeises abtauen. Ein großer Teil des Sonnenlichts, das auf Eis trifft, wird reflektiert, aber Wasser absorbiert das Licht. Wenn das Gebiet der Erde, das von Packeis bedeckt ist, schrumpft, wird sich die Erwärmung weiter beschleunigen. Es gibt Hinweise auf eine solche Erwärmung in der Frühgeschichte. Viele Wissenschaftler raten den Völkern der Welt, die Verbrennung fossiler Brennstoffe sofort einzuschränken, bis eine genauere Vorhersage der Konsequenzen möglich ist. Schließlich hätten wir nicht das Recht, die Zukunft späterer Generationen zu gefährden.

Nicht alle Wissenschaftler sind derselben Meinung. Es gibt Fachleute, die darauf hinweisen, dass es auch Perioden globaler Erwärmung gegeben hat, als die Menschen noch gar keine fossilen Brennstoffe verwendeten, und dass CO_2 ein eher unwichtiges Treibhausgas ist. Sie behaupten, dass jede Veränderung des Weltklimas seit 1850 auch natürliche Ursachen haben könne. Manche gehen sogar noch weiter und nennen den Anstieg von Kohlendioxid „ein wunderbares und unerwartetes Geschenk der industriellen Revolution“. Der Anstieg von Kohlendioxid in der Atmosphäre hat das Pflanzenwachstum angeregt und die Welt produktiver und üppiger werden lassen, sodass sie eine größere Population verkraften kann. Außerdem könnte der Treibhauseffekt vielleicht eine neue Eiszeit verhindern. Je mehr industrielles Wachstum wir haben, inklusive der Verbrennung fossiler Brennstoffe, desto besser gehe es uns. Es fehlte nur noch, dass diese Fachleute uns erzählen würden, dass es unsere moralische Pflicht ist, möglichst viele Kohlenwasserstoffe zu verbrennen.

Wenn alle Wissenschaftler dieselben Forschungsmethoden anwenden und dieselben Fakten zur Verfügung haben, wie kommt es dann, dass sie so gegensätzliche Meinungen vertreten? Wenn es bei der Klimadebatte nur um Physik gehen würde, gäbe es sicher nur wenige Meinungsverschiedenheiten. Was die beiden Seiten trennt, ist kein Streit um wissenschaftliche Fakten, Gesetze oder auch nur Methoden. Das Klima ist das komplizierteste System, mit dem Forscher sich jemals beschäftigt haben. Es gibt keine Daten über lange Phasen der Erdgeschichte, die Computersimulationen sind nicht zuverlässig. Schon geringste Veränderungen der Prämissen können zu gewaltigen Verschiebungen der Vorhersagen für die Zukunft führen. Das streitet auch niemand ab. Ferner sind sich beide Seiten darüber einig, dass der CO_2-Gehalt in der Atmosphäre steigt.

Unterschiede zeigen sich vor allem in den politischen und religiösen Weltanschauungen der Wissenschaftler. Kurz gesagt, sie wollen unterschiedliche Dinge für die Welt.

Bei der Debatte um die Erderwärmung geht es also weniger um Wissenschaft als um Wertmaßstäbe. Der Disput hört sich nach Wissenschaft an, denn immer wieder wird mit Zahlen, Gleichungen und Vorhersagen jongliert, und auch die Teilnehmer sind von der Wissenschaftlichkeit ihrer Diskussion überzeugt. Die meisten Forscher hatten sich aber schon politische und religiöse Überzeugungen angeeignet, lange bevor sie begannen, sich ernsthaft mit Wissenschaft zu beschäftigen. Sie werden sich zwar im Lauf der Zeit auch ein wissenschaftliches Weltbild aneignen, aber die Ansichten, die sie schon früher angenommen hatten, dienen auch dann dazu, die Lücken im wissenschaftlichen Verständnis der Welt zu füllen, und solche Lücken gibt es in der Klimadebatte zuhauf.

Wissenschaftskritiker postmoderner Prägung greifen diese Form von Disput als Beweis dafür auf, dass Wissenschaft nicht der Weg zu einer objektiven Wahrheit ist, sondern nichts weiter als das Abbild einer kulturellen Ausrichtung. Wissenschaftlicher Konsens sei daher praktisch das Ergebnis einer Mehrheitsabstimmung. Es besteht kein Zweifel daran, dass Wissenschaftler von ihren Überzeugungen beeinflusst sind, aber dennoch ist die moderne Wissenschaft zum Ärger ihrer Kritiker äußerst erfolgreich. Forschung funktioniert.

Wir werden auf die Klimadiskussion später in diesem Kapitel noch einmal zurückkommen, doch um verstehen zu können, wie sich Wissenschaft über die Überzeugungen der damit Beschäftigten erheben kann, müssen wir zuerst die Prozesse ergründen, die solche Überzeugungen entstehen lassen.

Pleistozän-Park

Stellen Sie sich in Anlehnung an den Film *Jurassic Park* einmal vor, ein Moskito labte sich vor 30 000 Jahren an einem unserer Vorfahren, etwa einem Cro-Magnon-Menschen, und wurde danach in einem Stück Bernstein konserviert, sodass die menschliche DNS bis heute erhalten geblieben wäre. Wenn man diesen Cro-Magnon klonte, würde aus ihm dann ein gefährliches Wesen, das entwischen und die Gesellschaft terrorisieren könnte? Ein Film mit dieser Handlung unter dem Titel *Pleistozän-Park* wäre wohl nicht sehr aufregend. Ein Cro-Magnon wäre von den anderen Menschen kaum zu unterscheiden. Es ist viel zu wenig Zeit vergangen, um bedeutende genetische Veränderungen zu ermöglichen. Lediglich die Geschichte der letzten 5000 Jahre ist belegt – die industrielle Revolution ist erst 200 Jahre her –, das Raumzeitalter ist gerade 40 Jahre alt.

Der Mensch von heute versucht also, mit denselben Genen, die auf ein Leben als Jäger oder Sammler im Pleistozän ausgerichtet sind, in einer Welt mit Überschallgeschwindigkeit und Computern zurechtzukommen. Was im Pleistozän noch ein Vorteil im Überlebenskampf war, muss heute nicht unbedingt dasselbe bedeuten.

Bestimmte Verhaltensmuster spiegeln ebenso unser genetisches Erbe wider wie unser Körperbau. Wir reagieren auf externe Reize in einer Art und Weise, die sich auf den Überlebenskampf unserer Ahnen und Vorfahren zurückführen lässt. Der Psychologe James Alcock nennt unser Gehirn „Überzeugungstäter“, das ununterbrochen Informationen verarbeitet, die uns über die Sinne vermittelt werden und neue Überzeugungen entstehen lassen. Das Gehirn wählt die Überzeugungen aus, die mit den bisher bestehenden übereinstimmen, aber ihre Entstehung verläuft unabhängig davon, ob sie der Realität entsprechen.

Eine Überzeugung beginnt, wenn das Gehirn eine Kausalkette folgenden Aufbaus erstellt: Aus *A* folgt *B*. Wenn das nächste Mal *A* geschieht, erwartet das Gehirn, dass auch *B* eintritt. Der Vorteil, den diese Strategie für unsere primitiven Vorfahren bedeutete, ist offensichtlich. Schließlich hatten sie nur wenige Mittel zur Verfügung, um kausale Zusammenhänge von reinen Zufällen zu unterscheiden – also achteten sie auf jegliche mögliche Verbindung und versuchten, auf Nummer sicher zu gehen. Wir meiden bestimmte Nahrungsmittel, weil uns früher einmal davon schlecht geworden ist. Vielleicht wurden wir gar nicht davon krank, doch solange wir nicht gerade verhungern, vermeiden wir lieber diese Lebensmittel.

Die von den Sinnen aufgenommenen Informationen nehmen normalerweise ihren Weg durch den Thalamus, eine kleine Unterabteilung im Gehirn, in den Cortex, wo sie genau analysiert und hinsichtlich ihrer Bedeutung eingeschätzt werden. Eine Ausnahme bilden Gerüche, die offensichtlich noch früher angelegte Wege zum Cortex nehmen. Sensorische Informationen werden vom Cortex verarbeitet und gelangen schließlich zum Mandelkern, einem mandelförmigen Gebilde in den Temporallappen. Diese steuern die emotionale Reaktion auf sensorische Reize. Teile des Mandelkerns erzeugen z. B. Angst. Tiere, bei denen diese Region zerstört ist, reagieren auf bekannte Gefahren infolgedessen nicht mehr mit Flucht.

Ob eine Überzeugung beibehalten wird, hängt von ihrer Gewichtung ab – z. B. davon, wie intensiv die Angst war – und davon, ob die Verbindung zu *A* bestätigt wurde. Ohne diese Bestätigung wird die Erwartung, dass *B* auf *A* folgt, mit der Zeit verblassen.

Sollte *B* aber wieder nach *A* folgen, wird es sehr viel schwieriger sein, uns davon zu überzeugen, dass dies nur ein weiterer Zufall war.

Eine dauerhafte Überzeugung kann auch entstehen, wenn eine Information den Thalamus während eines Zustands gesteigerter emotionaler Erregung erreicht, etwa im Gefühl der Angst oder des Triumphs. Chemische Botenstoffe veranlassen den Thalamus, den sensorischen Cortex zu umgehen und die Informationen direkt an den Mandelkern weiterzuleiten. Dieser Vorgang kann der Beginn persönlichen Aberglaubens sein – wie etwa bei einem Golfer, der nie ohne seinen Glückshut spielt. Die Menschen konstruieren manchmal komplizierte Rituale, um Situationen wiederherzustellen, mit denen sie etwas Positives verbinden, oder um negativ besetzte Situationen zu vermeiden. Oft fühlen wir uns geradezu gezwungen, so zu handeln, obwohl unser Verstand uns sagt, dass eine kausale Verbindung extrem unwahrscheinlich ist.

Überzeugungen entstanden natürlich schon auf diese Weise, lange bevor unsere Vorfahren Menschen auch nur ähnelten, doch die Entwicklung der Sprache eröffnete der Übermittlung und Bestätigung von Informationen ganz neue Möglichkeiten. Die Sprache ermöglicht es uns, unsere Überzeugungen zu teilen – also Überzeugungen zu vertreten, die nicht auf unserer eigenen, sondern auf den Erfahrungen anderer beruhen. So können wir uns viele unangenehme Situationen ersparen. Wir müssen z. B. giftige Pflanzen nicht erst essen, um ihre Wirkung zu kennen. Gemeinsame Überzeugungen innerhalb einer Familie oder eines Stamms sorgen außerdem für einen starken sozialen Zusammenhalt, der das ganze Leben lang bestätigt wird. Durch die Sprache sind mittelbare Erfahrungen zur wichtigsten Quelle menschlicher Überzeugungen geworden, wichtiger noch als persönliche Erlebnisse. Die Macht der Sprache wurde durch die Entdeckung der Schrift gesteigert; jede Weiterentwicklung der Kommunikation – vom Buchdruck bis zum Internet – hat denselben Effekt. Überzeugungen können inzwischen mit einem Mausklick auf der ganzen Welt verbreitet werden. Leider ermöglicht uns dies nicht nur, schneller zu lernen, sondern auch, schneller manipuliert zu werden.

Kleine Kinder sind für neue Überzeugungen besonders empfänglich, sie akzeptieren bedingungslos alles, was ihnen Erwachsene erzählen. Sie sind noch in der Entwicklung begriffen und merken selten, dass frühere Überzeugungen dem widersprechen, was sie heute zu hören bekommen. Für ein kleines Kind, das schnell lernen muss, dass Öfen heiß sind und fremde Hunde beißen könnten, ist diese Leichtgläubigkeit überlebenswichtig. Da die Überzeugungen eines Kindes aber nicht in ein Netzwerk verwandter Überzeugungen eingebunden sind, kann es einen Standpunkt genauso schnell wieder aufgeben, wie es ihn angenommen hat.

Ein Kind glaubt bedingungslos an Geschichten vom Weihnachtsmann oder vom Christkind, lässt diesen Glauben aber auch ohne weiteres fallen, nachdem ihm z. B. ein Freund erzählt hat, dass diese Geschichten gar nicht stimmen. Das heißt aber nicht, dass es deswegen auch andere Geschichten nicht mehr glaubt.

Je mehr Überzeugungen verinnerlicht werden, desto größer ist die Chance, dass es zu Konflikten kommt und sich Zweifel einschleichen. Etwa bis zum Eintritt in die Pubertät hat sich ein isoliertes Netzwerk verwandter Überzeugungen gebildet. Die Entwicklung von Überzeugungen wird sehr asymmetrisch: Die „Überzeugungsmaschine“ entwickelt Meinungen viel schneller, als sie sie ablegt. Wenn Menschen erst einmal daran glauben, dass ein Regentanz wirklich das Wetter beeinflusst, legen sie diese Überzeugung auch während langer Trockenperioden nicht ab. Viel eher glauben sie, beim Regengott in Ungnade gefallen zu sein, und opfern vielleicht einen Menschen, um ihn gnädig zu stimmen.

Daher nehmen wir in unserer Entwicklung meistens die Überzeugungen an, die auch unsere Eltern vertreten oder unsere Gesellschaft vertritt. Die Gesellschaft hält sogar häufig bewusst an Vorstellungen fest, die der Realität offenbar widersprechen. Der Glaube an etwas, das jeglicher Vernunft zuwiderläuft, wird als Standfestigkeit und Courage interpretiert, während Skepsis zumeist als Zynismus einer schwachen Persönlichkeit angesehen wird. Je überzeugender die Gegenargumente sind, als desto tugendhafter gilt das Festhalten am Gegenteil. Wir achten den Glauben. Der Glaube kann eine positive Kraft sein, er hilft Menschen, die Unbillen des Lebens zu bewältigen, doch die Grenze zwischen Standhaftigkeit und Fanatismus ist sehr durchlässig. Übertriebener Glaube ist destruktiv – denken Sie nur an Jonestown oder die Heaven's-Gate-Sekte. In beiden Fällen wurde der

Glaube der Menschen auf die Probe gestellt, und beide Gruppen bestanden den Test.

Das Überraschende daran ist nicht etwa, dass wir uns leicht manipulieren lassen, sondern dass wir uns auf einem Planeten zurechtfinden, der, so weit es unsere Gene betrifft, nichts mit dem wilden Planeten zu tun hat, für den sie eigentlich bestimmt sind. Wenn Ihnen das zu unheimlich ist, keine Angst, es gibt auch gute Nachrichten: Wir sind dem Glaubensgen nicht machtlos ausgeliefert. Die primitive Maschinerie des Glaubensgens ist zwar noch vorhanden, aber die Evolution ist nicht stehen geblieben. Sie hat uns mit einem Gegenmittel ausgestattet.

Was bedeutet Wissenschaft?

Wie ist es möglich, dass ein Gehirn, dessen Hauptaufgabe darin besteht, Nahrung zu finden und Raubtieren im Urwald auszuweichen, in der Lage ist, Sonette zu erdenken und komplizierte mathematische Berechnungen durchzuführen? Wir haben die Poesie und die höhere Mathematik entwickelt, weil unser Gehirn immer bestrebt ist, Muster zu finden. Die wunderbare Fähigkeit, Muster wiederzuerkennen, erlaubte es unseren Vorfahren, sich mit bemerkenswerter Leichtigkeit an veränderliche Bedingungen anzupassen, indem sie die Muster schnell erkannten, die für eine bestimmte Umgebung typisch waren.

Auch Tiere, die im Vergleich zu uns mit einem deutlich kleineren Gehirn ausgestattet sind, verlassen sich darauf, Muster wiederzuerkennen. Die Wüstenameise *Cataglyphis* z. B., deren Gehirn aus vielleicht 100000 Zellen besteht – der Mensch besitzt mehrere Millionen Mal so viele Gehirnzellen –, durchstreift riesige Einöden auf der Suche nach Nahrung. Finden die Ameisen etwa verstreute Pflanzensamen, nehmen sie sie auf und kehren auf direktem Weg zu ihrem Nest zurück. Sie orientieren sich mithilfe von polarisiertem Licht am Stand der Sonne – auch wenn diese durch Wolken verdeckt ist. Die Fähigkeit der *Cataglyphis*, Muster wiederzuerkennen, ist zwar erstaunlich, aber auch sehr spezialisiert. In einem Waldstück, das viele landschaftliche Merkmale aufweist, aber keinen Blick zum Himmel erlaubt, wäre die *Cataglyphis* verloren.

Der Mensch ist in der Lage, erstaunlich vielfältige Muster zu speichern. Tatsächlich sind wir ununterbrochen auf der Suche nach Mustern. Bis jetzt sind wir immer noch besser in dieser Disziplin als der leistungsfähigste Computer, und das verschafft uns eine große Befriedigung. Mustererkennung ist die Basis jedes ästhetischen Genusses, dabei kann es sich sowohl um Musik als auch um eine Partie Schach oder ein physikalisches Problem handeln. Je besser wir unsere Fähigkeit entwickeln, desto subtilere Muster können wir erkennen. Allerdings sind wir so versessen darauf, Muster zu erkennen, dass wir sie sogar dann sehen können, wenn gar keine da sind. Ein Beispiel dafür liefert der Rorschach-Test. Dasselbe Gehirn, das den Zusammenhang zwischen den Gezeiten der Meere und den Mondphasen erkennt, glaubt auch einen Zusammenhang zwischen den Positionen der Sterne und einer Hungersnot oder dem Ausgang einer anstehenden Schlacht auszumachen.

Auch hierbei handelt es sich um eine Überzeugungstat. Sobald wir aber merken, wie leicht wir uns täuschen lassen, können wir die höheren Zentren unseres Gehirns dazu anregen, eine differenziertere Strategie zu entwickeln, die unsere Fähigkeit, Muster zu erkennen, mit einer Vielzahl mündlich überlieferter Naturbeobachtungen zu kombinieren vermag. Das nennt man dann Wissenschaft.

> Wissenschaft ist der systematische Versuch, möglichst viel Wissen über die Welt zu sammeln und dieses Wissen durch überprüfbare Gesetze und Theorien umzusetzen.

Diese elegante Formulierung ist dem Buch *Consilience* des Biologen E. O. Wilson entnommen. Sie ist ein Gradmesser für die Wissenschaftlichkeit neuer Theorien. Die Effizienz des Gradmessers hängt von zwei Fragen ab: Ist es möglich, ein Experiment zu Testzwecken durchzuführen? Wird die Welt dadurch besser verständlich? Wenn die Antwort auf eine der Fragen nein lautet, handelt es sich nicht um Wissenschaft.

Erfolg und Glaubwürdigkeit basieren auf der Bereitschaft der Wissenschaftler, zwei Gesetze einzuhalten:

1. Neue Ideen und Ergebnisse müssen zur unabhängigen Überprüfung durch andere Wissenschaftler freigegeben werden.
2. Anerkannte Fakten und Theorien müssen aufgrund neuer, verlässlicher Einsichten korrigiert werden.

Nur durch das Befolgen dieser Prinzipien kann sich die Wissenschaft von „anderen Formen des Wissens" abgrenzen, um eine modische Formulierung zu verwenden. Wenn es neue Erkenntnisse gibt, werden Fachbücher sofort ohne weitere Beachtung des bisherigen Wissensstands umgeschrieben. Viele Menschen fühlen sich auf so dünnem Eis nicht sehr wohl; sie sind auf der Suche nach einer Sicherheit, die ihnen die Wissenschaft nicht bieten kann. Sie fühlen sich in festen alten Glaubensschemata oder bei Fanatikern besser aufgehoben. Es klingt paradox, aber die Sehnsucht nach Sicherheit mischt sich häufig mit großem Respekt vor der Wissenschaft. Dahinter steckt der Wunsch, die Wissenschaft möge die Lehren antiker Schriften oder eines New-Age-Gurus untermauern. Diese Ambivalenz wird von Pseudowissenschaftlern sehr gerne ausgenutzt.

Im Allgemeinen glauben Wissenschaftler, das beste Mittel gegen Pseudowissenschaft sei eine größere Allgemeinbildung. Das wirft jedoch die Frage auf, was eine wissenschaftlich gebildete Gesellschaft wissen sollte.

Da sind natürlich einige grundlegende Dinge: Gebildete Menschen sollten schon etwas von Darwins Evolutionslehre, Energieerhaltung oder dem Periodensystem gehört haben, doch der explosionsartige Anstieg wissenschaftlicher Erkenntnisse in der zweiten Hälfte des 20. Jahrhunderts macht es selbst Wissenschaftlern schwer, mit der Entwicklung ihres eigenen Fachs Schritt zu halten. Die Menschen müssen sich also nicht mehr Fachwissen aneignen, sondern ein wissenschaftliches Weltbild aufbauen – sie müssen verstehen, dass wir uns in einer Welt befinden, in der es unbestreitbare Grundregeln gibt.

Obwohl die uralte Überzeugungsarbeit des Gehirns noch immer funktioniert, kann man sich angewöhnen, jeden aufkeimenden Aberglauben sofort kritisch zu hinterfragen, bevor daraus eine unverrückbare Überzeugung wird. Als Erstes sollte man untersuchen, ob *B* wirklich so zuverlässig auf *A* folgt, dass man nicht mehr von Zufall sprechen kann. Glaube hat bekanntlich nichts mit Wahrscheinlichkeiten zu tun. Jede Analyse muss daher bewusst mithilfe der höheren Gehirnfunktionen durchgeführt werden.

Die meisten Menschen würden der Aussage zustimmen, dass ein Münzwurf mit gleicher Wahrscheinlichkeit Kopf oder Zahl ergeben kann. Sie würden weiterhin zustimmen, dass dies für jeden neuen Münzwurf gleichermaßen gilt. Dennoch, wenn viermal hintereinander „Kopf" gewinnt (die Chance dafür steht 1 : 16), muss man eine gewisse mentale Disziplin aufbringen, um nicht zu glauben, dass beim fünften Wurf eher „Zahl" fallen müsste. Der Teil unseres Gehirns, der von Chancengleichheit ausgeht, erwartet, dass Zahl nun langsam aufholen muss. Man spricht hierbei vom „Trugschluss des Spielers". Kopf und Zahl werden auf lange Sicht etwa gleich oft gewinnen, aber das sagt nichts über den nächsten Wurf aus.

Wir müssen uns weiterhin fragen, ob nicht ein plausibler Mechanismus existieren könnte, durch den *B* von *A* ausgelöst wird. Selbst wenn wir davon ausgehen können, dass die Verbindung von *A* und *B* mehr als Zufall ist, heißt das noch nicht, dass es sich um eine kausale Verbindung handelt. Stattdessen kann es auch sein, dass beides denselben Hintergrund hat. Im besten Fall ist uns ein physikalisches Prinzip bekannt, dass uns die Entscheidung abnimmt, aber häufiger müssen wir selbst eine Entscheidung treffen.

Im Jahr 1934 las der große Chemiker Irving Langmuir, der zwei Jahre zuvor den Nobelpreis für seine Studien über molekulare Schichten bekommen hatte, über die Arbeit des Psychologen J. B. Rhine von der Duke University zu extrasensorischer Wahrnehmung (ESP). Langmuir war von dem fasziniert, was er „pathologische Wissenschaft" nannte – „die Lehre von Dingen, die nicht das sind, was sie vorgeben".

Ihre Anhänger waren seiner Meinung nach keineswegs unehrlich; sie betrogen sich schlichtweg selbst. ESP war für Langmuir daher ein klassisches Beispiel für pathologische Wissenschaft.

Ein Kennzeichen pathologischer Wissenschaft war gemäß Langmuir, dass die notwendigen Belege immer an der Grenze des Messbaren lagen. Für unsere Cocktailparty hieße das, dass man trotz der Geräuschkulisse gerade noch verstehen kann, was einem erzählt wird. Unter solchen Umständen kann man sehr leicht etwas falsch verstehen.

Stellt man beispielsweise die Behauptung auf, man könne mithilfe spiritueller Kräfte beeinflussen, welche Seite der Münze oben liegen wird, erreicht man möglicherweise eine Erfolgsquote von 51 Prozent anstatt der 50 Prozent, die eigentlich das Ergebnis sein müssten. Es wäre also eine große Zahl an Münzwürfen vonnöten, um sicher sein zu können, dass es sich bei einer so geringen Abweichung von der Norm nicht um einen Zufall handelt. Dabei erwächst aber ein neues Problem: Wenn es einen Fehler im Experiment selbst gibt – etwa ein leichtes Ungleichgewicht innerhalb der Münze, das zur Folge hat, dass eine Seite häufiger oben liegt –, hätte dies Auswirkungen auf eine lange Versuchsreihe. Sollte also das Ergebnis von 51 Prozent auch nach einer solchen Versuchsreihe noch Bestand haben, kann man dies auf verschiedene Weise interpretieren. Man könnte daraus schließen, dass ein Fehler im Versuchsaufbau vorliegen muss, der zu identifizieren sein wird. Man könnte aber auch sagen, dass es tatsächlich gelungen ist, die Münzwürfe zu beeinflussen, ohne nach Fehlern zu suchen. Wissenschaftliche Theorien, die auf geringen Abweichungen von der Statistik beruhen, sind daher immer mit Vorsicht zu genießen.

Langmuir registrierte noch ein typisches Merkmal pathologischer Wissenschaft: Es scheint nicht möglich zu sein, die Effizienz des Effekts zu verstärken. Wenn man bei einer Cocktailparty jemanden besser verstehen will, nähert man sich der Person, aber weder Entfernung noch Zeit scheinen Einfluss auf ESP zu haben. Es spielt nicht einmal eine Rolle, ob der Münzwurf hier oder weit entfernt stattfindet; die Erfolgsquote bliebe konstant. Das aber, so Langmuir, widerspricht allem, was wir über die Funktionsweise der Welt wissen.

Sollte aber tatsächlich ein spürbarer Erfolg zu verzeichnen sein, wäre dies unabhängig von der Signifikanz des Experiments eine gewaltige Erkenntnis, die uns zwänge, alles, was wir über die Naturgesetze zu wissen glauben, gründlich zu überprüfen.

Irvin Langmuir besuchte J. B. Rhine, um ihm seine Vorbehalte mitzuteilen. Zu seiner Überraschung schien Rhine keineswegs beunruhigt zu sein, sondern bestärkte Langmuir sogar darin, seine Ansichten zu veröffentlichen. Rhine spekulierte darauf, dass ESP dadurch größere Aufmerksamkeit erfahren und stärker gefördert werden würde. Deshalb erklärte Rhine Langmuir bereitwillig, wie er seine Untersuchungen durchgeführt und wie er die Ergebnisse interpretiert hatte.

Im Verlauf mehrerer Jahre hatte Rhine Tausende von Personen getestet, die die Bilder verdeckter Spielkarten erraten sollten. Dafür verwendete er einen Stapel von 25 Karten mit fünf verschiedenen Bildern. Im Durchschnitt sollte man also eine Erfolgsquote von 20 Prozent erzielen. Manche Kandidaten erreichten ein besseres Ergebnis, andere ein schlechteres. Nach einer Vielzahl von Tests kam Rhine allerdings zu einer Erfolgsquote von etwas mehr als 20 Prozent.

Langmuir entdeckte jedoch zu seinem Erstaunen, dass Rhine diejenigen Kandidaten nicht einberechnet hatte, die er verdächtigte, mit Absicht falsch zu raten. Rhine glaubte, dass ihm diese Kandidaten vorsätzlich schaden wollten. Deshalb hielt er es für richtig, deren Ergebnisse nicht in die Analyse einfließen zu lassen. Woher wusste er, dass die Kandidaten absichtlich betrogen? Ihre Ergebnisse waren so schlecht, dass Rhine nicht an einen Zufall glauben wollte. Er war sogar davon überzeugt, dass eine besonders niedrige Trefferquote die Existenz von ESP ebenso bewies wie eine besonders hohe.

Als Langmuir versuchte, einem Reporter den Fehler in Rhines Argumentation zu erklären, zeigte sich dieser nicht in der Lage, der statistischen Beweisführung zu folgen. Er schrieb daraufhin einen Artikel darüber, dass sich ein Nobelpreisträger für ESP interessierte. Rhine konnte sich vor lauter Doktoranden und finanzieller Unterstützung kaum mehr retten. Genau wie Rhine vorhergesagt hatte, stieg die Glaubwürdigkeit von ESP allein durch die Medienpräsenz.

Dies führt zu einem schwierigen Dilemma für die Wissenschaft. Joe Newmans Herausforderung an die Wissenschaftler, mit ihm zu diskutieren, war vielleicht nur Populismus, aber selbst wenn jemand die Herausforderung angenommen hätte, wäre dies sicherlich zum Vorteil für Newman ausgelegt worden. Einfache Argumente und humoristische Verpackung sind effektiver als das Zitieren der Hauptsätze der Thermodynamik.

Jede Debatte erweckt den Eindruck, als würden dort zwei Wissenschaftler gleichen Niveaus miteinander kontrovers diskutieren. Ein idealer Nährboden für Voodoo Science.

Der letzte Schritt auf dem Weg zu einem wissenschaftlichen Weltbild ist die Überprüfung eines liebgewonnenen Glaubens. Als ich mich in meiner Jugend für Naturwissenschaft interessierte, las ich in einem Buch, dass Waschbären ihre Nahrung grundsätzlich waschen, bevor sie sie verspeisen. Mein Vater hatte mir dasselbe erzählt, und ich kann mich auch erinnern, Waschbären dabei beobachtet zu haben. Es gab also keinen Grund für mich, daran zu zweifeln. In meinem Buch stand, dass die Waschbären die Nahrung nicht wirklich waschen wollten, sondern nur anfeuchten, da sie selbst keine Speicheldrüsen haben. Das schien mir eine verständliche Erklärung, und so trug ich dieses Wissen fast mein ganzes Leben mit mir herum und gab es an meine Kinder weiter.

Dann jedoch kam während einer langen Trockenperiode in einem heißen Sommer eine hungrige Waschbärenfamilie zu unserem Haus hinauf und bettelte um Nahrung. Wir konnten ihnen einfach nicht widerstehen und kauften ein paar Hundekuchen, die wir in einem Verschlag hinter dem Haus aufbewahrten. Da die armen Waschbären ja keine Speicheldrüsen hatten, stellte ich eine Schüssel Wasser daneben, damit sie ihre Nahrung anfeuchten konnten. Die Tiere drängten sich um mich herum, sobald ich den Verschlag öffnete und die Tüte mit den Hundekuchen hervorholte. Schon bald merkte ich jedoch, dass die Waschbären begannen, zu sabbern, wenn ich mit der Tüte raschelte. Das Wasser lief ihnen buchstäblich im Mund zusammen! Von wegen keine Speicheldrüsen! Danach fütterte ich sie ohne Wasser. Das schien ihnen nichts auszumachen, sie fraßen unbekümmert weiter. Wenn ich Wasser dazustellte, benutzten sie es – wenn nicht, dann eben nicht. Ich weiß bis heute nicht, aus welchem Grund Waschbären ihre Nahrung in Wasser tauchen. Ich glaube, sie waschen sie. Jedenfalls haben ich daraus gelernt, dass eine Theorie, so plausibel sie sich auch anhören mag, erst durch Tests bestätigt werden muss.

Zurück zum Kohlendioxid

Damit kommen wir zur Klimadebatte zurück. Es liegt in der besonderen Verantwortung der Wissenschaftler, die Welt über ihren Zustand zu informieren. In dreieinhalb Milliarden Jahren Evolution hat das Umfeld unsere Gene geprägt. Heute sind wir es, die unsere Umgebung prägen.

Es kann aber noch Jahre dauern, bevor anthropogene Effekte auf das Klima definitiv erklärt werden können. Es gibt auf der einen Seite Wissenschaftler, die sagen, dass wir sofort reagieren müssen. Sie sind Malthusianer, eingefleischte Pessimisten und Vertreter des Prinzips „Vorsicht ist besser als Nachsicht". Schließlich dauert es lange, bis die Menschheit ihr Verhalten merklich ändert, und wenn wir nicht sofort damit anfangen, könnte es zu spät sein.

Auf der anderen Seite stehen die technologiehörigen Optimisten, die der Ansicht sind, dass es ein Fehler wäre, zu reagieren, bevor wir genau wissen, worauf wir reagieren müssen. Wenn man schon in früheren Zeiten so gehandelt hätte, argumentieren sie, könnten wir heute die Vorteile der industriellen Revolution nicht nutzen. Ferner erinnern sie uns daran, dass wir bisher immer Lösungen für die Probleme gefunden haben, die sich durch wachsende Bevölkerungszahlen und Industrialisierung ergaben.

Im Frühling 1998 erklärte eine Forschungsgruppe (Gruppe A), die Daten von Wettersatelliten analysiert hatte, dass sich die obere Atmosphäre in den letzten 20 Jahren leicht abgekühlt habe, trotz der Erwärmung, die auf der Erdoberfläche festgestellt worden war. Dieselben Daten wurden danach aber von einer zweiten Forschungsgruppe (Gruppe B) noch einmal analysiert. Sie wies darauf hin, dass die erste Gruppe den atmosphärischen Strömungswiderstand außer Acht gelassen hatte. Die Flugbahn von Satelliten läge danach ca. 15 Kilometer näher der Erde, und die leichte Abkühlung sei tatsächlich eine leichte Erwärmung. Gruppe A dankte Gruppe B für die Kontrolle und analysierte die Ergebnisse selbst noch einmal. Sie fand heraus, dass zwei weitere Korrekturen, nämlich das orbitale Fortschreiten der Satelliten und fehlerhafte Einstellungen des Strahlungsmessgeräts den atmosphärischen Strömungswiderstand größtenteils ausglichen. Gruppe B akzeptierte diese Modifikationen, stimmte aber nicht zu, dass diese Effekte ausreichend seien, um die Erwärmung der Troposphäre zu widerlegen.

Das Wichtigste, was wir daraus lernen können, ist, dass die pessimistische ideologische Prägung der Vertreter der Malthusianer auf der einen und technologische Optimisten auf der anderen Seite – solange sie sich beide an die Regeln der Forschung halten – in jedem Fall für eingehende Klimastudien sorgen. Beide Seiten wissen, dass jeder Datenfehler und jede Lücke in den Analysen sofort von den Gegnern aufgegriffen würde. Beide versuchen, genauere Daten zu sammeln und zu exakteren Ergebnissen zu kommen, und sind davon überzeugt, dass ihre Theorien als wahr bestätigt werden. Der Gewinner wird letztendlich durch Zahlen bestimmt, und uns allen kommt das bessere Verständnis des Klimas zugute.

Von den zahllosen Problemen, die die moderne Gesellschaft beschäftigen, scheinen nur wenige ohne die Hilfe der Wissenschaft zu bewältigen zu sein. Manchmal kann die Gesellschaft aber nicht auf die Forschungsergebnisse warten. Gerichte müssen Streitfragen klären, Regierungen Gesetze erlassen, Ärzte Patienten heilen, und alle müssen sich auf den derzeitigen Forschungsstand verlassen. Es gibt heute keine ernsthaften Zweifel mehr daran, dass die Menschen das Klima beeinflussen. Die Regierungen müssen Vorsichtsmaßnahmen einleiten, auch wenn die genauen Konsequenzen noch nicht bekannt sind.

Weil Entscheidungen getroffen werden müssen, ohne dass die relevanten wissenschaftlichen Fragen zweifelsfrei beantwortet sind, entsteht zwangsläufig eine Spannung zwischen Gegnern und Befürwortern der technologischen Entwicklung. An diesen beiden Extrempositionen kommt es immer wieder dazu, dass die seriöse Wissenschaft umgangen wird und Voodoo Science entsteht. Dazu werden wir mehr in den nächsten beiden Kapiteln hören.

Drei

Placebos haben Nebenwirkungen, die Menschen zur „Naturmedizin“ bringen

Das schmeckt auch dem Kabeljau

Kürzlich erschien in *USA Today* eine ganzseitige Anzeige für „Vitamin O“. Dargestellt war eine Gruppe dynamischer, lächelnder Menschen, die laut Unterschrift durch „Vitamin O“ ein gesünderes Leben führten. „Es ist so mild, dass man es sich auch in die Augen tropfen könnte, und sehr natürlich, denn es enthält das häufigste Element der Welt, und es ist so effektiv, dass Sie Stunden bräuchten, um alle Berichte derer zu lesen, die es mit erstaunlichen Ergebnissen getestet haben.“ Tatsächlich waren auch einige dieser Berichte in der Anzeige aufgeführt, sie lauteten etwa so: „Seit einigen Monaten nehme ich ‚Vitamin O‘. Ich habe jetzt viel mehr Energie, bin belastbarer und immun gegen Erkältungen.“

„Vitamin O“ sollte als Nahrungszusatz oral eingenommen werden. Die empfohlene Dosis lag bei zwei- oder dreimal 15 bis 20 Tropfen pro Tag. Die Anzeige versprach „eine bessere Verwertung der Nährstoffe, verbesserten Blutfluss und die Neutralisierung von Toxinen und Giften – mit anderen Worten, all das, was man braucht, um Krankheiten vorzubeugen und gesund zu bleiben“. Ein handelsübliches Fläschchen für 20 Dollar plus Versandkosten sollte etwa einen Monat reichen. Ein Sprecher der Firma Rose Creek Health Products, die „Vitamin O“ vertrieb, erklärte, dass zurzeit etwa 60 000 Fläschchen pro Monat verkauft würden, Tendenz steigend.

Was aber *ist* „Vitamin O“? In der Anzeige steht es ganz genau: „stabilisierte Sauerstoffmoleküle in einer Lösung von destilliertem Wasser und Sodiumchlorid“. Mit anderen Worten, es handelt sich um Salzwasser. In Wasser ist immer Sauerstoff gelöst, auch wenn die Löslichkeit bei Raumtemperatur und Normaldruck sehr gering ist, sie liegt bei etwa 7,5 ppm (parts per million). Für eine höhere Löslichkeit müsste man einen geschlossenen Behälter unter Druck setzen. Aber es spielt keine Rolle, wie hoch die Löslichkeit genau ist. Die angegebene Dosis würde in jedem Fall weniger Sauerstoff zuführen als ein tiefer Atemzug. Eingeatmeter Sauerstoff geht durch die Lungen direkt in den Blutkreislauf über, und selbst in entspannter Lage atmen wir etwa alle drei Sekunden ein.

Rose Creek Health Products hat den Bildungsstand der Bevölkerung offenbar richtig eingeschätzt. Die Anzeige ist zwar ein zynischer und erfolgreicher Versuch, absichtsvoll irrezuführen, aber nicht gelogen. Da steht, das Produkt sei mild. Was könnte noch milder sein? Da steht, Sauerstoff sei gut für Sie. Tatsächlich könnten Sie ohne ihn nicht überleben. Da steht, „Vitamin O“ versorgt Sie mit Sauerstoff. Vermutlich tut es das – aber in einem lächerlich geringen Ausmaß.

Fische können den im Meer gelösten Sauerstoff aufnehmen, aber dabei schlucken sie kein Wasser. Ihre Kiemen entziehen dem Wasser gelösten Sauerstoff. Außerdem sind Fische Kaltblüter mit einem relativ langsamen Stoffwechsel. Warmblüter müssen atmen, um zu überleben. Sollte ein Mensch versuchen, dem Wasser Sauerstoff zu entziehen, ertrinkt er.

„Vitamin O“ soll die Menschen ansprechen, die sich von der wissenschaftlichen Revolution überholt fühlen. Es klingt paradox, aber ihre nostalgischen Gefühle für eine Vergangenheit, in der alles einfacher und natürlicher zu sein schien, mischen sich häufig mit einem widerwilligen Respekt für die Wissenschaft. Sie wollen glauben, dass sich natürliche Medizin und Wissenschaft immer weiter annähern.

Diese Ambivalenz wird clever ausgenutzt; die Anzeige behauptet fäslchlicherweise, dass Umweltverschmutzung und Entwaldung zu einer geringeren Sauerstoffkonzentration in der Luft geführt haben, vor allem in Großstädten.

Neben der Abbildung eines Astronauten im Raumanzug steht die Beschreibung von „Vitamin O“ als „neueste Generation der

Sauerstofftechnologie von Dr. William F. Koch, entwickelt für die Raumfahrt, um die Sauerstoffversorgung der Astronauten sicherzustellen". Die Liebe zur Natur wird hier mit dem Raumfahrtzeitalter in Verbindung gebracht.

Noch vor 100 Jahren wurden in den USA wertlose Mittelchen, die angeblich gegen jede Art von Beschwerden halfen, ohne jede Einschränkung verkauft. Erst öffentlicher Druck führte schließlich 1906 zum Erlass des Pure Food and Drugs Acts. Das Gesetz verbot zwar falsche und irreführende Slogans und erlaubte die Veröffentlichung von Untersuchungen staatlicher Labors, konnte aber keine wirkliche Garantie bieten. In der Folgezeit verlieh der Kongress den Regierungen der einzelnen Staaten jedoch die Macht, ihre Bürger aktiv gegen gefährliche und unwirksame Produkte zu schützen.

Die amerikanische Gesundheitsbehörde Food and Drug Administration (FDA), die 1927 zur Durchsetzung bestehender Erlasse eingerichtet worden war, wurde ermächtigt, den Verkauf nicht getesteter Produkte zu verbieten oder solche vom Markt zu nehmen, die als unsicher galten. Nach den schrecklichen Folgen des Verkaufs von Contergan, als Tausende von Kindern mit verkrüppelten oder ohne Gliedmaßen geboren wurden, verschärfte man die Bedingungen, die Medikamente erfüllen müssten, bevor sie auf den Markt gelangen. Die meisten Menschen glauben, dass diese Vorkehrungen sie vor übertriebenen oder vorsätzlich falschen Versprechungen pharmazeutischer Firmen schützen. Leider ist das ein Irrtum.

In den 90er Jahren des 20. Jahrhunderts begann der Kongress, die Uhr zurückzudrehen. 1994 wurde als Reaktion auf eine große Kampagne der pharmazeutischen Industrie hin der Dietary Supplement and Health Education Act erlassen, der „natürliche" Zusatzstoffe für Diätprodukte von der Überprüfung auf Sicherheit, Reinheit und Effizienz ausnahm.

Die FDA kann aus diesem Grund nur ein gerichtliches Verbot eines Diätprodukts erwirken, wenn dieses nachweislich gesundheitsschädlich ist – oder wie es ein Mitarbeiter der FDA ausdrückte, „erst wenn es Tote gibt". „Vitamin O" wird keine Todesfälle verursachen. Es kann nur dann gefährlich werden, wenn jemand wirklich medizinische Hilfe benötigt und stattdessen auf „Vitamin O“ vertraut.

Die einzige gesetzliche Bestimmung besagt, dass Zusatzstoffe nicht als Prophylaxe oder als Medikament angeboten werden dürfen. Die Federal Trade Commission (FTC) darf die Werbung regulieren, aber meistens geschieht das in Form von positiven Kommentaren zufriedener Benutzer. Es ist sehr schwierig, einen authentischen Kommentar als betrügerische Werbung zu entlarven, auch wenn er noch so absurd erscheint. Die Mittel der FTC sind begrenzt.

Da sie durch zahllose Fälle irreführender oder betrügerischer Werbung völlig überlastet ist, kann sie sich nur um die schwersten Vergehen kümmern. Die FTC unternahm erst etwas gegen Rose Creek, als die unsinnige Vitamin-O-Werbung in den Medien erschien. Ich selbst hatte die Sache in einem kurzen Interview mit *Science* und in der Radiosendung *All Things Considered* bei National Public Radio erwähnt.

Zwei Monate später, am 11. März 1999, legte die FTC beim Bezirksgericht Beschwerde gegen den Vertreiber von „Vitamin O“ Rose Creek Health Products ein. Der Vorwurf lautete, offensichtlich falsche Versprechungen zu machen. Außerdem hatte die FTC herausgefunden, dass „Vitamin O“ nie von Astronauten verwendet worden war, wie in der Werbung behauptet wurde. Die FTC konnte nicht einmal die Existenz von Dr. Koch, dem angeblichen Entwickler des Produkts, feststellen. Rose Creek Health Products musste die Werbekampagne für „Vitamin O“ stoppen, die FTC forderte das Gericht auf, die Firma zur Rückzahlung der eingenommenen Gelder zu verurteilen. Mehrere Millionen Dollar stehen auf dem Spiel.

Wie aber konnte es dazu kommen, dass so viele Menschen auf „Vitamin O“ hereinfielen und sogar seine Wirkung bestätigten? Wenn wir den von Rose Creek veröffentlichten Zahlen glauben, haben mehr als 60000 Kunden „Vitamin O“ benutzt. Wahrscheinlich kauften sie es, weil sie glaubten, es würde ihnen damit besser gehen. Im Folgenden werden wir untersuchen, *warum* sie sich besser fühlten.

Geht die Sonne auf, weil der Hahn kräht?

Die Geschichte der modernen Medizin enthält zahllose Therapien, auf die einst Millionen von Menschen geschworen haben – und die heute als wirkungslos oder sogar gefährlich gelten. In seinem Buch *The Fragile Species* weist Lewis Thomas darauf hin, dass Behandlungen mit Abführmitteln oder Blutegeln erst dann aufgegeben wurden, als man sie mit der Entwicklung derselben Krankheiten verglich, die überhaupt nicht behandelt wurden. Mit der Zeit erholen wir uns auch ohne Therapie von fast jeder Krankheit, die es gibt.

Die Evolution hat unseren Körper mit einem wirkungsvollen Abwehrsystem gegen Verletzungen und Krankheiten ausgestattet: Knochen wachsen zusammen, Blut gerinnt, Antikörper bekämpfen Viren und Bakterien usw.

Dennoch: Wenn jemand, der sich als Heiler bezeichnet, uns Kräutertee oder Zuckerpillen verschreibt, eine Beschwörung murmelt oder mit einer Rassel klappert, lassen wir uns leicht davon überzeugen, dass die folgende Heilung sein Werk gewesen ist. Je nach Kulturraum verwenden die Heiler verschiedene Requisiten, etwa die Maske eines Hexenheilers oder ein Stethoskop um den Hals, um diesen Eindruck zu verstärken. Auch hier ist wieder die Überzeugungsmaschinerie am Werk. Sie schreibt jede Verbesserung der vorhergehenden Behandlung zu. Ein logischer Fehler, der sehr häufig gemacht wird: *post hoc, ergo proper hoc* – „danach, also deswegen". Zwar könnte die Behandlung anschlagen, aber meistens ist es das Immunsystem, das uns wieder gesunden lässt.

Aber da ist noch etwas. Sobald wir von der heilenden Fähigkeit unseres Arztes oder der Heilkraft einer Behandlung überzeugt sind, geschieht etwas sehr Bemerkenswertes: Auch eine unwirksame Therapie erzielt nachweislich *tatsächliche* Erfolge. Man spricht dabei vom Placeboeffekt. Seit mehreren tausend Jahren arbeiten Heiler mit diesem Effekt, aber er galt bis vor einiger Zeit noch als mysteriös und unerklärlich. Nun aber beginnen wir, die komplexe Wechselbeziehung zwischen Gehirn und endokrinem System zu verstehen, die Auslöser für den Placeboeffekt ist.

Die Menschen gehen zum Arzt, wenn sie sich unwohl fühlen oder glauben, dass mit ihrem Körper etwas nicht stimmt. Sie haben Schmerzen und Angst. Das Gehirn reagiert auf Angst und Schmerz nicht damit, die Heilmechanismen des Körpers zu aktivieren, sondern mit der Vorbereitung auf eine äußere Bedrohung. Das ist eine evolutionsbedingte Verhaltensweise, um zusätzliche Verletzungen zu vermeiden. Stresshormone werden ausgeschüttet, die die Atmungs- und Herzfrequenz sowie den Blutdruck erhöhen. Diese Veränderungen können die Erholung sogar behindern, denn das Gehirn bereitet den Körper auf Kampf oder Flucht vor; die Erholung muss warten.

Das erste Ziel eines guten Arztes ist daher, Stress abzubauen. Dazu gehört unter anderem, dem Patienten zu erklären, dass es eine sehr effektive Behandlung gegen seine Beschwerden gibt und dass er sich schon bald sehr viel besser fühlen wird – wenn er sich nur an die Anordnungen des Arztes hält.

Da wir uns von fast allen Krankheiten erholen, lernt das Gehirn, Arztbesuche mit Heilung zu assoziieren. Die meisten Menschen fühlen sich schon besser, wenn sie die Praxis verlassen.

Auch in der ersten Hälfte des 20. Jahrhunderts beruhte ein großer Teil der Medizin noch auf dem Placeboeffekt. Bis 1940 hatten Ärzte in ihren Taschen hauptsächlich Abführmittel, Aspirin und Zuckertabletten. Studien haben gezeigt, dass Zuckertabletten immerhin halb so effektiv sind wie Aspirin, wenn der Patient nur an ihre Wirkung glaubt. Allerdings ist die Wirkungsweise eine ganz andere. Schmerz signalisiert dem Gehirn, dass es ein Problem gibt und dass etwas geschehen muss. Das Signal wird durch Prostaglandin ausgelöst, das von weißen Blutkörperchen an der betroffenen Stelle des Körpers ausgeschüttet wird.

Ein Placebo dagegen macht dem Gehirn vor, dass an dem Problem gearbeitet wird. Sobald das Gehirn davon überzeugt ist, beendet es den Alarmzustand und setzt Endorphine frei, körpereigene Glückshormone, die im Gehirn produziert werden können. So stark der Placeboeffekt auch sein mag, es ist sehr unwahrscheinlich, dass er Haare auf dem Kopf wachsen oder Tumore schrumpfen lassen kann, aber es besteht kein Zweifel, dass er die Schmerzempfindung beeinflusst.

Ob ein Patient auf Placebos anspricht, hängt vor allem davon ab, wie gut der Arzt seine Rolle spielt. Die beruhigende Wirkung, die von all den medizinischen Requisiten wie dem Stethoskop, dem gerahmten Diplom an der Wand usw. ausgeht, kann durch ein leichtes Stirnrunzeln oder eine hochgezogene Augenbraue des Arztes zerstört werden, während dieser die Testergebnisse des Patienten überfliegt. Ein Placebo funktioniert dann am besten, wenn der Arzt tatsächlich von der Wirkung überzeugt ist und diese Überzeugung auch vermitteln kann. Deshalb können die Leute, die glauben, besondere Heilkräfte zu besitzen oder eine Wunderkur entdeckt zu haben, die bisher übersehen wurde, den Placeboeffekt besonders erfolgreich auslösen. Außerdem gelingt es ihnen oft, eine große Anhängerschaft aufzubauen, wie am Beispiel Samuel Hahnemann deutlich wird.

Weniger ist mehr

Im September 1996 fand zu Ehren des deutschen Physikers Samuel Hahnemann und zum 200. Jahrestag der Entstehung seines Gesetzes *similia similibus curantur* – Gleiches heilt Gleiches –, das die Basis der Homöopathie bildet, eine internationale Konferenz in Frankfurt a. M. statt. Auch der damalige Gesundheitsminister Horst Seehofer war anwesend. In seiner Begrüßungsansprache sagte er: „Obwohl oft versucht wurde, das Gegenteil zu beweisen, ist der Erfolg der Homöopathie unbestreitbar." Damit war die Homöopathie offiziell als medizinische Therapie in Deutschland anerkannt.

Nach Hahnemanns Gesetz der Gleichheit können Substanzen, die bei gesunden Personen bestimmte Symptome verursachen, dieselben Symptome bei kranken Menschen lindern. Zwar finden sich ähnliche Ansichten schon in den mittelalterlichen Schriften von Paracelsus und in der mehrere tausend Jahre alten chinesischen Medizin, doch Hahnemann scheint zu dieser Erkenntnis unabhängig davon gekommen zu sein, als er die lindernde Wirkung von Chinin bei Malaria untersuchte. Er verabreichte sich selbst ein wenig Chinin und bekam Fieber und Schüttelfrost – die typischen Symptome von Malaria. Diese Einzelerfahrung führte ihn zur Entdeckung eines allgemein gültigen medizinischen Prinzips. Hahnemanns Ansatz widersprach der damals vorherrschenden Ansicht der Schulmedizin, dass medizinische Behandlungen vor allem die Symptome unterdrücken sollten. Beide Ansätze sind aus heutiger Sicht eher simple Konzepte einer Wissenschaft, die noch in den Kinderschuhen steckte.

Hahnemann verbrachte einen Großteil seines Lebens damit, natürliche Substanzen auf die Symptome hin zu untersuchen, die sie auslösten, und sie dann den Patienten zu verschreiben, die diese Symptome entwickelten. Heute würde man eine Anekdote wie die von Hahnemanns Chininexperiment nicht mehr ernst nehmen, und doch beruht die praktizierte Homöopathie bis heute größtenteils auf seiner Liste natürlicher Substanzen und ihrer Indikationen.

Nun sind natürliche Substanzen oft hochgradig giftig. Durch die häufig auftretenden Nebenwirkungen seiner Therapien beunruhigt, begann Hahnemann, mit Verdünnungen zu experimentieren. Wie zu erwarten, entdeckte er, dass die Nebenwirkungen durch stärkere Verdünnung gemindert und schließlich ausgeschaltet werden konnten.

Bemerkenswerter war jedoch, dass stärker verdünnte Flüssigkeiten auch die Heilung beschleunigten. So kam er zu der erstaunlichen Schlussfolgerung, dass seine Medizin umso besser half, je stärker sie verdünnt wurde. Er formulierte daraufhin sein zweites Gesetz, das „Gesetz des unendlich Kleinen“. Weniger ist mehr.

Hahnemann arbeitete mit sequenzieller Verdünnung, um seine Medizin vorzubereiten. Dafür verdünnte er eine natürliche Substanz mit Wasser im Verhältnis 1 : 10, schüttelte die Flüssigkeit und verdünnte sie dann noch einmal im Verhältnis 1 : 10. Damit erhielt er ein Verhältnis von 1 : 100. Mit jeder Wiederholung dieses Vorgangs kommt eine weitere Null dazu. Er führte die Verdünnung einige Male durch und erhielt so sehr niedrige Konzentrationen.

Die Grenze der Verdünnbarkeit ist erreicht, wenn nur noch ein Molekül der Substanz übrig bleibt. Danach gibt es nichts mehr, was noch verdünnt werden könnte. Handelsübliche homöopathische Substanzen liegen normalerweise in einer Verdünnung von $_{30}X$ vor. Die Bezeichnung weist darauf hin, dass die oben beschriebene sequenzielle Verdünnung 30-mal durchgeführt wurde. Daraus ergibt sich ein Verhältnis von 1 : 1 000 000 000 000 000 000 000 000 000 000. Diese Konzentration liegt weit jenseits der genannten Grenze. Man müsste 35 795 Liter dieser Flüssigkeit trinken, um sicher sein zu können, ein Molekül der Medizin eingenommen zu haben.

Im Vergleich zu anderen homöopathischen Substanzen ist $_{30}X$ noch ein Konzentrat. Oscillococcinum, das homöopathische Standardmittel gegen Grippe, wird aus Entenleber gewonnen, aber trotz der weit verbreiteten Verwendung des Mittels droht den Enten keine Gefahr – das Verdünnungsverhältnis trägt die kaum glaubliche Bezeichnung $_{200}C$. Das *C* bedeutet, dass jede Verdünnung im Verhältnis 1 : *100* durchgeführt und 200-mal wiederholt wurde. Das Ergebnis ist eine Verdünnung im Verhältnis 1 : 10^{400}, also eine Eins mit 400 Nullen. Im ganzen Universum gibt es aber nur 10^{80} Atome (eine Eins mit 80 Nullen). Ein Verdünnungsverhältnis von $_{200}C$ ließe sich also nicht einmal mit dem gesamten Universum bewerkstelligen.

Hahnemann war wahrscheinlich nicht bewusst, dass er die Grenze der Verdünnbarkeit überschritt. Für diese Berechnungen muss man die Zahl des Avogadro kennen, mit deren Hilfe es möglich ist, die Zahl der Moleküle in einer bestimmten Masse einer Substanz zu berechnen.

Hahnemann war zwar ein Zeitgenosse des italienischen Physikers Avogadro, er veröffentlichte sein Hauptwerk, *Organon der Rationellen Heilkunde*, aber schon 1810, ein Jahr, bevor Avogadro seine berühmte Hypothese vorlegte. Es sollte noch weitere 50 Jahre dauern, bis es gelang, Avogadros Zahl genau festzulegen.

Es ist leicht einsichtig, warum Hahnemann so großen Erfolg hatte. Zu dieser Zeit behandelten viele Ärzte in Europa und den Vereinigten Staaten ihre Patienten noch mit Aderlässen, Purganzien, Quecksilber und anderen toxischen Substanzen. Selbst wenn Hahnemanns unendliche Verdünnungen nicht halfen, so richteten sie auch keinen Schaden an und ließen die natürlichen

Abwehrsysteme der Patienten ihre Arbeit tun. Hahnemanns Reputation wuchs, also glaubten die Patienten, dass er ihnen half. Dieser Glaube rief den Placeboeffekt hervor und erlaubte den körpereigenen Mechanismen, ungestört arbeiten zu können.

„Kluges Wasser"

Wenn auch Hahnemann nichts von der Unwirksamkeit seiner Mittelchen wissen konnte, seine modernen Nachfolger konnten es. Jeder Studienanfänger der Naturwissenschaften lernt die Zahl des Avogadro. Auch Homöopathen haben die Verdünnungsgrenze errechnet und bestätigen, dass in den verkauften Mitteln kein einziges Molekül eines Kräuterextrakts oder eines Minerals mehr vorhanden sein kann. Sie bestehen jedoch darauf, dass dies keine Rolle spielt, denn die Wasser-Alkohol-Mischung „erinnert" sich irgendwie an die gelöste Substanz, auch wenn diese schon gar nicht mehr vorhanden ist. Durch das Schütteln zwischen den Verdünnungsvorgängen soll also die gesamte Flüssigkeit mit derselben Erinnerung gespeist werden.

Obwohl die Homöopathie schon seit zwei Jahrhunderten mit dieser „Nicht-Medizin" arbeitet, wurden die meisten Wissenschaftler erst 1988 darauf aufmerksam, als der französische Homöopath Jacques Benveniste einen Artikel in dem renommierten britischen Fachblatt *Nature* veröffentlichte. Benveniste erklärte darin, dass eine Lösung mit Antikörpern auch mit einer Verdünnung von $_{30}X$ oder mehr noch biologische Reaktionen auslösen kann. Es wäre ein glatte Untertreibung, zu behaupten, dass dieser Artikel eine kontroverse Reaktion unter der Science Community auslöste. Viele Forscher sagten, dass der Chefredakteur den Artikel des Franzosen gar nicht erst hätte annehmen dürfen.

Schließlich hatte Benveniste jegliche wissenschaftliche Logik auf den Kopf gestellt. Ein großer Teil experimenteller Wissenschaft besteht darin, Tests zu konstruieren, die sicherstellen, dass das Ergebnis eines Experiments nicht das Ergebnis eines menschlichen oder eines Interpretationsfehlers ist. Die „unendliche Verdünnung" ist ein solcher Test. Wenn der beobachtete Effekt nicht verschwindet, nachdem die Verdünnung null erreicht hat, ist das ein klarer Beweis dafür, dass der Effekt nicht durch die getestete Substanz erzielt worden ist. Benveniste behauptete jedoch, dass die Antikörper irgendwelche Spuren hinterlassen haben müssten.

John Maddox, der Chefredakteur von *Nature*, war zwar ebenfalls der Ansicht, dass Benvenistes Schlussfolgerungen falsch sein müssen, veröffentlichte den Artikel aber dennoch im Interesse der öffentlichen Debatte. Allein durch die Veröffentlichung einer Theorie in einem Fachmagazin wird eine Theorie schließlich nicht bewiesen. Es ist die Aufgabe des Redakteurs, den Artikel auf offensichtliche Fehler hin zu überprüfen und darauf zu achten, dass der Verfasser bestehende Konflikte gebührend behandelt. Er kann aber nicht überprüfen, ob der Verfasser korrekte Messergebnisse nennt oder seine Instrumente richtig funktioniert haben.

Maddox ging den ungewöhnlichen Schritt, andere Wissenschaftler dazu aufzufordern, Benvenistes Experiment zu wiederholen, und es dauerte nicht lange, bis eine anerkannte Forschungsgruppe am University College in London in *Nature* erklärte, das Experiment so genau wie möglich nachvollzogen zu haben. Es hatte sich gezeigt, dass „die Ergebnisse in keiner Weise mit bisher veröffentlichten Zahlen übereinstimmten". Maddox hatte gehofft, dass die Widerlegung von Benvenistes Behauptungen die Homöopathen verstummen lassen würde.

Die Homöopathen zogen Benvenistes Artikel desungeachtet als Beweis für die Gültigkeit des Gesetzes vom unendlich Kleinen heran und formulierten vage Theorien, um diese Behauptung zu stützen. In diesen Theorien geht es meistens darum, dass das Wasser auf irgendeine Art und Weise „Informationen" der Substanz trägt. Allerdings hat noch niemand ein Experiment vorgeschlagen, mit dem dies überprüft werden könnte.

Die erwähnte „Erinnerungsfähigkeit" des Wassers ist nur einer von vielen unerklärlichen Vorgängen, die vonnöten wären, um das Gesetz vom unendlich Kleinen zu beweisen. Handelsübliche homöopathische Mittel werden in Drogerien und zunehmend auch in Apotheken in Form von Kügelchen verkauft. Es gibt Kügelchen gegen alle möglichen Beschwerden, von Nervosität und geschwollenen Füßen bis zu Menstruationsbeschwerden und Grippe.

Sie bestehen aus Milchzucker, auf jedes Kügelchen kommt ein Tropfen einer unendlich verdünnten Substanz. Auf dem Etikett ist neben der Lösung auch ein besonderes Kräuterextrakt, ein Mineral oder eine Kombination aus beidem verzeichnet. Nur wenige, die die Liste der Inhaltsstoffe lesen, sind sich dessen bewusst, dass die Mittel tatsächlich gar keinen dieser Stoffe enthalten. Die gelösten Wirkstoffe befinden sich üblicherweise in einem Wasser-Alkohol-Gemisch, das sehr leicht flüchtig ist. Ist die Information, die zuvor im Wasser enthalten war, jetzt auf den Zucker übergegangen? „Erinnert" sich der Zucker anders als Wasser? Und wenn das Mittel geschluckt wird, wie gelangt die Information dann zu den Zellen des Patienten? Und warum „erinnert sich" die Medikation nur an positive Dinge und nicht an die Nebenwirkungen? Ein Wunder kann die Wissenschaft voranbringen, aber eine ganze Reihe von Wundern macht misstrauisch. Die Kügelchen sehen nicht nur alle gleich aus – sie sind alle gleich. Es sind einfach Zuckertabletten. In der Medizin ist keinerlei Medizin.

Noch immer ziehen Patienten die altmodische Form homöopathischer Medikation vor. Sie führen die Verdünnung genauso durch, wie es ihnen der Homöopath erklärt hat. Es wird sogar vorgeschrieben, wie oft die Verdünnung geschüttelt werden muss. Hahnemann hatte seine Lösungen anfangs zehnmal geschüttelt, dann aber festgestellt, dass es besser sei, sie viermal zu schütteln. Vielen Patienten ist es lieber, sich die Medikamente selbst herzustellen, außerdem erweckt die ritualisierte Verdünnung den Eindruck, dass man alles unter Kontrolle hat.

Das umfassende Standardwerk zur Homöopathie ist *Heilen durch Homöopathie* von Jonas und Jacobs. Stellt man bei Kleinkindern einen durch Windeln verursachten Ausschlag fest, empfehlen Jonas und Jacobs, die betroffene Region sauber und trocken zu halten und sie mit *rhus toxicendrum* zu behandeln, auch bekannt als Giftefeu. Selbstverständlich geht diese Behandlung auf Hahnemann zurück. Wenn das Kleinkind einen Ausschlag hat, gibt man ihm etwas, das einen Ausschlag verursacht. Das Baby kann von Glück sagen, dass Hahnemann auch die Verdünnung entdeckt hat. Die empfohlene Verdünnung liegt bei $_{30}$C, also 30 sequenzielle Verdünnungen im Verhältnis 1 : *100*. Dann käme auf einen Teil Wirksubstanz also eine Eins mit 60 Nullen Teilen Wasser. Diese Zahl ist größer als die Menge der Atome in unserem Sonnensystem. Macht nichts. Solange das Baby sauber und trocken gehalten wird, heilt der Ausschlag von selbst.

Wenn Kinder unter Durchfall leiden, wird Arsentrioxid empfohlen, dass ansonsten als Herbizid oder Rattengift Verwendung findet. Doch, kein Grund zur Sorge! Die angezeigte Verdünnung liegt bei $_{30}$C. Alternativ dazu kann man auch eine extreme Konzentration von $_{12}$X anwenden, aber dann muss das Medikament zum Ausgleich doppelt sooft verabreicht werden!

Es gibt einen bekannten Witz über die Homöopathie, und zwar über einen Patienten, der an einer Überdosis stirbt, nachdem er aus Versehen Wasser getrunken hat. Falls Ihnen jetzt ein wenig schwindelt, nehmen Sie ein wenig verdünntes Öl ($_{30}$C) ein – das hilft.

Benveniste ist inzwischen einen Schritt weiter gegangen. Er behauptet nun, entdeckt zu haben, dass die Information im Wasser in Form von elektromagnetischen Wellen gespeichert wird, die man mithlife eine Spule um das Wasser herum sichtbar machen kann. Gemäß Benveniste könnte man die Informationen in einem Computer abspeichern und ins Internet stellen, sodass sie überall auf der Welt Wasser aktivieren können.

An diesem Punkt sollte man erwarten, dass jeder bemerkt, wie lächerlich das alles ist. Homöopathen finden dies allerdings überhaupt nicht witzig. So grotesk diese Theorien den meisten Wissenschaftlern auch erscheinen, manche nehmen sie sehr ernst. Wayne Jonas, der führende Homöopath der USA und Leiter des National Institute of Health (NIH) Center of Alternative Medicine, schrieb in einem Artikel für *Nature Medicine*, Benvenistes Theorien zur Verdünnung gehörten „zu den merkwürdigsten und mysteriösesten Geheimnissen der modernen Biologie und der Medizin. Kann es wirklich sein, dass spezifische, nicht-molekulare Informationen in Wasser gespeichert und durch Drähte übermittelt werden, wie die Homöopathie behauptet? Obwohl die Theorie unwahrscheinlich scheint, sind ihre Konsequenzen für das Verständnis der Biologie und Kommunikation zwischen Zellen von enormer Tragweite."

Das stimmt natürlich. Wenn die Theorie der unendlichen Verdünnung aufrechterhalten wird, müsste man die Grundlagen der modernen Wissenschaft neu überdenken.

Bisher gibt es aber keinerlei Hinweise darauf, dass homöopathische Mittel besser wirken als Placebos. Wenn das FTC bereit ist, gegen eine Firma wie Rose Creek Health Products vorzugehen, die Salzwasser als gesundheitsförderndes Mittel verkauft, sollte es dann nicht auch gegen Firmen etwas unternehmen, die homöopathische Substanzen verkaufen?

In beiden Fällen wird ganz normalem Wasser, das in keiner Weise verändert worden ist, außergewöhnliche Heilwirkung zugeschrieben, und der Markt für homöopathische Mittel ist noch viel größer als der für „Vitamin O".

Die Homöopathie hat sich einen rechtlichen Sonderstatus erhalten: Im Jahr 1938 gelang es dem amerikanischen Senator Royal Copeland aus New York, eine Bestimmung in den Food, Drug and Cosmetics Act einzusetzen, die homöopathische Mittel von der Kontrolle durch die FDA ausnimmt. Im Gegensatz zu anderen Arzneimitteln dürfen homöopathische Substanzen in den USA ohne jeden Qualitätsnachweis vertrieben werden. Auch nach 60 Jahren ist diese Bestimmung, für die es keinerlei vernünftigen Grund gibt, noch immer in Kraft.

Das führt zu teilweise bizarren Konsequenzen: SmithKline, Hersteller eines Nikotin-Kaugummis, musste dessen Wirksamkeit in komplizierten Labortests nachweisen, bevor er verkauft werden durfte. Im gleichen Regal liegt noch ein anderer Nikotin-Kaugummi mit dem Namen CigArrest, der keine Tests bestehen musste und seine Wirksamkeit bisher nicht bewiesen hat. Wie das möglich ist? Der Hersteller behauptet, der Kaugummi sei homöopathisch. Hat Kaugummi ein ebenso gutes Erinnerungsvermögen wie Wasser? Leider gibt es noch keinen Test, um homöopathischen Kaugummi von normalem, aromatisiertem Kaugummi zu unterscheiden.

Das wirft eine faszinierende Frage auf. Da homöopathische Mittel „unendlich stark verdünnt" sind, wie kann man dann beweisen, dass es sich tatsächlich um homöopathische Mittel handelt? Selbst wenn man daran glaubt, dass Wasser Informationen speichern kann, muss man wissen, wie es dies tut, um Betrug nicht Tür und Tor zu öffnen. Wenn ein staatliches Institut untersuchen wollte, ob eine homöopathische Substanz wirklich ihren Namen verdient, was sollte es dann überprüfen? Es wäre, als ob man versuchen würde nachzuweisen, dass heiliges Wasser gesegnet wurde.

Magnetische Anziehungskraft

Die derzeitige Beliebtheit von „Naturheilverfahren" gründet auf der Annahme, dass die Industrialisierung den Kontakt des Menschen zu der natürlichen Energie unterbrochen hat, die in der Erde gespeichert ist. Deshalb werden immer mehr Mittelchen angepriesen, die den Menschen „zurück zur Natur" bringen sollen.

In den Anzeigen für „Vitamin O" stand zum Beispiel, dass die Sauerstoffkonzentration in der Luft, vor allem in Großstädten, ernsthaft zurückgegangen sei und ausgeglichen werden müsse.

So ähnlich funktioniert auch die Sache mit dem Magnetismus. Angeblich blockieren große Gebäude das Magnetfeld der Erde und verursachen so das „Magnetismus-Defizit-Syndrom". Es äußert sich gemeinhin durch vage Symptome wie Müdigkeit, Schlafstörungen und Konzentrationsmangel. Das Tragen von Magneten soll helfen – so wie man Vitamine einnimmt, um die nährstoffarmen Lebensmittel auf unserem Speiseplan auszubalancieren. In Wirklichkeit hat eine Stadt praktisch keinen Effekt auf Magnetfelder, die im Übrigen extrem schwer zu beeinflussen sind. Aber wie bei den Nahrungsergänzungsmitteln argumentiert man hier damit, dass größere Dosen mehr Wirkung erzielen.

Am 11. August 1997 beschrieb der Nachrichtensprecher Forrest Sawyer von ABC World News Tonight die „biomagnetische Therapie" als „letzten Schrei in der Sportmedizin. Sie gilt als Geheimwaffe gegen Schmerzen. Leider kann man die angeblich außergewöhnlichen Heilwirkungen medizinisch nicht nachweisen". Diesem Problem wurde allerdings nicht weiter nachgegangen.

Die Reportage stammte von Juju Chang, die diese Therapie als ein „Multimillionen-Dollar-Geschäft" beschreibt. „Die Magnete, die pro Stück bis zu 89 Dollar kosten, sind in mehr als 1000 Fachgeschäften erhältlich." Den Zuschauern werden bekannte Sportler in Aktion gezeigt: Der Quarterback Dan Marino von den Miami Dolphins, der ein gebrochenes Gelenk mit Magneten behandelt, beim Touchdown; der Baseballspieler Bernie Williams aus New York fängt einen Ball direkt am Zaun, während Magnete in einem Band um seine Achillessehne befestigt sind; und der Golfspieler Bob Murphy erklärt den Zuschauern, dass er mindestens ein Dutzend Magnete an seinem Körper trägt.

Frau Chang erklärt dazu, dass es viele Wirkungsweisen von Magneten gibt. Das ist das Startzeichen für die Kurzkommentare. Zuerst spricht der Schönheitschirurg Dan Martin: „Magnete erzeugen eine statische oder magnetische Kraft, die das Gewebe verändern kann." Was für eine Kraft? Die was verändert? Jetzt erscheint der Physiotherapeut Raymond Cralle auf dem Bildschirm, der uns darüber informiert, dass „Magnete eine bestimmte Form von Energie sind, von der wir heute glauben, dass sie den menschlichen Körper stark beeinflussen". Diese Aussage hilft uns auch nicht weiter. Aber es folgt noch ein Kommentar. Er kommt von Bill Roper, dem CEO der Firma, die jene Kühlmagnete zum Preis von 89 Dollar vertreibt. „Alle Menschen sind magnetisch", erläutert er. „Jede Zelle hat eine positive und eine negative Seite an sich." Da werden sich die Zellbiologen aber freuen.

Es ist wohl Juju Changs Aufgabe, Sachverhalte so zu erklären, dass das Publikum sie versteht. Mithilfe animierter Grafiken erklärt sie, dass „Magnete schwache elektrische Ladungen erzeugen, die den Blutfluss zu verletzten Regionen verbessern". Man sieht eine Reihe blitzender Pfeile, die das Magnetfeld repräsentieren, das gerade auf die schmerzende Schulter einer Zeichentrickfigur einwirkt. Die Schulter färbt sich rot, um die bessere Blutversorgung zu demonstrieren.

Die Vorstellung, dass Blut von Magnetfeldern angezogen wird, weil es viel Eisen enthält, ist ein weit verbreiteter Irrtum. Das Eisen ist im Hämoglobin in einem Zustand vorhanden, der nicht magnetisch ist. Blut ist eigentlich diamagnetisch, das heißt, es wird von Magnetfeldern sogar abgestoßen. Man kann das leicht nachweisen. Blutüberschuss zeigt sich an der betreffenden Stelle des Körpers durch Rotfärbung der Haut. Deshalb rötet sich die Haut auch, wenn man ihr Wärme zuführt; das Blut strömt dorthin, um zu kühlen. Wenn man einen Magnet auf die Haut aufbringt, geschieht überhaupt nichts.

Damit haben wir bereits drei „Erklärungen" von Menschen, die weder von Wissenschaft noch von Medizin viel wissen, und einen Zeichentrickfilm, in dem ein Magnet eine Verletzung mittels eines Prozesses heilt, der schlichtweg nicht funktioniert. Jetzt wäre es aber Zeit für einen skeptischen Kommentar, dachte ich. Im Bild erscheint nun ein Mann in einem weißen Kittel. Ist er ein Arzt oder ein Wissenschaftler? Wie sich herausstellt, ist er keines von beidem. Frau Chang beschreibt ihn als Physiotherapeuten im Lenox Hill Hospital in New York, der sich mit Magnetforschung beschäftigt hat. Er schildert, dass der Gebrauch von Magneten nach seinen Forschungsergebnissen keinerlei physiologischen Effekt hat. Was folgert er also daraus? „Wir brauchen die Forschung, um herauszufinden, ob Magnete wirksam sind." Ich dachte, genau das hätte er getan.

Die Kamera richtet sich für den Schlusskommentar wieder auf Frau Chang: „Die Effizienz von Magneten konnte bisher nicht zweifelsfrei nachgewiesen werden." Bis es soweit ist, sollte man Magnete aber „nicht in der Nähe von Kreditkarten oder schwangeren Frauen benutzen".

Magnete können sicherlich Kreditkarten ruinieren, aber ich habe noch nie gehört, dass Magnetfelder schwangere Frauen oder sonst irgendjemanden gefährden. Ich hatte gedacht, dass die Felder dieser Magnete die Haut einer schwangeren Frau ebenso wenig durchdringen können wie das Leder der Geldbörsen, in denen Kreditkarten aufbewahrt werden. Magnetfelder werden nicht durch Leder oder Haut blockiert, aber die Magnetfelder von Kühlschrankmagneten wurden so angefertigt, dass sie nur ein begrenztes Feld besitzen, damit es nämlich zu Problemen wie gelöschten Codes auf einer Kreditkarte erst gar nicht kommen kann. Kühlschrankmagnete bestehen aus schmalen, abwechselnden Streifen von Nord- und Südpolen. Direkt an der Oberfläche besitzen sie ein sehr starkes Magnetfeld, das jedoch nur eine sehr begrenzte Reichweite hat. Ich nehme an, dass therapeutische Magnete ähnlich aufgebaut sind; wenn das so ist, wirken sie nur auf eng begrenztem Raum.

Läden, die Golfartikel verkaufen, sind mir ein bisschen zu teuer, aber das größte Einkaufszentrum in Washington D. C. bot ein Magnet-Therapieset für nur 39,95 Dollar an. Auf der Packung stand, dass die Magnete 800 Gauß stark waren. Das wäre 16-mal so stark wie das Magnetfeld der Erde – aber die Feldstärke wird an der Oberfläche des Magneten gemessen. Die Magnete befanden sich in einem Klettband, das mithilfe von Samtbändern an der verletzten Stelle befestigt werden musste. In einem Fitness-Center macht man damit bestimmt Eindruck. Ich nahm ein paar Magnete aus ihrer Verpackung und schob sie übereinander. Wie ich erwartet hatte, konnte man hören, wie sie mit einem Klick zusammenhafteten, sobald Nord- und Südpol sich gegenüberlagen. Sie waren nichts anderes als Kühlschrankmagneten: schmale Streifen entgegengesetzter Pole.

Um herauszufinden, wie weit das Magnetfeld reichte, befestigte ich einen Magneten an einem stählernen Aktenschrank. Dann schob ich Papier zwischen den Magneten und den Schrank, bis der Magnet herunterfiel. Zehn Blatt Papier genügten! Das ist nicht einmal ein Millimeter! Alle Kreditkarten und schwangeren Frauen sind gerettet! Dieses Magnetfeld dringt nicht durch die Haut, geschweige denn Muskeln. Nicht, dass dies einen Unterschied machen würde. Schon die Stärke des Samtbands, an dem der Magnet befestigt war, genügte, um die Reichweite des Magnetfelds auszuschöpfen. Sogar eine normale Papierschere besitzt mehr Restmagnetismus. Magnetfelder haben überhaupt keine Heilwirkung, sie sind sozusagen „homöopathisch".

Der Bericht in den ABC News war für die Vertreiber von therapeutischen Magneten wertvoller als jede Werbekampagne. Nicht allein die Interviews, sondern auch die Glaubwürdigkeit einer anerkannten Reporterin, die für einen renommierten Sender arbeitet, war Millionen von Dollar wert. Und das, obwohl es keinen Hinweis darauf gab, dass man die Fakten von jemandem überprüfen ließ, der sich entweder mit Biologie oder mit Medizin auskannte. Die ganze Story gründete sich auf das, was die Magnettherapeuten selbst an Informationen geliefert hatten. Das

Ganze war keine Nachricht, es war Werbung in Gestalt einer Nachricht.

Die Verwendung von Magneten bei Verletzungen oder Krankheiten scheint periodisch wiederzukehren. Auch der berühmte Alchimist und Heiler Paracelsus verwendete im frühen 16. Jahrhundert den natürlichen Magnetit. Die damals mysteriöse, unsichtbare Fernwirkung wurde als große Macht gedeutet. Natürlich war dies die Macht eines Placebos. Robert Fludd – der Erfinder der selbstlaufenden Mühle, den wir schon im ersten Kapitel kennen gelernt haben – führte die Magnettherapie ein Jahrhundert später in England ein. Im Gegensatz zu der Mühle funktioniert der Placeboeffekt – zumindest ein wenig. Dr. Fludd erklärte Magnete aber bei richtiger Anwendung zum Universal-Heilmittel. Dazu gehörte offensichtlich auch, dass sich der Patient während der Behandlung in „borealer Position" befinden musste, das heißt, mit dem Kopf nach Norden und den Füßen nach Süden.

Der bei weitem bekannteste Magnettherapeut war Franz Mesmer, der diese Therapieform 1778 von Wien nach Paris brachte und dort zur Berühmtheit wurde. Gekleidet in bunte Gewänder ließ er Patienten im Kreis um ein Fass mit „magnetisiertem" Wasser sitzen. Die Patienten hielten sich an magnetisierten Eisenstäben fest, die aus dem Wasser ragten, während Mesmer mit magnetischen Stäben hantierte. Später entdeckte Mesmer, dass seine Behandlung genauso erfolgreich war, wenn er die Magnete wegließ und einfach nur mit der Hand winkte. Das nannte er dann „körperliche Anziehungskraft".

Die Parallele zur Homöopathie fällt sofort auf. Das, was der Heiler eigentlich als Heilmittel identifiziert hat, wird schließlich weggelassen – ohne die Heilwirkung zu mindern. Der Glaube des Heilers wird dadurch nicht beeinträchtigt. Stattdessen glaubt er nun, dass er ein noch wirksameres Mittel entdeckt hat.

Natürlich hatte Mesmer unter den Pariser Ärzten auch erbitterte Gegner, denn er schnappte ihnen die reichsten Patienten weg. Benjamin Franklin, zu damaliger Zeit ein Experte auf dem Gebiet der Elektrizität und als Repräsentant der US-Regierung in Paris anwesend, vermutete, dass Mesmers Patienten durch dessen seltsame Rituale deshalb gesundeten, weil sie so nicht mehr den Aderlässen und Rosskuren der anderen Ärzte ausgesetzt waren.

Erst auf den Druck der ärztlichen Gemeinschaft hin setzte Louis XVI. schließlich eine königliche Kommission ein, die Mesmers Arbeitsweise untersuchen sollte. Zu dieser Kommission gehörten Benjamin Franklin und Antoine Lavoisier, der Begründer der modernen Chemie. Zusammen mit den anderen Mitgliedern entwarfen sie einige einfache Tests, bei denen manchen Patienten gesagt wurde, dass sie Mesmers Behandlung erhielten, was nicht stimmte, während anderen fälschlicherweise gesagt wurde, dass sie sie nicht erhielten. Die Ergebnisse bewiesen eindeutig, dass Mesmers Erfolge ausschließlich auf Suggestion beruhten. Der Bericht der Kommission wurde von M. Bailly verfasst, einem Astronom und Historiker. Er ließ keinen Zweifel offen. Der Bericht zerstörte Mesmers Reputation in Frankreich. Der Heiler zog sich nach Österreich zurück.

Es ist doch bemerkenswert, dass trotz allen Wissens über Magnetismus und Physiologie diese Magnettherapie immer noch Anhänger findet. Leider gibt es heute keine Kommission mit Fachleuten wie Franklin und Lavoisier mehr. Stattdessen ist die Magnettherapie nur eine von zahllosen ungeprüften und nicht regulierten „alternativen Therapien", die 1992 vom Kongress abgesegnet wurden. Ein einziger Absatz im Jahresbericht des NIH genügte, damit ein Office of Alternative Medicine eingerichtet wurde. Was ist „alternative Medizin", und was hat sie mit dem NIH zu tun?

Die Alternativen

Am 2. März 1995 erwähnte die *Washington Times* eine morgendliche Pressekonferenz im Dirksen Senate Office Building, bei der ein Bericht des NIH über alternative Medizin vorgestellt werden sollte. Dass die Konferenz im Dirksen Building abgehalten wurde, wies darauf hin, dass ein Senator des Kongresses beteiligt war. Warum aber, fragte ich mich, sollte die NIH einen Bericht über Capitol Hill veröffentlichen? Ich erinnerte mich an die kontroverse Diskussion über Benvenistes unendliche Verdünnung in der

Nature und spekulierte, ob der Bericht wohl damit zu tun hatte. Vielleicht kamen ja noch andere Dinge zum Vorschein, die für einen Arzt von Interesse sein könnten.

Ich kam etwas zu früh zu der Konferenz und trug mich als Journalist ein, denn ich habe inzwischen gelernt, dass man leichter an das Informationsmaterial herankommt, wenn man sich als Journalist ausgibt. Da sich Professoren auch nicht besser anziehen als Journalisten, war ich bestens ausgerüstet. Das Fernsehen war nicht da, und die Liste der Reporter, die sich bereits vor mir eingetragen hatten, wies weder populäre noch renommierte Printmedien aus. Die meisten Reporter arbeiteten für Gesundheitszeitschriften, von denen ich noch nie etwas gehört hatte, oder für Vereinigungen mit ziemlich modern klingenden Namen. Ich begann mich zu fragen, ob ich nicht besser zu Hause geblieben wäre.

Ich erhielt eine Ausgabe von *Alternative Medicine: Expanding Medical Horizons*; dabei handelte es sich um ein Projekt, das unter der Leitung des NIH ein Forschungsprogramm für das neue NIH Office of Alternative Medicine ausarbeiten sollte. Es war etwa so dick wie das Telefonbuch einer Großstadt. Ich setzte mich nahe an die Tür, um schnell verschwinden zu können, falls die Konferenz zu langweilig werden sollte. Dann überflog ich den Bericht. Er behandelte ein riesiges Spektrum der Therapieformen von Akupunktur über Gesundbeten bis zu den Medizinrädern der Lakota-Indianer – gemeinsam war ihnen, dass alle außerhalb der Schulmedizin beheimatet sind. Viele der Therapien basierten auf alten Heilmethoden, waren aber in eine moderne Sprache gekleidet, in der von Energiefeldern, Unschärferelation und Relativität die Rede war. Außerdem hatte man ihnen neue Namen gegeben. So bezogen sich etwa die „Biofield-Therapeuten" auf die alte Praxis des Qi Gong oder des Handauflegens. Ich sah im Register unter Mesmer nach und gelangte zu einem Abschnitt, der erklärte, „körperliche Anziehungskraft" sei ein anderes Wort für „Biofield", das den Ärzten im alten China wiederum als „Qi" bekannt war. Mesmers Entlarvung durch die königliche Kommission wurde überhaupt nicht erwähnt. Ich konnte in dem gesamten Bericht keinerlei Anzeichen für Skepsis gegenüber irgendeiner der besprochenen Therapien entdecken.

Das NIH hatte keinen Vertreter geschickt, was merkwürdig war, denn schließlich handelte es sich um einen Bericht des NIH. Dafür waren einige Autoren persönlich anwesend. Die Rolle des Gastgebers übernahm der Senator Tom Harkin, ein populistischer Demokrat aus Iowa. Er wurde als derjenige vorgestellt, der die Bildung des NIH Office of Alternative Medicine (OAM) im Jahr 1992 überhaupt erst ermöglicht hatte.

Er eröffnete die Pressekonferenz mit einem Lob für den Bericht, er kritisierte nur, dass es solange gedauert habe, bis er fertiggestellt worden war. Das OAM, erläuterte er, habe deshalb einen schlechten Start erwischt, weil ihm von der Schulmedizin großer Widerstand entgegengebracht würde. Die Veröffentlichung des Berichts werde das OAM aber einen entscheidenden Schritt voranbringen.

Später erfuhr ich, dass Harkin durch seinen Freund Berkeley Bedell, der früher im Kongress gesessen hatte, aber ausgeschieden war, nachdem er an Borreliose erkrankte, zur alternativen Medizin gekommen war. Bedell behauptet, gesund geworden zu sein, nachdem er Molke von Kühen getrunken hatte, die mit Borreliose infiziert waren. Harkin sagt, er hätte sich seiner Allergien durch die Einnahme großer Mengen Bienenpollen entledigen können. Die Substanz, die Harkin eingenommen hatte, schien ironischerweise eine der wenigen zu sein, die nicht auf der OAM-Liste für alternative Heilmethoden verzeichnet war. Bienenpollen waren inzwischen nämlich verboten. Der Mann, der die Substanz an Harkin verkauft hatte, musste 200 000 Dollar Strafe zahlen, weil er in seiner Werbung falsche Versprechungen gemacht hatte. Neben einigen anderen Behauptungen fand sich dort auch dieser Satz: „Der auferstandene Jesus Christus aß Bienenpollen, als er ins Reich der Lebenden zurückkehrte." Im Allgemeinen sind solche Bezugnahmen erlaubt, aber Jesus Christus persönlich als Referenz anzugeben, ging dem FTC dann doch einen Schritt zu weit.

Besonders merkwürdig muteten die kurzen Statements der Mitglieder des Redaktionsausschusses an, die darüber sprachen, was sie als wichtigste Aufgaben des Office of Alternative Medicine ansahen. Einer von ihnen erklärte, das größte Gesundheitsproblem der USA sei Magnesiummangel, ein anderer war davon überzeugt, dass der verstärkte Einsatz von Akupunktur das Gesundheitswesen revolutionieren könnte. So ging es weiter, bis jeder seine Überzeugung dargelegt hatte. Trotzdem schien es keinerlei Rivalitäten oder Konkurrenzdenken zu geben. Jedesmal, wenn jemand sprach, nickten die anderen zustimmend. Ich begriff langsam, dass das OAM vor allem zeigen wollte, dass all diese Therapien nebeneinander funktionierten. Zum ersten Mal gewann ich einen Eindruck davon, was die alternative Medizin bewegt: Es gibt keine Unstimmigkeiten in einer Gemeinschaft, die sich insgesamt ausgegrenzt fühlt. Dasselbe gilt für die Anhänger der kalten Fusion. Aber was bringt die Anhänger alternativer Medizin überhaupt dazu, eine Gemeinschaft zu werden?

Die alternative Medizin beinhaltet ein breites Spektrum von plausiblen bis hin zu absurden Therapien, die scheinbar nichts miteinander zu tun haben. Absurd sind Therapien, die offensichtlich keine physiologischen Auswirkungen haben können. So gibt es in der Magnettherapie praktisch keinerlei Magnetfelder. Es klingt paradox, aber die absurdesten Therapien sind völlig ungefährlich, weil sie überhaupt keine Wirkung haben, während die plausibleren ernsthafte Folgen nach sich ziehen können.

Die Wissenschaft der Pharmakologie entstand aus der traditionellen Kräuterkunde. Abgesehen von Antibiotika basieren fast alle Heilmittel auf Angiospermen, also Blütenpflanzen. Zu ihrem eigenen Schutz produzieren sie hauptsächlich in den Blättern oder der Rinde sekundäre Substanzen. Viele davon, die in kleinen Dosen auch Anwendung in der Medizin finden, sind hochgradig toxisch.

Das Kraut Ephedra, oder Ma huang, wird in China schon seit Jahrhunderten angewendet. In den USA ist es in letzter Zeit als Diätpille und als „legale Droge“ zunehmend populär geworden. Es enthält Ephedrin, ein Stimulans, das die gleiche Wirkung wie Hormone, z. B. Adrenalin, auslöst und eine ganze Reihe medizinischer Indikationen besitzt. Ephedrin ist aber auch die Basis für die Droge Ecstasy, und Ma huang wird nicht zufällig als „natürliches Ecstasy“ verkauft. Inzwischen gibt es über 800 Berichte zu Nebenwirkungen von Ma huang bis hin zu Leberschädigungen und Herzinfarkten. Mindestens 17 Todesfälle sind bis jetzt zu beklagen. Das Risiko wird durch die Variabilität von Kräutersubstanzen noch verstärkt, denn es ist schwierig, die genaue Dosis zu kontrollieren.

In der Pharmakologie versucht man, das wirksame Agens in Kräutersubstanzen zu identifizieren, denn nur dann ist es möglich, Wirkung und Dosierung desselben intensiv zu untersuchen. Aspirin wurde beispielsweise in Weidenrinde entdeckt. Aber erst als es vor 100 Jahren isoliert und synthetisiert werden konnte, wurde daraus das sicherste, billigste und effektivste Medikament, das wir heute kennen. Es galt schon als „Wundermittel", bevor es überhaupt den Ausdruck gab.

Zwischen Homöopathie und Kräutertherapie liegt eine völlig unübersichtliche Bandbreite von Behandlungen, die weder erprobt noch reguliert sind, aber alle das Etikett *alternativ* tragen. Der Begriff *alternativ* scheint eher kultureller als medizinischer Natur zu sein – Ausdruck einer Kultur, die keine wissenschaftlichen Ansprüche stellt. In ihr legt man mehr Wert auf Traditionen als auf Erkenntnisse der Biologie, und nette Anekdoten sind beliebter als medizinische Fallstudien. Alternative Heilmethoden widerstehen oft über Jahrhunderte oder gar Jahrtausende hinweg jeder Veränderung, wissenschaftliche Fortschritte in der Medizin prallen wirkungslos an ihnen ab. Manchmal werden unglaubwürdige Erklärungen zur Wirkungsweise alternativer Heilmethoden angeboten, die sich nach moderner Wissenschaft anhören, aber nicht wissenschaftlich überprüft werden. Im folgenden Kapitel werden wir untersuchen, inwiefern die moderne Forschung die alternative Medizin unterstützen könnte.

„Natürliche" Heilmittel gelten bei ihren Anhängern als sicherer und wirksamer als die der Schulmedizin. Glücklicherweise ist der Großteil der Naturmedizin völlig harmlos, abgesehen von dem finanziellen Schaden, der entsteht, wenn man 89 Dollar für einen Kühlschrankmagneten oder 20 Dollar für ein Fläschchen mit Salzwasser ausgibt. Wenn die Homöopathie Patienten, die eigentlich nicht wirklich krank sind, davon abhält, Antibiotika oder zu viele Erkältungstabletten einzunehmen, ist sie wirklich gesundheitsfördernd. Gefährlich ist sie aber dann, wenn Patienten auf homöopathische Mittel zurückgreifen, die sie von der notwendigen medizinischen Behandlung abhalten. Schlimmer noch ist, dass die alternative Medizin ein verqueres Weltbild vermittelt und die Menschen anfälliger für zwielichtige Quacksalber macht. Es ist, als wollte man sich in San Francisco zurechtfinden, hat aber nur einen Stadtplan von New York zur Verfügung. Für jemanden, der ernsthaft krank ist, wäre das sehr gefährlich.

In der Naturmedizin zeigt sich ein tiefes Misstrauen gegenüber Fortschritt und Technik. Natürlich gibt es auch gegensätzliche Tendenzen. In diesem Kapitel haben wir einen Blick auf die Menschen geworfen, die ihr Heil in der Natur suchen, aber jetzt wenden wir uns denjenigen zu, die von einer künstlichen Welt träumen. Es überrascht nicht, dass die Anhänger des technologischen Fortschritts genauso anfällig für Voodoo Science sind.

Vier

Der virtuelle Astronaut lässt die Menschen von künstlichen Welten träumen

Der Traum von der Raumstation

Ich nahm meinen Platz als Zeuge des House Subcommittee on Space and Aeronautics eher widerwillig ein. An jenem 9. April 1997 sollte ich zur Internationalen Raumstation ISS (International Space Station) eine Aussage machen. Ich war bei dieser Anhörung ungefähr so gern gesehen wie ein Stinktier auf einer Gartenparty. Mein Platz befand sich zwischen dem des Chefs des Raumfahrtprogramms der NASA und einem früheren Astronauten, ich war als symbolischer Kritiker geladen. Bis dahin hatte ich schon mehrere Male vor Ausschüssen zu diesem Thema Stellung bezogen, immer in der Hoffnung, dass der Kongress das Projekt letztendlich doch noch aufgeben würde. 1997 war die Unterstützung im Kongress, vor allem im Space Subcommittee, jedoch stärker als je zuvor, obwohl die Entwicklung der Raumstation schon mehrere Jahre hinter dem Zeitplan zurücklag und die Grenzen des Budgets längst gesprengt hatte.

Jetzt, da der Start des ersten Moduls in ein paar Monaten bevorstand, beschäftigte das Space Subcommittee nicht mehr die Frage, ob die Raumstation überhaupt gebaut werden sollte, sondern ob man auf die russischen Partner warten – sie waren mit ihren Verpflichtungen schon mehrere Monate im Rückstand – oder den Bau allein vorantreiben sollte.

Die meisten Teilnehmer des Space Subcommittee wollten hören, dass die Raumstation so wichtig für die Wissenschaft ist, dass sie auf jeden Fall eingerichtet werden müsse, mit oder ohne russische Hilfe. Von mir würden sie das allerdings nicht hören, auch nicht von den Wissenschaftlern in meinem Bekanntenkreis. Der Bau der Raumstation kann mit wissenschaftlichen Argumenten nicht gerechtfertigt werden. Der wissenschaftliche Hintergrund der Raumstation ist allerdings kein Fall von Voodoo Science, wie sie bisher beschrieben wurde, sondern schlicht unwichtig. Die Geschichte dieser Raumstation steckt voller fehlgeleiteter Träume und ungerechtfertigter Begeisterung. Erst durch die Presse entstand die Verbindung zu Voodoo Science.

Als das Raumfahrtprogramm noch in den Kinderschuhen steckte, schien der Bau einer bemannten Raumstation ein unausweichlicher Schritt in der Entwicklung der Raumfahrt zu sein. Sie würde es ermöglichen, das Weltall ohne Verzerrungen durch die Erdatmosphäre zu beobachten, Wettervorhersagen zu machen, weltweite Kommunikationsnetze aufzubauen, Schiffen und Flugzeugen das Navigieren zu erleichtern und geheime militärische Operationen aufzudecken. Schon 1984 wurden all diese Funktionen aber bereits von unbemannten Satelliten ausgeführt, und zwar besser und billiger, als es Menschen je tun könnten.

Eine bemannte Raumstation ist einfach nicht stabil genug, um störungsfreie Bilder vom All oder von der Erde zu machen; schon bei der kleinsten Bewegung eines Crewmitglieds verschiebt sich der Schwerpunkt der Station, außerdem kommt es durch die Maschinen, die für die Lebenserhaltung sorgen, zu Vibrationen, die jede hochauflösende Fotografie unmöglich machen. Eine Crew muss versorgt und regelmäßig abgelöst werden, da Menschen unter so extremen Bedingungen schnell erschöpft sind und sich erholen müssen; ein einfacher Satellit kann dagegen jahrelang ohne Aufsicht oder Leistungsverlust arbeiten und wird von der Sonne mit Energie versorgt. Eine Raumstation war jedoch so tief in den Träumen der Nation verwurzelt, dass die Arbeit daran nicht aufgegeben werden konnte. Jede neue Regierung dachte sich neue Rechtfertigungen dafür aus.

In der Fantasie Ronald Reagans war die Raumstation ein Labor für Forschung und Entwicklung in der Schwerelosigkeit, das den Weg für industrielle Produktion im Raum ebnen sollte. „Wir können dem Weg unserer Träume zu den Sternen folgen", sagte Reagan 1984 in seiner Rede zur Lage der Nation, „und im All leben und arbeiten, um wirtschaftliche und wissenschaftliche Erfolge zu erzielen. Heute weise ich die NASA an, innerhalb der nächsten zehn Jahre eine permanent bemannte Raumstation zu entwickeln."

Aber die Raumstation sollte nicht ins All fliegen, sondern in so großer Nähe zur Erde kreisen, dass die Umlaufbahn bereits mit zahllosen gefährlichen Trümmern früherer Missionen gesäumt war.

Zu Reagans Zeit sagte man im Weißen Haus gerne, das All sei nur ein neuer Industriestandort. Man glaubte, in der Schwerelosigkeit bessere Kugellager und Halbleiter bauen, neue Legierungen entwickeln und moderne Medikamente herstellen zu können. Dieselben Versprechungen waren schon zehn Jahre zuvor gemacht worden, als es um das Space Shuttle ging. Leider waren viel zu hohe Erwartungen geweckt worden. Im Vergleich zur elektromagnetischen Kraft ist die Schwerkraft einfach zu gering, um auf den Herstellungsprozess merklichen Einfluss zu nehmen. Und was sollte man auch im All herstellen, das die immensen Transportkosten rechtfertigte? Ein Gramm Gold kostet heute an der Börse etwa 12 Euro. Es würde ungefähr 850 Euro pro Gramm kosten, das Gold in eine Erdumlaufbahn zu transportieren – und genauso viel für den Rücktransport. Gäbe es Goldvorkommen in der Erdumlaufbahn, würde es sich nicht einmal rentieren, sie zur Erde zu bringen.

Nur 18 Monate nach Präsident Reagans Rede über die Raumstation startete die Sowjetunion die Raumstation Mir. Während im Kongress bereits eifrig über die Raumstation diskutiert wurde, begann das Fernsehen, mehrmals am Tag einen neuen Werbespot des Luftfahrtkonzerns McDonnell-Douglas auszustrahlen. Er war ein Meisterstück moderner Werbekunst. Anfangs sind nur Sterne in der Schwärze des Alls zu sehen. Dann schiebt sich langsam eine Raumstation ins Bild, die einzelne Sterne verdeckt, als ob sie direkt über unseren Köpfen schweben würde. Im Hintergrund hört man Maschinen brummen, und eine sonore Stimme sagt: „In diesem Moment werden in einer bemannten Raumstation viele Meilen über der Erde Experimente durchgeführt, um unheilbare Krankheiten zu besiegen, neue Materialien entwickelt und wissenschaftliche Daten gesammelt, die der Geschichte der Menschheit eine neue Richtung geben könnten." Es folgt eine Pause, während der sich ein großer roter Stern ins Bild schiebt. „Sollten wir nicht auch dabei sein?", fragt die Stimme.

Während die Szene langsam ausgeblendet wird, werden russische Stimmen hörbar, die aus der Raumstation zu kommen scheinen – sie lachen.

Heute, mehr als 15 Jahre später, gibt es immer noch keine neuen Heilmethoden oder Materialien; eigentlich hat überhaupt keine Technologie von den Experimenten in der Schwerelosigkeit profitieren können, weder von der Mir noch von amerikanischen Space Shuttles. Als ich den früheren Leiter des russischen Raumfahrtprogramms während eines Gesprächs fragte, was die russischen Kosmonauten denn den ganzen Tag auf der Mir täten, antwortete er: „Sie versuchen, am Leben zu bleiben." Auf der Mir war das nicht immer ganz einfach.

Angesichts dieser Fakten zeigte sich die Wirtschaft an der Raumstation nicht sonderlich interessiert. Reagans Vision einer Weltraumindustrie begann zu verblassen, während die geschätzten Kosten für die Station kontinuierlich stiegen. Anfangs hatte man von acht Milliarden Dollar gesprochen, aber inzwischen waren schon über zwölf Milliarden Dollar für die Entwicklung ausgegeben worden, ohne dass ein Ergebnis auch nur in Sicht war. Die Raumstation schien zu einer Wohltätigkeitsveranstaltung für die Luftfahrtindustrie geworden zu sein, eine Abstimmung im Kongress, um das Projekt zu stoppen, verfehlte die notwendige Mehrheit nur um eine Stimme. Als George Bush 1989 ins Weiße Haus einzog, stand fest, dass die Raumstation scheitern würde, wenn man sich nicht schnell eine neue Rechtfertigung einfallen ließe.

Bush versuchte, romantische Gefühle zu wecken. Bei seiner Rede zum 20. Jahrestag der Mondlandung von *Apollo 11*, die er auf den Stufen des National Air and Space Museum hielt, appellierte er an die Jugend Amerikas, ihren „Blick zum Himmel zu richten und uns in einen großartigen Traum zu folgen – einen amerikanischen Traum –, der niemals enden wird". Mit Bezug auf Kolumbus' Reise in die Neue Welt sprach er von einer zweiten Mondlandung und einer bemannten Expedition zum Mars: „Wie Kolumbus träumen wir von unbekannten Küsten."

Präsident Bush gab der Raumstation einen neuen Sinn: Dort sollten die Vorbereitungen für eine Marsexpedition getroffen werden. Man würde ein Labor für Raummedizin einrichten und herausfinden, wie man der Schwächung des Körpers vorbeugen kann, die durch längeren Aufenthalt im All ausgelöst wird. Die Apollo-Astronauten benötigten drei Tage für die Strecke von der Erde bis zum Mond. Bis zum Mars würde man neun Monate brauchen, für die gesamte Reise sogar drei Jahre. Wenn man kein Mittel gegen die physiologischen Auswirkungen der Schwerelosigkeit fände, wäre ein Astronaut bei der Ankunft auf dem Mars sehr wahrscheinlich nicht in der Lage, irgendetwas zu erforschen.

In Russland lernte man die Konsequenzen ausgedehnter Aufenthalte im All bereits kennen. Mutige Kosmonauten testeten ihre Belastungsfähigkeit in der Raumstation Mir. Nach neun Monaten waren sie so schwach, dass sie sich nach ihrer Rückkehr nicht mehr auf den eigenen Beinen halten konnten. Die Erholungsphasen waren sehr lang und nicht ohne Komplikationen.

Unter dem neuen Namen Space Station Freedom wurde die Raumstation komplett neu entworfen, um der neuen Mission gerecht zu werden. Außerdem wurde sie verkleinert – die Zahl der Crewmitglieder sank von acht auf vier –, um die Kosten zu drücken. Die NASA begann inzwischen damit, eine bemannte Marsexpedition vorzubereiten. Mitten in Bushs Amtszeit kam der Kalte Krieg durch den Zerfall der Sowjetunion jedoch plötzlich zu einem unerwarteten Ende.

Die Raumstation geriet erneut in Gefahr. Das Ende des Kalten Kriegs beendete zugleich auch den Wettlauf ins All, der seit 30 Jahren die Existenz des Raumfahrtprogramms gesichert hatte. Außerdem waren die geschätzten Kosten trotz der Verkleinerung weiter gestiegen. Die Kosten für die Marsexpedition wurden auf 500 Milliarden bis zu einer Billion Dollar geschätzt, eine geradezu unfassbare Summe angesichts der Abwesenheit einer echten Notwendigkeit. Die Pläne für eine bemannte Mission zum Mars wurden fallen gelassen. Die immensen Kosten für Transporte ins All drohten das Programm Raumstation endgültig zu ruinieren.

Als Bill Clinton im Jahr 1993 zum Präsidenten gewählt wurde, war die Raumstation bereits wieder ins Trudeln geraten. Dan Goldin, der von George Bush eingesetzte Leiter der NASA, war der einzige hochrangige Politiker, der aus der Ära Bush noch übrig geblieben war. In Washington ging das Gerücht, man würde Goldin so lange weiterarbeiten lassen, bis die Raumstation endgültig gekippt war. Clinton hatte kein persönliches Interesse an dem Raumfahrtprogramm; er war gewählt worden, um der schwächelnden Wirtschaft wieder auf die Beine zu helfen. Inzwischen war die Raumstation, obwohl sie nur auf dem Papier existierte, jedoch zu einem Teil der Wirtschaft geworden, der Tausende Mitarbeiter in einem Industriezweig beschäftigte, der unter der Rezession litt und in praktisch jedem Kongresswahlbezirk subventioniert wurde. Nun war es Bill Clintons Aufgabe, der Raumstation einen Sinn zu geben. Seine Entscheidung wurde allerdings nicht von wissenschaftlichen Zielen geprägt.

Stattdessen sollte die jetzt in International Space Station (ISS) umbenannte Raumstation dem Weltfrieden dienen. Clinton warb mit dem Konzept, eine neue Ära internationaler Zusammenarbeit bei großen wissenschaftlichen Projekten einzuleiten. 15 weitere Nationen wollten mit den USA an der Entwicklung der ISS arbeiten, sie stellten verschiedene Komponenten bereit, die im All zusammengebaut werden sollten. Ihr Anteil war jedoch zumeist eher symbolischer Natur; jeder wusste, dass es sich hier um ein amerikanisches Projekt handelte und Amerika auch den größten Teil der Finanzierung auf sich nehmen musste. Russland, das noch immer an der veralteten und instabilen Mir festhielt, sollte zu einem „vollwertigen Partner" werden – allerdings mit finanzieller Hilfe durch die USA. Durch die Umbenennung wurde eine weitere Umgestaltung notwendig, einerseits um die russischen Beiträge einzugliedern und andererseits, um die weiterhin explodierenden Kosten zu senken. Das eigentliche Ziel der Regierung Clintons war es, russischen Raumfahrtspezialisten Arbeit zu verschaffen, damit diese ihre Kenntnisse nicht in den Dienst eines Schurkenstaats stellten, der an Raketentechnologie interessiert ist.

So standen die Dinge, als ich meine Stellungnahme abgab. Bei Anhörungen wie diesen werden Zeugen zumeist nur wenige Minuten eingeräumt, um längere schriftliche Aussagen zusammenzufassen. Ich erklärte, dass die Errungenschaften der Raumfahrttechnik, sowohl für die Satellitentechnologie als auch für die wissenschaftliche Grundlagenarbeit, nichts mit bemannter Raumfahrt zu tun haben. Es gibt kein wissenschaftliches Fachgebiet, erläuterte ich, das durch die Forschung in der Schwerelosigkeit, in einem Space Shuttle oder auf der Mir, wesentlich beeinflusst worden ist. Schließlich erklärte ich, dass die Raumstation das größte und einzige Hindernis für die Erforschung des Alls darstellt. Eigentlich wollte ich noch viel mehr sagen; ich wollte erzählen, dass die bemannte Raumfahrt vor 25 Jahren zu Ende gegangen war und wohl auch keine Zukunft hätte. Dafür hätte ich allerdings den Start des *Sputnik* vor 40 Jahren ansprechen müssen.

Jenseits der Ionosphäre

Im Jahr 1957 wussten wir praktisch nichts von den Verhältnissen, die ein paar hundert Kilometer über uns herrschen, geschweige denn vom Rest des Sonnensystems. Unsere Kenntnisse von anderen Planeten beschränkten sich auf die Bilder, die unsere auf der Erde stationierten Teleskope lieferten. Man glaubte noch, dass es auf dem Mars Pflanzen und Jahreszeiten gäbe, und manche Wissenschaftler beharrten immer noch auf der Möglichkeit von Leben auf dem Mars. Die ständig von Wolken umgebene Venus stellte man sich meistens als sumpfigen, von Nebel umflossenen Planeten vor.

Der erste *Sputnik* startete am 4. Oktober 1957 ohne wissenschaftliche Messinstrumente an Bord, aber sein Funksignal wurde alle 90 Minuten von Tausenden von Kurzwellenempfängern registriert. Für Amerika war das ein Schock, denn dort konnte man einfach nicht glauben, dass Sowjetrussland über eine so fortschrittliche Technologie verfügte. *Sputnik II* startete nur einen Monat später. Diese Raumkapsel sendete offenbar Daten an die Erde – zum ersten Mal empfing man Informationen von einem Instrument, das sich außerhalb der Ionosphäre befand. Die öffentlichen Angaben der sowjetischen Wissenschaftler ließen keine Rückschlüsse darauf zu, welcher Art die Instrumente an Bord waren.

Herb Friedman vom Naval Research Laboratory, einer der Pioniere der Radioastronomie, war gerade auf dem Weg zu einer Fachkonferenz in Leningrad, als *Sputnik II* startete. Als er ankam, fragte er nach, ob man ihm sagen könne, welche Messinstrumente an Bord waren. Er durfte sogar noch mehr erfahren. Man brachte ihn zu einem Messegelände am Rand der Stadt, wo eine maßstabsgetreue Nachbildung des *Sputnik II* ausgestellt war. Friedman durfte sich alles genau ansehen: einen Casettenrecorder, einen Signalgeber und zwei gläserne Geigerröhren. Er schrieb sich die Nummern der Geigerröhren auf. Am nächsten Tag ging er mit John Simpson, ebenfalls Raumfahrtingenieur, durch die Straßen in der Nähe seines Hotels. Sie kamen an einem Geschäft vorbei, das Ausrüstungsgegenstände für naturwissenschaftliche Experimente in Schulen verkaufte. Im Schaufenster lag eine Geigerröhre, die genauso aussah wie die im *Sputnik II*. Die beiden Wissenschaftler gingen hinein und erwarben zwei Röhren, die der Verkäufer in eine Ausgabe der *Prawda* einpackte. Friedman steckte das Paket in die Jackentasche, und dort befand es sich auch noch, als die beiden Forscher in die USA zurückflogen.

Schon kurz nach seiner Rückkehr bekam Friedman Besuch vom Geheimdienst der Marine. Der Besucher interessierte sich für alles, was Friedman über die wissenschaftlichen Instrumente des *Sputnik II* gehört haben könnte. Der CIA hatte bis dahin noch nichts herausfinden können. Friedman griff in seine Jackentasche und holte die beiden Geigerröhren heraus, die immer noch in der Zeitung verpackt waren. Der Geheimdienstler fragte überrascht nach, ob er sie ausleihen könne.

Mehrere Monate später, Friedman hatte die Episode längst vergessen, erschien ein bewaffneter Sicherheitsoffizier in seinem Büro, um ein Paket mit der Aufschrift *Top Secret* abzugeben. Darin befanden sich die beiden Geigerröhren, die er in Leningrad gekauft hatte.

Im Juni des folgenden Jahres reiste Friedman zusammen mit einem Kollegen ein weiteres Mal in die Sowjetunion zu einer Konferenz, aber aus anderen Gründen als zuvor. Am 31. Januar 1958, nur vier Monate nach dem Start von *Sputnik I*, hatte die US Army die Raumkapsel *Explorer I* gestartet, auch sie war mit Geigerzählern ausgerüstet. Zum Höhepunkt der Konferenz gab James van Allen, Physikprofessor an der Universität von Iowa, die Entdeckung der ersten beiden „Van-Allen-Strahlungsgürtel" bekannt gab. Dabei handelte es sich um kreisförmige Gürtel von geladenen Teilchen, die vom Magnetfeld der Erde über dem Äquator fixiert wurden. Man sprach von der ersten großen Entdeckung bei der Erforschung des Weltraums. Der Leiter des sowjetischen Raumfahrtprogramms war sichtlich niedergeschlagen. Der Kalte Krieg war nicht zuletzt ein symbolischer Krieg und der *Sputnik* war für Sowjetrussland gleichbedeutend mit einer siegreichen Schlacht gewesen. Wissenschaftlich gesehen hatten die USA aber inzwischen die Führung übernommen und seither auch nicht mehr abgegeben.

Aber warum hatte *Sputnik II* die Van-Allen-Gürtel nicht entdeckt? Die dafür notwendigen Geigerzähler waren ja schließlich vorhanden. Wir können daraus etwas lernen. Kurz vor dem Start hatten Techniker ein Problem mit dem Bandrecorder entdeckt. Das führte dazu, dass nur Daten registriert werden konnten, wenn die Funkverbindung nicht durch die Erde unterbrochen war. Die Techniker baten Staatschef Nikita Chruschtschow darum, den Start verschieben zu dürfen, bis das Problem gelöst war. Chruschtschow lehnte ab; er wollte am nächsten Tag, wenn sich die wichtigsten Politiker des Landes treffen würden, einen erfolgreichen Start verkünden. Hätten die Sowjets ihre Instrumente repariert, wären sie zuerst auf die Van-Allen-Gürtel gestoßen. Schon zu Beginn der Raumfahrt wurde die Politik für sie zu einem Stolperstein.

Am 26. März 1958, knapp sechs Monate nach *Sputnik I*, stellte Präsident Dwight Eisenhower der amerikanischen Nation ein bemerkenswertes Dokument vor, das von seinem wissenschaftlichen Beraterstab unter der Leitung von James R. Killian Jr., dem Präsidenten des MIT, aufgesetzt worden war. Das Papier mit dem Namen Introduction to Outer Space beschrieb anhand des Beispiels eines Steins, der so weit geworfen wird, dass seine Flugkurve bis hinter den Horizont reicht und die Erde verfehlt, in einfacher, leicht verständlicher Sprache, warum Satelliten „oben bleiben". Ein Satellit fällt also ununterbrochen.

Eine Rakete, erläuterte der Bericht, erhält ihren Schub, indem sie Material nach hinten ausstößt. Um die Erdanziehungskraft zu überwinden, muss sie eine Fluchtgeschwindigkeit von 40000 km/h erreichen. Sie wird zwar auch dann noch von der Anziehungskraft gebremst, aber da die Gravitation mit zunehmender Entfernung immer schwächer wird, kann sie die Rakete nicht mehr anhalten und zur Erde zurückziehen. „Obwohl die Grundlagen der Satellitentechnik und der Raumfahrt schon zu Zeiten Newtons bekannt waren", steht in dem Bericht weiter zu lesen, „scheinen sie uns auch heute noch verwirrend und unrealistisch. Unsere Kinder aber werden sie wie selbstverständlich annehmen".

In dem Bericht wurde ein bemannter Flug zum Mond als Zukunftsvision beschrieben, aber keine Expeditionen zu anderen Planeten. Das Kapitel „Nachricht vom Mars" beschrieb, was die meisten Forscher dachten: „Das führt uns zu einem wichtigen Punkt der Erforschung des Weltalls. Die Kosten für einen Transport von Menschen und größeren Gegenständen werden extrem hoch sein, die Kosten für das Senden von *Informationen* dagegen vergleichsweise niedrig." Die Erforschung des Sonnensystems, sagte der Bericht voraus, werde mit Geräten durchgeführt werden, die nicht zur Erde zurückkommen. Die von ihnen gesammelten Informationen würden als Radiosignale zur Erde übermittelt.

Dieselbe Vorhersage hatte ein anderer wissenschaftlicher Beraterstab unter der Leitung von Professor Jerome Wiesner vom MIT schon 1961 gegenüber John F. Kennedy kurz vor dessen Amtseinführung getroffen. Wiesner hatte erklärt, dass die Raumfahrt ungeachtet der spezifischen Aufgaben effektiver und wirtschaftlicher sei, wenn man auf bemannte Raumfahrt verzichtete. Die eindeutige Logik von Wiesners Bericht wurde schon drei Monate später bedeutungslos, als der sowjetische Kosmonaut Juri Gagarin in den Orbit aufstieg. Die ganze Welt war mit ihren Gedanken bei dem Mann, der als erster Mensch die Grenzen der Erdatmosphäre durchbrochen hatte. Im Krieg der Symbole bedeutete die Führung Amerikas wenig. Die USA hatten vielmehr eine zweite, fürchterliche Niederlage erlitten.

Präsident Kennedy hatte die Fähigkeit, die Wünsche der Menschen zu erraten, er bemerkte sofort, welchen großen symbolischen

Wert die bemannte Raumfahrt besaß. Er ignorierte Wiesners Rat und beauftragte die NASA, die bemannte Raumfahrt verstärkt voranzutreiben.

Schon im nächsten Monat hatte er den USA versprochen, „innerhalb eines Jahrzehnts einen Menschen zum Mond und sicher zur Erde zurückzubringen". Vor dem Hintergrund des Kalten Kriegs war das ein Spiel mit hohem Einsatz und Risiko. Die USA forderte die Sowjetunion zu einem Wettrennen zum Mond heraus – und die Sowjetunion hatte bereits einen Vorsprung.

Der amerikanische Wissensvorsprung war eigentlich nebensächlich. Er war lediglich Mittel zum Zweck, die Fähigkeiten des Landes zu demonstrieren. Mit den Missionen des Space Shuttles zehn Jahre später wurden diese Demonstrationen weiter verfeinert; selbst die unwichtigsten Forschungsergebnisse wurden dargestellt, als wären es enorme Errungenschaften. Die Motivation war keine wissenschaftliche, sondern rein politisch.

Ein Jahr nach Kennedys Herausforderung wurde John Glenn der erste Amerikaner im Weltraum. Bei seiner Rückkehr wurde er willkommen geheißen wie damals Charles Lindbergh, inklusive der Konfetti-Parade auf dem Broadway. Genau wie Gagarin flog auch Glenn danach nicht mehr ins All – jedenfalls für lange Zeit nicht. Beide waren zu Nationalhelden geworden und damit zu wichtig, um sie weiteren Risiken auszusetzen.

Tatsächlich hatte es schon vor Glenn einen erfolgreichen „bemannten" amerikanischen Raumflug gegeben – mit dem Schimpansen Ham. Später gingen Glenn und Ham nach Washington – Glenn trat in den Senat ein, Ham kam in den Zoo. Leider starb Ham kurze Zeit später, ohne ein zweites Mal ins All zu fliegen.

Später im selben Jahr flog die amerikanische Sonde *Mariner 2* an der wolkenverhangenen Venus vorbei, ohne großes öffentliches Aufsehen zu erregen. Dies war der erste erfolgreiche Vorbeiflug, den je eine Nation zustande gebracht hatte; zuvor waren zwei russische Versuche gescheitert. *Mariner 2* übermittelte die ersten Informationen über die Bedingungen auf einem anderen Planeten, die nicht direkt von der Erde aus gesammelt wurden. Nur wenige Menschen schienen die Tragweite dieses Ereignisses zu erfassen: Maschinen, nicht Menschen, erforschten das Sonnensystem. *Mariner 2* war Millionen von Kilometern zur Venus geflogen. John Glenn war nicht weiter von der Erde entfernt gewesen als New York von Baltimore.

Sieben Jahre später, am 16. Juli 1969, wurde Kennedys Versprechen erfüllt. Neil Armstrong setzte seinen Fuß auf den Mond, 385 000 Kilometer von der Erde entfernt. Was kann man zu *Apollo 11* noch sagen? Der Flug war ein in der Geschichte einzigartiges Ereignis, ein Beweis großen Muts und großer Tapferkeit. Die Mondlandung der Apollo-Raumfähre war mehr als ein gewonnenes Wettrennen gegen die Sowjetunion: Sie machte die Menschen auf der ganzen Welt stolz, denn sie hatte bewiesen, in welche Höhen der Mensch aufsteigen kann und jede vorherige Mission weit übertroffen. Aber sie bedeutete auch einen gewaltigen politischen Triumph. Die ganze Welt schaute ehrfurchtsvoll auf die USA. Das Sputnik-Trauma war endgültig überwunden.

Ironischerweise unterschätzte nun die sowjetische Führung den Symbolgehalt eines Menschen im All für die Bedeutung dieser Nation. Sie war dem Rat ihrer Wissenschaftler gefolgt und hatte sich auf die Forschung durch Maschinen verlegt. Nur einen Tag nach der Landung der *Apollo 11* erreichte die unbemannte sowjetische Raumkapsel *Luna 15* den Mond. Sie sollte eigentlich Bodenproben zur Erde transportieren, stürzte aber während der Landung ab. *Luna 16* brachte dann ein Jahr später tatsächlich Proben zur Erde, und kurze Zeit später setzte *Luna 17* einen Roboter auf dem Mond aus, der mehrere Kilometer weit fuhr und Live-Bilder zur Erde sandte. Die Sowjetunion setzte ihr Raumprogramm bis 1976 fort, Roboter entnahmen Bodenproben sogar zwei Meter unterhalb der Mondoberfläche. Das war eine fantastische technische Leistung, die wissenschaftlichen Erkenntnisse übertrafen wahrscheinlich die der Amerikaner, aber trotzdem erinnert sich kaum noch jemand daran. Die Welt hatte eindeutig entschieden, dass die USA den Mond zuerst erforscht hatten.

Die Mondlandung von *Apollo 11* wurde als Beginn einer neuen Ära der Wissenschaft gefeiert. Es gab noch fünf weitere bemannte Flüge zum Mond, der letzte erfolgte mit *Apollo 17* im Jahr 1972. Kolonien auf dem Mond, Expeditionen zum Mars, das alles schien in greifbarer Nähe. Die Sterne waren näher gerückt. Niemand konnte sich damals vorstellen, dass dies nicht der Anfang, sondern das Ende eines Projekts war. Trotzdem hat seitdem kein Mensch mehr die relative Sicherheit der Erdatmosphäre verlassen, und es sind auch keine derartigen Projekte geplant. Als ob eine Vereinbarung darüber getroffen worden wäre, fand der Wettstreit zwischen den USA und der Sowjetunion um die Vorherrschaft im All danach nur noch in der Nähe der Ionosphäre statt. Die Ära bemannter Raumfahrt im Sonnensystem war vorüber. Sie hatte nur dreieinhalb Jahre gedauert und die Entfernung von der Erde bis zum Mond nicht überschritten.

Zurück in die Erdumlaufbahn

Warum begruben wir den Traum von der bemannten Raumfahrt zu anderen Planeten? Abgesehen vom Mond ist der Mars der einzige Ort, der für uns Menschen auch nur annähernd erreichbar ist. Selbst glühende Verfechter der bemannten Raumfahrt geben zu, dass es in absehbarer Zukunft keine neuen Ziele dafür geben kann. Auf allen anderen Planeten des Sonnensystems oder ihren Monden ist die Temperatur entweder zu hoch bzw. zu niedrig, die Gravitation ist zu stark oder die Strahlung zu gefährlich für Menschen. Auch der Mars ist ein sehr unwirtlicher Ort.

Bereits 1957, im ersten Jahr des Raumfahrtzeitalters, entdeckte man die Gefahren der Strahlung außerhalb der Erdatmosphäre. Das Strahlungsniveau im Sonnensystem liegt weit jenseits der Grenzwerte für Arbeiter in einem Atomkraftwerk. Gewaltige Sonnenstürme stoßen riesige Mengen geladener Strahlungspartikel aus, die eine große potenzielle Gefahr bilden; selbst unbemannte Kommunikationssatelliten wurden davon schon außer Gefecht gesetzt.

Das Magnetfeld der Erde bietet in einem Bereich von etwa 300–500 Kilometern, also innerhalb der Reichweite eines Space Shuttles, eine gewissen Schutz vor der Strahlung, aber interplanetarische Reisen sind etwa ganz anderes. Während eines drei Tage dauernden Flugs zum Mond stehen die Chancen recht gut, keinem Sonnensturm ausgesetzt zu sein, denn ein solcher tritt nur alle sechs Monate auf, aber ein Flug zum Mars würde zwei bis drei Jahre dauern.

Satelliten in einer Umlaufbahn um die Sonne könnten Protuberanzen erkennen und Astronauten warnen, um ihnen einige Minuten Zeit zu verschaffen, sich gegen den Ansturm der geladenen Teilchen zu wappnen, die sich fast so schnell fortbewegen wie Radiowellen. Diese Zeit würde ausreichen, um einen Schutzraum aufzusuchen – etwa in Form eines bleiummantelten Kastens – bis der Sturm vorbei ist. Ein starker Sonnensturm wäre für einen ungeschützten Astronauten tödlich. Aber selbst wenn es den Astronauten gelänge, den Sonnenstürmen auszuweichen, wären sie ständig hohen Dosen von Hintergrundstrahlung ausgesetzt, die nicht nur von der Sonne stammt, sondern ständig in der Galaxie vorhanden ist.

Galaktische Strahlung (die von außerhalb unser Sonnensystem durchströmt) beinhaltet extrem energiereiche schwere Teilchen – Atomkerne schwerer (high-Z) Elemente. Die National Academy of Sciences hat kürzlich einen Bericht veröffentlicht, nach dem jede Zelle im Körper eines Menschen auf einem Flug zum Mars mindestens einmal von einem hochenergetischen Teilchen durchquert würde. Man weiß erstaunlich wenig über die Auswirkungen dieser Strahlung auf lebende Zellen. Hochenergie-Strahlung hat nichts mit der radioaktiven Strahlung zu tun, die wir hier auf der Erde kennen. Sie besteht aus Neutronen, Elektronen, Alpha-Teilchen (Helium-4-Kernen) und Gammastrahlung, das sind energiereiche Photonen. Es gibt nur wenige Teilchenbeschleuniger, die high-Z-Strahlung erzeugen können, um sie an Tieren zu testen, aber man kann mit großer Wahrscheinlichkeit davon ausgehen, dass die Schäden für die Zellen erheblich wären. Krebs wäre ein langfristiger Folgeschaden, aber das zentrale Nervensystem würde wohl sofort gestört. Doch selbst wenn die Astronauten den Mars erreichen würden, könnten sie dort nicht viel tun: Die Hälfte der galaktischen und der solaren Strahlung würde zwar vom Mars selbst blockiert, die Mission der Raumkapsel *Mars Global Surveyor* hat allerdings 1997 ergeben, dass der Mars kein Magnetfeld hat und fast keine Atmosphäre, die Schutz gegen energiereiche Partikelstrahlung bieten könnte. Die Astronauten auf dem Mars dürften sich nicht weit von ihrem Schutzraum entfernen.

Eher unerwartet war die Entdeckung, dass selbst eine kurze Zeit in der Schwerelosigkeit erhebliche Gesundheitsschäden verursachen kann. In der ersten Euphorie des Raumfahrtzeitalters hatte man schon darüber nachgedacht, später einmal Herzpatienten ins All zu schicken, um deren Herzen zu schonen, die das Blut nicht gegen die Erdanziehungskraft anpumpen müssten. Aber 40 Jahre Studien in der Schwerelosigkeit haben einen negativen Effekt nach dem anderen zutage gefördert. Das Herz wird durch die Schwerelosigkeit stark belastet, die Knochen verlieren Calcium, es kommt zu Muskelschwund und endemischer Diarrhoe, das Immunsystem versagt, der Schlafzyklus wird gestört, Angst- und Depressionsanfälle treten häufiger auf. Durch Maßnahmen wie intensives körperliches Training lassen sich die Effekte mildern, aber nicht abstellen.

Diese Probleme führen zwar nicht dazu, dass die bemannte Raumfahrt aufgegeben wird, aber sie wird dadurch sehr viel gefährlicher und kostspieliger. Schutzschilde könnten entwickelt werden, würden aber die Startkosten dramatisch erhöhen. Man könnte auch Raumschiffe in Form von Rädern bauen, wie sie Arthur C. Clarke erdacht hat, die künstlich Schwerkraft erzeugen, aber auch das wäre unmäßig teuer. Kurz gesagt, der Weltraum hat sich als viel größeres Hindernis für die bemannte Raumfahrt erwiesen, als irgendjemand vor dem Start von *Sputnik* erwartet hätte – eine unvorhersehbare wissenschaftliche Entdeckung, nach der wir unsere Erwartungen neu definieren müssen.

Sie ist der Hauptgrund dafür, dass sich menschliche Aktivitäten heute auf einen eher schmalen Bereich um die Erde herum beschränken.

Aber auch für diejenigen, die immer noch von Kolonien im Weltall träumen, ist der Mars die einzige realistische Möglichkeit. Er ist für uns auch das interessanteste Ziel im Sonnensystem. Werden wir, können wir, sollten wir dorthin fliegen? Wissenschaftlich gesehen sind wir schon dort gewesen.

Die Mars-Chroniken

Im Sommer 1997 betrat praktisch die ganze Erde den Mars, denn am 4. Juli landete dort der Sojourner, ein Roboter von der Größe eines kleinen Hunds. Die kahle, trockene Landschaft, die wir durch die Kameraaugen von Sojourner sehen konnten, muss einmal warm und feucht gewesen sein; deutlich waren ausgetrocknete, breite Flussbetten in dem felsigen Untergrund zu erkennen. Hat es in den Flüssen des Mars so wie auf der Erde zahllose Lebensformen gegeben? Könnte es sein, dass das Leben in einfacher Form dort noch immer existiert? Wir sehnen uns danach, dies zu erfahren.

Aufgrund der schwachen Atmosphäre und des fehlenden Magnetfelds könnten Menschen die auf dem Mars herrschende, kosmische Strahlung nicht lange überleben. In ihren Raumanzügen hätten die Astronauten weder Tast- noch Geruchssinn zur Verfügung; das einzige Geräusch bestünde aus dem leisen Wispern des schwachen Marswinds. Also könnten sie nur ihre Augen benutzen, und Sojourners Kameras sind dafür besser geeignet.

Wir werden neue, bessere Roboter zum Mars schicken. Sollten wir Leben auf dem Mars entdecken, wäre dies der erste Kontakt zu einer Lebensform, die keine gemeinsame Geschichte mit dem Leben auf der Erde hat. So sicher eine DNS-Analyse beweisen kann, dass ich der Vater meiner Kinder bin, so sicher beweist sie auch, dass alles Leben auf der Erde miteinander verwandt ist. 98,4 Prozent der menschlichen DNS stimmen mit der eines Schimpansen überein (1,6 Prozent trennen uns davon, Schimpansen einen Sitz bei den Vereinten Nationen anbieten zu müssen). Etwa 50 Prozent unserer Gene gleichen denen von Hefe. Wir haben dieselben Gene wie Bakterien, obwohl wir zu den Eukaryonten gehören, einem Entwicklungszweig, der sich schon vor Milliarden von Jahren von den Prokaryonten getrennt hat, zu denen die Bakterien gehören.

Was davor geschah wissen wir nicht, aber es gibt keinen Grund, daran zu zweifeln, dass die gesamte Evolution von der Entstehung des Lebens bis zu der phantastischen Vielfalt, die sich bis heute entwickelt hat, auf zufälligen, natürlichen Ereignissen beruht: auf Mutationen und Selektion im Sinne der Darwinschen

Evolutionslehre. Außerirdisches Leben, auch wenn es noch so einfach aufgebaut ist, würde uns Einblick in eine völlig anders strukturierte Evolution verschaffen. Wie viel Leben existiert im Universum? Entsteht Leben grundsätzlich, wenn die erforderlichen Bedingungen herrschen? Wie viele verschiedene Wege könnte die Evolution einschlagen?

Das Kopernikanische Sonnensystem, die Darwinsche Evolutionslehre, Galaxien, Quantenmechanik, der Big Bang und der genetische Code waren eher unangenehme Entdeckungen, denn sie reduzierten die Krone der Schöpfung und ähnliche Mythen auf die Größe eines Staubkorns im Universum. Man akzeptierte sie widerwillig, weil man es musste. Die Entdeckung außerirdischen Lebens wäre sicher eine großartige Entdeckung, aber sie würde uns auch dazu zwingen, unsere Vorstellung vom Universum und unserem Platz darin neu zu überdenken.

Ein Jahr nach Sojourners Landung auf dem Mars gründeten über 700 Menschen aus 40 Ländern und allen Gesellschaftsschichten in Boulder, Colorado, die Mars Society. Sie trafen sich vier Tage lang, um über den Mars zu diskutieren, aber sie träumten nicht nur von Leben auf dem roten Planeten. Sie dachten daran, den Menschen zum Mars zu bringen.

Der Leiter der Veranstaltung war ein 64-jähriger Ingenieur namens Robert Zubrin. Die meisten Teilnehmer kannten seinen Plan bereits, denn sie hatten Zubrins Buch *The Case for Mars* gelesen. Zubrin war es gelungen, die Reise zum Mars nicht nur möglich, sondern sogar wahrscheinlich klingen zu lassen. „Wir brauchen ein zentrales, vorrangiges Ziel, um unser Raumfahrtprogramm voranzutreiben“, erklärte Zubrin dem gebannte Publikum. „Zu diesem Zeitpunkt der Geschichte kann unsere Konzentration nur darauf liegen, den Mars zu erforschen und zu besiedeln.“ Zubrin nannte seinen Plan „terraforming“, damit war gemeint, auf dem Mars ähnliche Bedingungen zu schaffen wie auf der Erde. Man konnte in Zubrins Worten den Geist von Gerard K. O'Neill spüren. Ich möchte dies näher erklären.

1972 war das scheinbar grenzenlose Vertrauen in den Fortschritt, ausgelöst durch die Apollo-Mondlandungen, einer Welle von malthusischem Pessimismus gewichen.

Eine Studie des Club of Rome, einer Vereinigung internationaler Unternehmer, wurde unter dem Titel *The Limits of Growth* (Die Grenzen des Wachstums) von Dennis Meadows und mehreren Co-Autoren vom MIT veröffentlicht. Die nüchterne Aussage der Studie passte zu einer Zeit, in der der Vietnamkrieg große Skepsis gegenüber der Technik genährt hatte. Die Industrienationen beuten die Ressourcen der Erde aus und zerstören die Umwelt. Die Konsequenzen werden dramatisch sein, wenn die Nationen der Welt sich nicht mäßigen und den Bevölkerungszuwachs regeln.

Die Fortschrittsgläubigen waren über diese negative Denkweise entsetzt. Nur der durch fortgesetzte Industrialisierung geschaffene Wohlstand ermöglichte es ihrer Meinung nach, die Probleme der Welt zu lösen. Gerard O'Neill arbeitete damals als Physiker in Princeton, er war überzeugt davon, dass eine Beschränkung des Wirtschaftswachstums unweigerlich zu einem totalitären Staat führen würde, der über die Verteilung der Ressourcen und das Recht, Nachwuchs zu zeugen, entscheiden würde.

Zumindest kann man die begrenzte Größe der Erde nicht bestreiten. Also, überlegte O'Neill, kann nur dann fortdauerndes Wachstum gewährleistet werden, wenn wir den Planeten verlassen und uns an anderer Stelle ausdehnen. In seinem 1976 erschienen und sehr erfolgreichen Buch *The High Frontier* schlug O'Neill den Bau von „Inseln im Weltraum“ vor. Diese stellte er sich als gigantische Zylinder vor, die sich um ihre Längsachse drehten, um künstlich Schwerkraft für die Menschen zu erzeugen, die in ihrem Innern lebten. Mit den Möglichkeiten der damaligen Technologie, kalkulierte er, müssten die Zylinder etwa 32 Kilometer lang sein und 6,5 Kilometer Durchmesser besitzen. Damit ergäbe sich eine bewohnbare Fläche von 1300 Quadratkilometern, auf denen mehrere Millionen Menschen leben könnten. Die Bewohner einer solchen Kolonie würden Bodenschätze auf dem Mond und auf Asteroiden abbauen, um weitere Kolonien zu gründen. Wenn wir die überschüssige Bevölkerung der Erde aussiedeln könnten, schlussfolgerte O'Neill, könnte die Wirtschaft unbegrenzt weiter wachsen, ohne die Umwelt in Mitleidenschaft zu ziehen.

Die Medien und die Öffentlichkeitsabteilung der NASA liebten O'Neills Kolonien, die NASA unterstützte ihn sogar finanziell, damit er seine Pläne für die „Insel Nr. 1" weiter ausarbeiten und verfeinern konnte. Die Zeichnungen zeigten stets wohlhabende Vororte mit Bäumen, Vorgärten und Seen – aber ohne Horizont. Wenn man nach oben sah, konnte man die Nachbarn auf der anderen Seite des Zylinders sehen. Die Idee wurde zum Kult, es bildete sich eine Anhängerschar mit dem Namen L_5 Society.

Sie demonstrierten über längere Zeit ohne Unterlass vor dem Kongress für staatliche Unterstützung der Raumkolonien.

Der Name „L_5 Society" basiert auf einem stabilen Punkt in der Umlaufbahn um den Mond, der genau zwischen Erde und Mond liegt. Benannt wurde er nach seinem französischen Entdecker, dem Mathematiker Lagrange, als „Lagrange-5-Punkt" oder einfach L_5. Ein Satellit könnte an diesem Punkt unendlich lange bleiben, ohne Treibstoff zu verbrauchen, um seine Lage zu stabilisieren. Genau dort müsste man logischerweise die erste Kolonie bauen. Die L_5 Society sah das Ziel schon in greifbarer Nähe. Ihr Slogan lautete: „L_5 bis '95". Aber wie sollte man ein solches riesiges Unternehmen rechtfertigen?

O'Neill war ein Mann mit ethischen und religiösen Prinzipien. Er hielt Wachstum schlicht für etwas Gutes, aber selbst seine begeisterten Anhänger wussten, dass es irgendeine ökonomische Berechtigung geben musste. Auch die Reisen des Kolumbus geschahen schließlich nicht aus reinem Idealismus, sondern um die Reichtümer des Ostens zu plündern. Um die Pläne auf eine wirtschaftliche Grundlage zu stellen, versuchte die L_5 Society, sie mit Vorschlägen für solarbetriebene Satelliten zu verbinden. Die Bewohner der Insel Nr. 1 wären für den Bau und die Wartung der Satelliten verantwortlich. Riesige Solarzellen würden Sonnenenergie in elektrische Energie umwandeln, die dann vielleicht in Form von Mikrowellen zur Erde transportiert würde. Da sich die Solarzellen jenseits der Atmosphäre befänden, wäre man von Wetterwechseln und Stürmen unabhängig, außerdem müsste man sich keine Sorgen darum machen, wie man so große Halbleiteroberflächen staubfrei hält. Allerdings schürte die Vorstellung, solch gewaltige Energiemengen durchs All zu schicken, wenn es denn gelänge, auch Ängste darum, ob man diese nicht auch als Waffe missbrauchen könnte.

Kein Problem. Heute spricht niemand mehr ernsthaft über Kolonien im Weltraum. Zwar wäre es heute möglich, etwas Derartiges zu bauen – die Gesetze der Physik würden dies erlauben –, aber auch die Zukunft muss sich den Gesetzen der Wirtschaft beugen. O'Neills detaillierte Berechnungen hatten auf übertrieben optimistischen Schätzungen der NASA hinsichtlich der Kosten für den Transport von Baumaterial ins All mit dem Space Shuttle beruht. Mithilfe dieser Schätzungen wollte die NASA den Kongress davon überzeugen, dass der Bau eines Space Shuttles die Transportkosten deutlich reduzieren würde.

Das Raumfahrtprogramm wurde jedoch nicht von wirtschaftlichen Interessen vorangetrieben. Da den Apollo-Astronauten von der dankbaren Öffentlichkeit so viel Bewunderung entgegengebracht wurde, glaubten die Verantwortlichen, dass Menschen auch in Zukunft bei der Erforschung des Weltraums eine Rolle spielen müssten. Sie waren überzeugt davon, dass eine an *Star Trek* gewöhnte Bevölkerung kein Raumfahrtprogramm unterstützen würde, das ohne Menschen auskommt. Alle bereits gebauten Startrampen mussten mit wiederverwendbaren Pilotenkapseln nachgerüstet werden. Kein Start sollte vonstatten gehen, ohne dass in den Abendnachrichten Astronauten in die Kamera lächelten.

Eine kostspielige Fehlplanung. Das Shuttle konnte die Erwartungen der Nation nicht annähernd erfüllen. Das US-Raumfahrtprogramm war durch zahllose verspätete und abgesagte Missionen bereits so gebeutelt, dass die *Challenger*-Katastrophe im Jahr 1986 dazu führte, dass es drei Jahre lang überhaupt keine Starts mehr geben sollte. Es gab keinen Rückhalt mehr. Wie ein wahnsinniger General die Brücken verbrennt, damit sich seine Truppen nicht zurückziehen können, zerstörte man die Fertigungsbänder der großen *Saturn*-Raketen, die Astronauten zum Mond gebracht hatten und zerriss alle weiteren Pläne. Anstatt die Kosten zu senken, hatte sich das Shuttle als teuerstes Startsystem aller Zeiten erwiesen. Als man die Kostenvoranschläge korrigiert hatte, wurden auch O'Neills Pläne zur Besiedlung des Alls hoffnungslos unrealistisch. Die Realität heißt Internationale Raumstation (ISS) –

sieben Astronauten werden dort gedrängt wie Ölsardinen miteinander arbeiten und dabei soviel Geld kosten, dass die Raumfahrtprogramme von 16 Ländern gleichzeitig auf dem Spiel stehen. Als Insel Nr. 1 kann man dies wirklich nicht bezeichnen.

Die L_5 Society verschwand. Robert Zubrin aber hat die Idee von außerirdischen Kolonien wieder aufgenommen. 20 Jahre nach Erscheinen von *The High Frontier* schrieb er *The Case for Mars* und gründete seine eigene Organisation – die Mars Society. Die Mitglieder der Mars Society sind Träumer. Sie stellen sich vor, wie sie durch den Marssand stapfen. Technische Schwierigkeiten bei der Durchsetzung werden mit naiven Vorstellungen beiseite gewischt.

Einen Menschen zum Mars zu bringen, sei einfacher als eine Reise zum Mond, glaubt Zubrin, und es wäre auch nicht besonders teuer. Der Trick dabei sei, dem Beispiel von Lewis und Clark zu folgen und sich „vom Land zu ernähren". Dabei denkt man unwillkürlich an Siedler, die Wild jagen und Wurzeln sammeln, aber Zubrin bezieht sich darauf, dass man den Treibstoff für die Methanraketen, die für den Rückflug benötigt werden, direkt aus der dünnen. CO_2-haltigen Marsatmosphäre gewinnt.

Um aus CO_2 Raketentreibstoff herzustellen, benötigt man neben vielen anderen Dingen aber auch große Mengen Energie. Kein Problem, die Astronauten nehmen einfach einen tragbaren Atomreaktor mit.

Die Probleme einer außerirdischen Kolonie wurden erstmals anhand von „Biosphere 2" verdeutlicht, einer drei Hektar großen, von der Außenwelt abgeschotteten „Mini-Welt" in der Wüste Arizonas (die Erde selbst galt als „Biosphere 1"). Finanziert wurde die glänzende Kuppel aus Stahl von dem texanischen Milliardär Edward P. Bass, dem Erben der Bass-Ölgesellschaft. Bass war der Vorstellung einer Organisation erlegen, dass die Erde früher oder später durch einen Bürgerkrieg verwüstet würde, worauf die Mitglieder der Gruppe zum Mars fliehen würden.

Unter dem Applaus mancher Medien stiegen vier Männer und vier Frauen am 26. September 1991, gekleidet in Uniformen im Stil von *Star Trek*, in das futuristische Gebäude. Hinter ihnen schloss sich die luftdichte Tür. Es war geplant, dass die Probanden zwei

Jahre lang in der Biosphäre bleiben sollten. Sie sollten Wasser, Luft und Abfälle recyclen und ihre Nahrung selbst anbauen, um zu beweisen, dass eine Kolonie außerhalb der Erde überleben kann.

Innerhalb weniger Wochen war die Luft verschmutzt, die Ernte verdorben und der kristallklare „Ozean" war zu einer stinkenden Brühe geworden. Später kam heraus, dass man Luft und Nahrung in das Gebäude hineingeschmuggelt hatte, außerdem wurden Filter benutzt, um die gefährlich ansteigende Konzentration von Kohlendioxid zu stoppen. Trotz dieser Maßnahmen waren die ohnehin schon schlanken Bewohner der Biosphäre durchschnittlich 25 Pfund leichter, als sie sie nach zwei Jahren verließen. Das ausgeklügelte, autarke Experiment mit einer Ausrüstung, die alle Transportmöglichkeiten zum Mars bei weitem überstieg, hatte nicht einmal acht Personen ernähren können.

Zubrin lässt sich durch solche Fehlschläge nicht beeinflussen. Seine Vision hat das Leben unter einer Glaskuppel längst hinter sich gelassen. Er denkt bereits an den Tag, an dem Menschen die Polkappen des Mars abschmelzen werden, die hauptsächlich aus gefrorenem CO_2 bestehen. Dadurch soll ein Treibhauseffekt ausgelöst werden, in dessen Folge der Mars wieder warm und feucht wird. In der mit CO_2 geschwängerten Atmosphäre werden Pflanzen wachsen, die dann Sauerstoff produzieren. Somit entsteht für den Menschen nutzbare Atemluft, Schutzanzüge sind folglich überflüssig. Zubrin spricht leichthin davon, auf dem Mars eine der Erde ähnliche Atmosphäre zu schaffen, obwohl hunderte Wissenschaftler mithilfe der neuesten Technik heute noch versuchen, herauszufinden, wie die Erdatmosphäre ihren jetzigen Zustand erreicht hat.

Für Zubrin sind das Nebensächlichkeiten. Nötig ist vor allem der unbedingte Wille, das Ziel zu erreichen. In Boulder hörte man in jenen Tagen häufig das Wort „Schicksal".

Das Problem ist, wir kennen die Zukunft nicht. Futuristische Szenarien von „Visionären" wie O'Neill und Zubrin sind für Fortschrittsgläubige überaus attraktiv. Wir sollten bei der Zukunftsplanung unsere Träume jedoch an die wissenschaftlichen Realitäten der Gegenwart anpassen.

Die Zukunft gestalten

Arthur C. Clarke, Autor des Weltbestsellers *2001, Odyssee im Weltraum*, sagte 1945 in einem Artikel für *Wireless World* vorher, dass es eines Tages Satelliten geben würde, die die Erde in geosynchronen Umlaufbahnen umkreisen und Radiosignale übermitteln. Geosynchrone Umlaufbahnen sind etwa 37 500 Kilometer von der Erde entfernt. Ein Satellit würde in dieser Höhe genau 24 Stunden für einen Umlauf benötigen, also für einen Betrachter auf der Erde unbeweglich wirken. Die Kommunikationsexperten spotteten über solche „künstlichen Monde", denn Satelliten waren im Jahr 1945 noch reine Fiktion. Es sollte noch zwölf Jahre dauern, bis die Sowjetunion die Welt mit dem Start des *Sputnik* überraschte.

Clarkes Einsicht war brillant. Heute kreisen etwa 200 Satelliten um die Erde; die Kosten liegen bei 15 Milliarden Euro pro Jahr, Tendenz steigend. Trotzdem wären Satelliten in der Form, wie Clarke sie sich vorgestellt hatte, eher unpraktisch gewesen. Seine Satelliten waren bemannte Raumstationen mit Wohnräumen für eine Besatzung gewesen, deren Hauptaufgabe darin bestand, ausgebrannte Vakuumröhren auszuwechseln. Arthur C. Clarke sah zwar den Einsatz von Satelliten voraus, aber nicht die Entwicklung der Mikroelektronik – tatsächlich sah sie überhaupt niemand voraus. Nur zwei Jahre nach Clarkes Artikel wurde der Transistor erfunden, kurz danach der integrierte Schaltkreis. Die Kommunikationssatelliten der Gegenwart sind nicht größer als ein VW Käfer, übermitteln aber mehrere Millionen Mal so viele Informationen wie Clarkes Raumstationen – und sie benötigen keine Besatzung.

Wissenschaft ist ein Glücksspiel. Je weiter wir versuchen, in die Zukunft zu schauen, desto wahrscheinlicher wird die Möglichkeit, dass unvorhergesehene, vielleicht unvorhersehbare Errungenschaften der Wissenschaft oder Technologie vor der Zeit völlig neue Entwicklungen auslösen.

Oft geschieht es, dass der Fortschritt schneller verläuft, als wir es uns je erträumt hätten, wie etwa bei der Halbleitertechnik, manchmal stößt er aber auch an Grenzen. Die Wissenschaft führt uns auch ohne Futuristen und Visionäre in die Zukunft.

Der Historiker Arnold Toynbee hat seine enorme Produktivität so erklärt: „Jeden Tag lerne ich das, was ich für die Arbeit von morgen benötige." Mit der Wissenschaft verhält es sich ganz ähnlich. Jede neue Einsicht lässt die Wissenschaft so lange inne halten, bis sie auf der Basis des neu Erlernten einen neuen Weg eingeschlagen hat. Noch bevor ein fernes Ziel erreicht wird, kann es zu Entdeckungen kommen, die dieses Ziel weniger erstrebenswert erscheinen lassen bzw. ein anderes erstrebenswerter. Die Forschung lässt ständig neue Möglichkeiten entstehen und schließt andere aus.

Im Gegensatz dazu versuchen die Politiker, sich auf einen Zukunftsplan zu einigen und eine dementsprechende Politik auszuarbeiten. Für die Erforschung des Weltalls hat dies dazu geführt, dass Politiker und Wissenschaftler inzwischen vollkommen unterschiedliche Ziele verfolgen. Am Bau der Internationalen Raumstation beteiligen sich 16 Nationen, obwohl die Wissenschaftler aller dieser Länder dagegen sind.

Virtuelle Astronauten

Inzwischen hat die Sonde *Pioneer 10* ihre Untersuchungen der äußeren Planeten längst beendet und das Sonnensystem verlassen. *Pioneer 10* war die erste Sonde, die den Mars und den dahinter liegenden Asteroidengürtel passierte und Nahaufnahmen von dem Riesenplaneten Jupiter zur Erde sendete. Die kleine, nicht einmal 300 Kilogramm schwere Sonde wertete die Strömungen des Sonnenwinds bis zum Rand des Sonnensystems aus und verbrauchte dabei weniger Energie als eine Stehlampe. Seit ihrem Start im Jahr 1972, dem Jahr, in dem mit *Apollo 17* auch die letzte Mondmission gestartet wurde, hat *Pioneer 10* etwa zehn Milliarden Kilometer zurückgelegt. Aus dieser Entfernung ist die Sonne nur noch ein kleiner leuchtender Punkt von vielen.

Da *Pioneer 10* nur für eine zweijährige Mission gebaut worden war, litt sie schnell unter den üblichen Alterserscheinungen: Ihre mechanischen Gelenke wurden arthritisch, Strahlung und kleine Meteoriten beschädigten die Objektive. Manche Stromkreisläufe wurden stillgelegt, um Energie zu sparen. Der kleine Atomreaktor, der sie mit Energie versorgte, brannte langsam aus. Trotzdem sendete *Pioneer 10* weiterhin Daten über die Intensität des Sonnenwinds. Im April 1997 wurde sie jedoch von einer neueren, schnelleren *Voyager*-Sonde überholt. Danach wurde sie nicht mehr benötigt; die Wissenschaftler, die 25 Jahre lang die von *Pioneer 10* gesammelten Daten analysiert hatten, brachen die Verbindung zu ihr endgültig ab. Es spielte dabei keine Rolle, dass *Pioneer 10* nicht zurückkehren würde, die Sonde war entbehrlich. *Pioneer 10*, nicht das *Apollo*-Programm, ist ein Musterbeispiel für sinnvolle Weltraumforschung.

Die Erforschung des Sonnensystems begann 1969 mit dem Vorbeiflug von *Mariner 2* an der Venus. Die Daten dieser und späterer amerikanischer und russischer Missionen beendeten alle Spekulationen über einen bemannten Flug zur Venus. Es gibt keine Sümpfe auf der Venus. Die Wolken bestehen nicht aus Wasserdampf, sondern aus Schwefeldämpfen. Unter der Wolkenschicht befindet sich eine Oberfläche, die so heiß ist, dass Blei auf ihr schmelzen würde. Mithilfe von Radarwellen vermaß die *Magellan*-Sonde 1990 die gesamte Venusoberfläche – eine Oberfläche, die noch kein Mensch zuvor gesehen hat.

Nicht einmal einen Monat nach der Mondlandung der *Apollo 11* schickten die Sonden *Mariner 6* und *7* die ersten Nahaufnahmen vom Mars. Es gab keine Kanäle, die ausgetrocknete Oberfläche war mit Kratern übersät wie die des Mondes. Nichts wies auf das Vorhandensein von Leben hin, aber man konnte weite Gebiete erkennen, die darauf hindeuteten, dass dort einmal große Wassermengen geflossen sein könnten. Im Jahr 1976 landeten zwei *Viking*-Sonden auf dem Mars und sendeten Bilder der schroffen Landschaft zur Erde. Sie testeten sogar einige Bodenproben auf Hinweise von Leben. Deutliche Spuren von Leben ergaben sich nicht. Erst 21 Jahre später brachte der *Pathfinder* den Roboter *Sojourner* zum Mars.

Die kleine Maschine sorgte weltweit für Aufregung. Der *Sojourner* schien nicht nur ein Roboter zu sein, er war ein Teil von uns, wir alle waren nun auf dem Mars. Der *Sojourner* tat das, was wir wollten. Er fühlte das, was wir ihm ermöglichten. Er besaß sogar eine Art Geruchssinn, eine künstliche „Nase“, mithilfe derer die Zusammensetzung der Steine in der Umgebung analysiert werden konnte. Wärmesensoren registrierten die Temperatur direkt an der Oberfläche, denn die kalte, dünne Marsatmosphäre beginnt nur wenige Meter darüber.

Der Roboter arbeitete langsam, aber ununterbrochen, er benötigte keine Erholungspausen und keine Nahrung. Der *Sojourner* ist der erste einer ganzen Reihe von Robotern, der unbekannte Orte anstelle von Menschen erreichen und untersuchen wird.

Genau wie *Pioneer 10* wurde auch diese Sonde aufgegeben, nachdem sie ihre Arbeit getan hatte. Ein Flug des Space Shuttles in eine Erdumlaufbahn kostet viermal so viel wie die gesamte *Pathfinder*-Mission, inklusive 240 Millionen Kilometer Flug bis zum Mars. Nachdem sie ihre erste Mission zum Jupiter beendet hatte, reiste die Sonde *Galileo* weiter zum Jupitermond Europa, während die *Cassini* auf dem Weg zum Saturn und dessen Mond Titan ist. Automatische Teleskope machen täglich neue wunderbare Entdeckungen am Rande des Universums. Diese Teleskope sind nichts anderes als Erweiterungen des zerbrechlichen menschlichen Körpers. Und jeden Tag lernen wir, noch etwas bessere Roboter zu bauen. Der Mensch selbst hat sich im Vergleich dazu in den letzten 35 000 Jahren kaum verändert.

All diese Dinge hätte ich bei der Anhörung zur Internationalen Raumstation auch gerne den Mitgliedern des Subkomitees erklärt, wenn mir nicht die Zeit gefehlt hätte. Wenn sie verstehen würden, wie weit wir schon gekommen sind, verstünden sie vielleicht auch, wo wir stehen. Die wissenschaftlichen Erkenntnisse auf der ISS werden völlig unwichtig sein. Roboter sind zu virtuellen Astronauten geworden, die unter der Kontrolle von Wissenschaftlern den Weltraum erforschen.

Zeitreisende

Im November 1998 kehrte John Glenn nach 36 Jahren Pause als Mitglied der *Discovery*-Crew in den Weltraum zurück. Die Behauptung der NASA, Glenn sollte aus wissenschaftlichen Gründen an der Mission teilnehmen, wurde weder von Wissenschaftlern noch den Medien oder der Bevölkerung ernst genommen. Trotzdem missgönnte ihm kaum jemand sein nostalgisches Abenteuer. Seine erste Reise hatte das amerikanische Selbstvertrauen wiederhergestellt. Begünstigt durch seine Position im Senat hatte er hart dafür gestritten, seine lange Karriere in der Öffentlichkeitsarbeit mit einem weiteren Raumflug zu beenden, und die meisten Amerikaner glaubten, man sei ihm dies auch schuldig.

Nur eine Woche vor dem Start erklärte ein Sprecher der NASA, dass der 77-jährige Astronaut von der Liste der medizinischen Experimente mit „hoher Priorität" gestrichen worden sei. Man wollte ursprünglich die Auswirkungen des 90-minütigen Tag-Nacht-Wechsels auf den Melatoninhaushalt eines 77-Jährigen untersuchen. Daraus muss man wohl schließen, dass der Effekt auf jüngere Menschen schon ausreichend getestet wurde.

Die medizinischen Gründe dafür, Glenn von dem Experiment auszuschließen, wurden nie bekannt gegeben, aber noch merkwürdiger war, dass man zuvor von einem Versuch mit „hoher Priorität" gesprochen hatte. Schließlich kann man aus der Reaktion eines 77-Jährigen nur wenig über den Alterungsprozess im All lernen, und wenn man nur herausfinden wollte, wie er auf den ständigen Wechsel von Tag und Nacht reagierte, hätte man dafür schließlich kein Space Shuttle starten müssen. Stattdessen hätte man einfach ein Hotelzimmer mieten können, die Rollos heruntergelassen und eine Zeitschaltuhr für zehn Euro an den Lichtschalter angeschlossen. Die Gesamtkosten der Raummission lagen bei einer Milliarde Dollar – so viel steht dem National Institute on Aging in zwei Jahren zur Verfügung.

John Glenns Rückkehr in den Weltraum an Bord der *Discovery* verlief recht unspektakulär. Es kam zu einer unplanmäßigen Verspätung, nachdem die *Discovery* wieder am Kennedy Space Center gelandet war, da John Glenn nach acht Tagen Schwerelosigkeit Gleichgewichtsprobleme hatte, aber der Rest der Crew wartete geduldig, damit die Männer das Shuttle als geschlossene Gruppe verlassen konnten. Es gab bisher keinerlei Informationen über wissenschaftliche Erkenntnisse des Flugs. Glenn paradierte noch einmal den Broadway hinunter, aber die jubelnde Menge schien sich kaum vom normalen Alltagsbetrieb der Straße zu unterscheiden. Ein paar Menschen blieben stehen und winkten der Kolonne zu.

Bei einer Pressekonferenz sprach Glenn von den Veränderungen im Raumfahrtprogramm, die sich seit seinem ersten Start ereignet hatten. Das Space Shuttle hat mit der winzigen *Mercury*-Kapsel natürlich nicht mehr viel zu tun. Der wichtigere Symbolgehalt lag jedoch darin, dass Glenn 36 Jahre nach seiner ersten Mission nur 130 Kilometer weiter von der Erde entfernt war als beim ersten Mal. Die amerikanischen Astronauten sind in der Erdumlaufbahn stecken geblieben wie Passagiere, die neben einer stillgelegten Strecke auf einen Zug warten, der nicht kommen wird. Die Forschung hat sie längst überholt.

Fünf

Wir brauchen endlich ein Gesetz gegen die Thermodynamik

Die kalte Fusion findet ihren Weg in den Kongress

Am 26. April 1989 um 8.30 Uhr stand eine lange Menschenschlange vor dem Rayburn House Office Building und wartete darauf, dass die Anhörung des Science Committees begann. Dabei sollte es noch über eine Stunde dauern, bis die Diskussion zum Thema „neue Entwicklungen der Fusionsenergie“ anfing. Im Innenraum bauten Kamerateams vom Fernsehen bereits ihre Ausrüstung auf, Techniker dirigierten die Arbeit in der Vorhalle. Die meisten Menschen in der Schlange wurden abgewiesen; der Sitzungssaal war mit etwa 60 Stühlen ausgestattet, von denen die Mehrzahl für Teilnehmer der Anhörung reserviert waren.

Stanley Pons und Martin Fleischmann, von der *Salt Lake Tribune* als „Pioniere der Fusion“ bezeichnet, sollten die Stars der Veranstaltung sein. Ein knapper Monat war vergangen, seit sie verkündet hatten, die kalte Fusion realisiert zu haben.

Sie waren ein seltsames Paar: der 62-jährige, weltmännische Fleischmann mit seinem nicht zuzuordnenden europäischen Akzent und der jüngere, zerstreute Pons, dessen Akzent seine Herkunft aus einer kleinen Stadt in North Carolina verriet. Als gewähltes Mitglied der Royal Society, einer wertvollen Auszeichnung in Großbritannien, strahlte Fleischmann große Selbstsicherheit aus. Sein reger Geist schien ständig neue Ideen zu entwickeln, doch nur wenige davon waren in die Praxis umzusetzen. Pons hatte bei Fleischmann in England an der University of Southampton studiert. Was ihm an Brillanz fehlte, machte er durch Aggressivität und Energie wieder wett.

Trotz dieser oberflächlichen Gegensätze waren die beiden sich jedoch viel zu ähnlich, um sich wirkungsvoll ergänzen zu können. Keiner von ihnen war ein Freund sorgfältiger, umsichtiger Forschungsarbeit. Beide waren wissenschaftliche Glücksspieler mit Hang zum Risiko. Sie schaukelten sich gegenseitig hoch. Wir werden diesem Verhaltensmuster noch öfter begegnen. Der Jüngere war von dem Genius und der Unfehlbarkeit seines Mentors überzeugt. Der Ältere glaubte dagegen, dass jeder Fehler, sollte es dazu kommen, von seinem jüngeren Kollegen bemerkt würde. Jeder Selbstzweifel wird somit im Keim erstickt, die beiden reiten auf einer Welle der Begeisterung.

Im Sitzungssaal kamen die beiden mit einer Delegation der University of Utah an, der auch der Präsident Chase Peterson angehörte. Zunächst herrschte das übliche Durcheinander, während sich einzelne Teilnehmer einander vorstellten. Oft ist nur eine Hand voll Wissenschaftler bei einer solchen Gelegenheit anwesend, aber das Science Committee hat 48 Mitglieder, und zufällig schienen dieses Mal alle gekommen. Der Vorsitzende Robert Roe rief die Versammlung um 9.45 Uhr schließlich zur Ordnung. Mit Bezug auf die Zeitungsberichte, nach denen es Schwierigkeiten bei dem Versuch gegeben hatte, die kalte Fusion zu wiederholen, erklärte Roe, das Ziel dieser Anhörung sei, „einen Austausch unter Experten mit unterschiedlichen Meinungen zu ermöglichen und den Mitgliedern des Komitees die Möglichkeit zu geben, sich ein Urteil über die Signifikanz des momentanen Forschungsstands zu bilden".

Zu Beginn ergriff das Mitglied Bob Walker, Republikaner aus Pennsylvania, das Wort. Er plädierte dafür, dass die fünf Millionen Dollar, die bisher in die Forschung zur kalten Fusion gesteckt worden waren, auf 25 Millionen Dollar aufgestockt werden sollten. Das sei, so erklärte er, das Mindeste, was man tun könne. Wayme Owens aus Utah war der Meinung, die kalte Fusion sei schlicht ein Wunder. Den Rest des Vormittags durfte die University of Utah dazu nutzen, die momentane Situation zu erläutern.

Unterstützt wurde die Veranstaltung von Cassidy and Associates, einer einflussreichen Firma aus Washington, die dafür bekannt war, befreundeten Universitäten großzügige Zuwendungen zukommen zu lassen. Sie brachte sogar einen Architekt auf die Bühne, der Zeichnungen eines kalten Fusionskraftwerks vorlegte, komplett mit Parkplatz und Cafeteria.

Kongressanhörungen sind im Grunde wie eine Theatervorstellung, weniger dazu da, Informationen auszutauschen, als vielmehr jedem Mitglied des Komitees die Möglichkeit zu geben, seine Meinung öffentlich zu äußern. An den hohen Wänden des Sitzungssaals hängen lebensgroße Porträts früherer Vorsitzender. Das Komitee sitzt leicht erhöht wie in einem Amphitheater, sodass die Sprecher zu ihm aufschauen müssen. Der Vorsitzende sitzt genau in der Mitte der höchsten Stufe. Die Zeugen müssen sich an einen schweren Tisch setzen, der ein paar Zentimeter höher ist als üblich, sodass man sich dort kleiner fühlt. Jeder wird gleich zu Beginn seiner Aussage vom Vorsitzenden mit den Worten unterbrochen, er möge doch bitte direkt in das vor ihm befindliche Mikrofon sprechen, das dann aber aufgrund des hohen Tisches nach unten gezogen werden muss. Die gesamte Atmosphäre dient dazu, den Zeugen zu zeigen, wie unwichtig sie im Vergleich zu diesem bedeutenden Gremium sind.

Zuerst wurden Fleischmann und Pons aufgerufen. Pons schien von dem Ambiente etwas eingeschüchtert zu sein. Er versuchte, seine vorbereiteten Antworten so schnell wie möglich aufzusagen und dann das Mikrofon an Fleischmann weiterzugeben, der natürlich ganz in seinem Element war. Keiner von beiden ließ den leisesten Zweifel an ihrer Entdeckung zu. Die Fragen des Komitees waren größtenteils nur leicht verhüllte Gratulationen. Die einzig tiefer gehende Frage betraf die Diskrepanz zwischen dem Neutronenausstoß und der abgegebenen Wärme. Fleischmann entgegnete, er werde dazu vorerst nichts sagen. Es schien, als ob die Antwort geheime Details zutage fördern könnte, also fragte niemand nach.

Als nächstes sprach der Präsident der University of Utah. Chase Peterson hatte den Sprung von der Öffentlichkeitsarbeit zum Präsidenten mithilfe seiner geschickten Vermarktung des künstlichen Herzens von Jarvik geschafft, das in Utah entwickelt worden war. Vielleicht erinnern Sie sich noch an das tragische Ende von Barney Clark, dem einzigen Empfänger eines solchen Herzens, der seine letzten Tage in einem beklagenswerten Dämmerzustand zwischen Leben und Tod verbrachte.

Da die ganze Nation den Fall verfolgte, trat Chase Peterson, der als Autodidakt zum Mediziner geworden war, jeden Tag in einem weißen Kittel und mit Stethoskop um den Hals vor die Kamera, um über Barney Clarks Zustand zu berichten. Es sah so aus, als wäre er gerade aus Clarks Krankenzimmer gekommen, obwohl Peterson nicht als Arzt praktizierte. Er spielte seine Rolle perfekt. Das Herz war ein glatter Fehlschlag, brachte aber Utah den Ruf ein, Vorreiter auf dem Gebiet der kardiologischen Forschung zu sein. Peterson hatte sich mehrfach darauf bezogen, als er auf die Bekanntmachung der kalten Fusion drängte.

Um seine Forderung nach 25 Millionen Dollar zu belegen, betonte Peterson, dass der Staat Utah bereits fünf Millionen Dollar bereitgestellt hatte. Außerdem behauptete er, dass die Universität über eine Million Dollar aus „privaten Quellen" gesammelt hatte. Tatsächlich hatte Peterson schon früher von einer „großen Privatspende" gesprochen, um die Legislative dazu zu überreden, die fünf Millionen bereitzustellen. Ein Jahr später stellte sich heraus, dass die „private Spende" keineswegs von außerhalb, sondern von einem geheimen Konto der Universität stammte, das Peterson kontrollierte. Als die Quelle bekannt wurde, wurde Peterson von der Fakultät gemaßregelt und gezwungen, seine Stelle aufzugeben.

Aber so weit war es noch lange nicht. An jenem Frühlingstag in Washington wurde Peterson von dem „Strategieberater für Unternehmen" Ira Magaziner begleitet, der ein paar Jahre später Berater von Präsident Bill Clinton wurde. Ira Magaziner gelang es, den Funken zum Komitee überspringen zu lassen. Magaziner drängte den Kongress dazu, nicht länger „herumzutrödeln" und darauf zu warten, dass die Science Community die kalte Fusion anerkenne, sonst würden die Japaner das Rennen um die Vermarktung gewinnen. Ein einfaches, aber schlagkräftiges Argument. Er gab zu, nichts von der Wissenschaft zu verstehen, aber er wusste, dass die kalte Fusion, sollte sie realisierbar sein, die größte Industrie der Geschichte werden könnte, mit Milliarden Dollar Umsatz. Sollte es nicht funktionieren, hätte das Land lächerliche 25 Millionen Dollar verloren. Diese Sprache verstand das Komitee. Der einzige Teilnehmer ohne wissenschaftlichen Hintergrund hatte das Komitee am stärksten beeindruckt.

Derselbe Mechanismus wird wirksam, wenn immer mehr Leute Lotto spielen, weil der Jackpot auf Rekordhöhe gestiegen ist. Dabei entsteht natürlich die Gefahr, dass ein Wunsch so stark wird, dass man den Kontakt zur Realität verliert und auf das Unmögliche setzt.

In seinem Buch über kalte Fusion spricht Gary Taubes von „Pascals Wette". Blaise Pascal war ein bekannter Physiker und Mathematiker des 17. Jahrhunderts, der im Alter von 32 Jahren ein Leben für die Wissenschaft gegen eines für den Glauben tauschte. „Zögert nicht, auf die Existenz Gottes zu setzen", sprach er. „Wenn ihr gewinnt, gewinnt ihr alles." Man braucht kaum zu erwähnen, dass Pascal vor allem in Las Vegas äußerst beliebt ist. Pascals Ausspruch wird häufig herangezogen, wenn es um die Rechtfertigung aussichtsloser Projekte geht. Bei unserer Wanderung durch die Welt der Voodoo Science werden wir Pascals Wette in vielen Ausformungen begegnen.

Eine ganze Reihe anderer Sprecher sagte vor dem Komitee aus, aber als die University of Utah die Anhörung für beendet erklärte, rumorte es im Saal: Die Fernsehkameras wurden eingepackt und nach draußen gezogen. Der Vorsitzende Roe übergab den Hammer an Marylinn Lloyd aus Tennessee und verließ den Saal, die meisten seiner Kollegen begleiteten ihn. Viele Zuschauer und Reporter folgten den Fernsehkameras. Die Fernsehteams waren wegen der Stars gekommen, und die Stars waren von der Bühne gegangen. In Washington schlugen die Bäume aus, und der Tag gehörte der kalten Fusion.

Am 1. Mai, nur fünf Tage nach der Anhörung vor dem Science Committee, wurde beim Annual Spring Meeting der American Physical Society eine abendliche Diskussionsrunde speziell zum Thema kalte Fusion einberufen. Pons hatte seine Teilnahme angekündigt, aber in letzter Minute abgesagt. Als Begründung gab er an, er sei zu beschäftigt damit, den Besuch einer großen Zahl von Honoratioren des Kongresses vorzubereiten, der von Jake Garn arrangiert worden war, dem republikanischen Senator von Utah.

Gleichzeitig hörte ich von einem Kollegen von der University of Utah, dass Pons keineswegs in Salt Lake City war, um einen Besuch vorzubereiten. Man sprach vielmehr davon, dass Pons in Washington D. C. sei, also nur 65 Kilometer von Baltimore entfernt, um dort im Weißen Haus den Stabschef John Sununu und vielleicht auch den Präsidenten selbst zu treffen. Die Bestätigung dieses Gerüchts sorgte für einen dieser wunderbaren Momente, wegen derer Washington ein so interessanter Ort zum Arbeiten ist. Ich ging den direkten Weg, rief einfach in Sununus Büro an und fragte: „Wird sich Gouverneur Sununu mit Professor Pons treffen?" „Das kann ich nicht bestätigen," antwortete eine sehr förmliche Stimme, „da es sich um ein vertrauliches Treffen handelt". Pons sollte Sununu am 3. Mai treffen.

Am 2. Mai berichteten jedoch die Zeitungen über das Forum in Baltimore zur kalten Fusion am Abend zuvor. Die Dinge hatten sich nicht sehr positiv für die kalte Fusion entwickelt: Einige Wissenschaftler hatten davon gesprochen, dass die kalte Fusion nicht nur einem, sondern einer ganzen Reihe von Gesetzen der Physik widersprach; Chemiker erklärten, dass die Wärme auch ohne nukleare Reaktionen freigesetzt werden könne; außerdem wurden elementare Fehler des Experiments offen gelegt. Moshe Gai präsentierte die Ergebnisse der Zusammenarbeit von Yale und Brookhaven: Danach waren die Neutronenemissionen nicht nur zu niedrig – es schien überhaupt keine Emission zu geben. Langsam bildete sich ein wissenschaftlicher Konsens. Die Zeitungen vermittelten der Öffentlichkeit erstmals den Eindruck, dass hier etwas Gravierendes nicht stimmte. Sununu rief den vom Präsidenten als wissenschaftlichen Berater vorgeschlagenen Allan Bromley an und fragte ihn nach seiner Meinung zu dem Treffen in Baltimore. Daraufhin sagte Sununu aufgrund „dringender Angelegenheiten" sein Treffen mit Pons ab.

Am Tag nach dem Ende der Konferenz der American Physical Society in Baltimore wurde ich noch einmal von dem BBC-Reporter Bob Bazell interviewt, dieses Mal für die Sendung *Today*. Die kalte Fusion ist erledigt, erklärte ich, sie weiß es nur noch nicht. Unfähige Wissenschaftler, die sich überschlugen, um Gerüchte zu bestätigen, leichtgläubige Politiker, die Steuergelder verschwendeten, und unvorsichtige Journalisten, die jede Pressemitteilung unkontrolliert passieren ließen: Sie alle hatten ein Interesse daran, zu behaupten, dass die Angelegenheit noch nicht beendet sei. Niemals hätte ich geglaubt, dass selbst zehn Jahre später immer noch Wissenschaftler für die kalte Fusion eintraten oder dass Firmen mit der Behauptung, den kalten Fusionsreaktor gebaut zu haben, tatsächlich Investoren anzulocken vermochten.

Im Kapitol in Washington kam es zu einer dramatischen Kehrtwendung. Physiker, die an der Diskussion in Baltimore teilgenommen hatten, trafen sich schon am nächsten Tag mit verblüfften Mitgliedern des Science Committees, die noch wenige Tage zuvor mit Pons und Fleischmann stolz für die Pressekameras posiert hatten. Der Abgeordnete Walker zeigte sich verärgert über die Skepsis der Physiker und weigerte sich, die angewiesenen fünf Millionen Dollar für die kalte Fusion einzufrieren, aber es kam nicht mehr zu einer Abstimmung. Garns Aktivitäten wurden zunächst verschoben, dann unauffällig gestoppt. Immer mehr Kongressmitglieder stellten plötzlich fest, dass sie ihre Abmachungen mit Garn aus triftigen Gründen nicht einhalten konnten. „Kalte Fusion?“, spottete der Komiker Mark Russell in Washington. „In Salt Lake City gibt es ja nicht einmal kaltes Bier.“ Die kalte Fusion geriet zur Lächerlichkeit. In Washington ist das zumeist fatal.

Die Anhörung hatte das Science Committee nicht dazu gebracht, der wachsenden Skepsis gegenüber der kalten Fusion mehr Aufmerksamkeit zu schenken. Aber das war nicht das einzige Mal, dass sich ein Kongressausschuss durch angeblich entdeckte freie Energie in die Irre führen ließ. Joe Newman, der geniale Hinterwäldler, der behauptet hatte, eine Energiemaschine erfunden zu haben, war nur drei Jahre zuvor vor den Kongress getreten.

Joe Newman vor dem Kongress

Vor der Erfindung der Klimaanlage erhielten britische Diplomaten, die in Washington stationiert waren, dieselbe Härtezulage wie die in Kalkutta. Nach alter Tradition schließt der Kongress auch heute noch im August seine Tore. Der Sommer des Jahres

1986 war besonders heiß und feucht. Am 29. Juli rief mich der Regierungsausschuss des Senats an. Senator Thad Cochran aus Mississippi hatte für den folgenden Morgen eine Anhörung angesetzt, um das Patentamt mit legislativen Mitteln dazu zu zwingen, ein Patent für „so eine Art Generator" zuzulassen. Er wollte die Angelegenheit erledigen, bevor der Kongress die Stadt verließ. Es versprach, eine kontroverse Diskussion zu werden, und mein Gesprächspartner war der Ansicht, dass ein Wissenschaftler als Beobachter anwesend sein sollte. Ob ich wohl bereit wäre, teilzunehmen? „Übrigens", fügte er hinzu, „der Erfinder wird selbst auch anwesend sein. Sein Name ist Joseph Newman." Ich hatte Joe Newman fast vergessen. Der geschickte Mechaniker aus Lucedale hatte es weit gebracht; er bekam jetzt sogar Gelegenheit, seine Erfindung einem mächtigen Komitee der US-Regierung vorzustellen.

Als wir Joe Newman im ersten Kapitel verließen, jubelte ihm gerade die Menge im Superdome von New Orleans zu. Das Verfahren gegen das amerikanische Patentamt schien sich zu seinen Gunsten zu entwickeln. Newman hatte den Experten des Patentamts seine eigenen Fachleute entgegengesetzt, und dabei handelte es sich um keine geringeren als den Physiker Roger Hastings und den Ingenieur Milton Everett, dieselben Experten, die sich schon in den CBS-Nachrichten für die Energiemaschine ausgesprochen hatten.

Newman argumentierte damit, dass seine Energiemaschine kein Perpetuum Mobile sei, und dass sie deshalb auch nicht unter die Bestimmung von 1911 fallen dürfe, nach der Patente für solche Maschinen verweigert werden.

Er behauptete, dass seine Maschine auf der Basis von Umwandlung von Masse in Energie nach Einsteins berühmter Gleichung $E = mc^2$ arbeitete. Sie verbrauche langsam ihre eigenen Kupferdrähte und eisernen Magnete. Da c^2 (das Quadrat der Lichtgeschwindigkeit) aber eine so immens große Zahl sei, könne die Maschine in der Praxis unendlich lange arbeiten.

Das war eine exorbitante Behauptung. Die Gleichung $E = mc^2$ hatte kurioserweise zur Bewältigung der ersten ernsthaften Herausforderung betreffs der gleichbleibenden Energiebilanz geführt –

Becquerels Entdeckung der Radioaktivität im Jahr 1896. Der französische Physiker Henri Becquerel hatte herausgefunden, dass bestimmte Mineralien ständig Energie abstrahlten. Manche von ihnen fühlten sich sogar warm an und glühten im Dunkeln. Es schien, als ob sie unendlich lange Energie abgeben konnten. Aber woher kam diese Energie? Die Grundlagen der Physik waren bedroht. Die Antwort gab Albert Einstein im Jahr 1905, als er seine *Spezielle Relativitätstheorie* formulierte. Wir werden nun einen kurzen Seitenblick auf Einsteins Theorie und das Verhältnis zwischen Masse und Energie werfen.

Einstein hatte nicht versucht, das Rätsel der Radioaktivität zu lösen. Er war von dem Phänomen Licht fasziniert. Seit den Experimenten des französischen Physikers Augustine-Jean Fresnel im Jahr 1815 war bekannt, dass sich Licht verhielt wie Wellen. Aber worin bewegten sich diese Wellen? Da sie sich Wellen in einem Vakuum nicht vorstellen konnten, entwickelten die Wissenschaftler die Idee eines „Äthers", der das gesamte Universum ausfüllte. Licht, so glaubte man, bewegte sich genauso durch den Äther wie Wellen über die Oberfläche eines Teichs. Deshalb müsste es möglich sein, die Bewegung der Erde zu bestimmen, indem man die Geschwindigkeit des Lichts in Richtung der Erdbewegung mit der Lichtgeschwindigkeit im rechten Winkel dazu verglich. Als A. A. Michelson und E. W. Morley dieses Experiment im Jahr 1887 tatsächlich durchführten, erkannten sie, dass die Lichtgeschwindigkeit überall gleich hoch war. Es schien, als ob die Erde bewegungslos im Raum schwebte, während die Sonne und die Sterne um sie herum rotierten, genau wie die Katholische Kirche 1633 gegenüber Galileo Galilei behauptet hatte. Diese Vorstellung gefiel den Physikern natürlich überhaupt nicht.

Einstein fuhr damit fort, die mathematische Umwandlung der Zeit abzuleiten und kam so zu dem Ergebnis, dass die Lichtgeschwindigkeit überall gleich groß ist, unabhängig davon, wo man eine Messung durchführt oder in welcher Richtung man sich dabei bewegt. Diese Umwandlung nennt man die Spezielle Relativitätstheorie. Als Einstein versuchte, daraus Energie zu berechnen, kam er zu einem erstaunlichen Ergebnis: Jedes Objekt besitzt die Energie $E = mc^2$, selbst im Ruhezustand.

Die Spezielle Relativitätstheorie hatte das Verhältnis von Masse und Energie aufgedeckt. Damit wurden die Konsequenzen von Becquerels Entdeckung der Radioaktivität deutlich: Das Gesetz von der Erhaltung der Energie war nicht gebrochen worden, vielmehr war es nun mit dem Gesetz von der Erhaltung der Masse zusammengeführt, das bis dahin als separates Naturgesetz verstanden worden war.

Unsere Vorstellung vom Wesen des Universums änderte sich grundlegend. Zahllose Rätsel waren gelöst. Energie wird ständig in Masse und immer wieder in Energie umgewandelt. Wenn Sie abends Ihren Wecker aufziehen (natürlich zieht heute niemand wirklich noch einen Wecker auf), vergrößern Sie dadurch genau genommen seine Masse, wenn auch nur minimal, und zwar durch die Energie, die in den zusammengedrückten Federn des Uhrwerks gespeichert wird. Während die Uhr tickt, entspannen sich die Federn, wodurch Masse wieder zu Energie wird. Die Energie zeigt sich in Form von Wärme, die durch die Reibung im Uhrwerk entsteht, und in Form von Schallwellen, die durch das Ticken entstehen. Ein Physiker würde den Wecker mit entspannten Federn als in seinem „Grundzustand“ befindlich bezeichnen – das ist der Zustand mit dem niedrigsten Energieniveau. Die Uhr wiegt in ihrem Grundzustand weniger, aber die Differenz ist viel zu gering, um messbar zu sein.

Wie eine aufgezogene Uhr kann auch ein Atomkern überschüssige Energie besitzen. Einen solchen Atomkern bezeichnet man als radioaktiv. Statistisch gesehen wird der radioaktive Atomkern irgendwann seine überschüssige Energie plötzlich abgeben und dadurch zu einem anderen, etwas leichteren Atomkern werden. Die Energie tritt in Form der Strahlung auf, die Becquerel entdeckt hatte. Ein durch Fusion entstandenes Heliumatom z. B., wie wir es im ersten Kapitel behandelt haben, wiegt etwas weniger als die Summe seiner Teile. Die Differenz, oder das „Massendefizit“, wird gemäß Einsteins Formel $E = mc^2$ in Energie umgewandelt. Die Energie zeigt sich in Form von nuklearer Strahlung. Aber das Massendefizit ist nur ein winziger Teil der Gesamtmasse. Könnte man auch ganze Atome in Energie umwandeln, wie Joe Newman behauptete? Ohne dass dabei Strahlung frei wird? Konnte es sein, dass der Hobbybastler Joe Newman einen Weg gefunden hatte?

In Anerkennung seiner begrenzten Kenntnisse dieser Materie holte Richter Thomas Penfield Jackson vom Bezirksgericht des District of Columbia den Rat eines Sachverständigen ein. Dabei handelte es sich um den Elektroingenieur und früheren Sachbearbeiter für Patente William E. Schuyler jr. Zur äußersten Bestürzung des Patentamts schloss Schuylers Bericht, der dem Gericht am 28. September 1984 zuging, mit den Worten, dass Newmans Energiemaschine eindeutig mehr Energie abgab als sie verbrauchte. Newmans Anhänger jubelten.

Richter Jackson war jedoch noch nicht überzeugt. Vielleicht war er der Meinung, dass man in diesem Leben nichts geschenkt bekommt. Er verließ sich auf seinen gesunden Menschenverstand und begann, sich mit Physik zu beschäftigen. Acht Monate später, am 11. Juni 1985, erklärte Richter Jackson, dass Schuylers Report eindeutig fehlerhaft sei. Als Beleg dafür verwies er auf die Hauptsätze der Thermodynamik und einen Bericht der Mississippi State University. Den Bericht des selbst ernannten Spezialisten William Schuyler wies er ab. Stattdessen ordnete er an, Newmans Energiemaschine dem National Bureau of Standards (NBS; das Eichamt) zur Prüfung zu überstellen, dem wohl am höchsten eingeschätzten Labor des Landes. Newman und seine Anwälte, die sich bereits als Sieger gewähnt hatten, beschwerten sich bitterlich über die Unfairness des Richters.

Einige Mitglieder des Kongresses waren offenbar derselben Meinung. Im Frühling 1986 veröffentlichte das Kongressmitglied Bob Livingston (R-LA), Vorsitzender des republikanischen Study Committee, einen außergewöhnlichen Bericht mit dem Titel „Das Patentamt und Joseph Newman: Missbrauch der Macht“. Der Artikel schloss damit, dass Joseph Newman „vom Patentamt unfair und mit Willkür behandelt wurde“. Sechs Mitglieder des Kongresses forderten das Patentamt offiziell auf, Newman das Patent für eine „unerschöpfliche Energiequelle“ auszustellen. Unter ihnen waren Thad Cochran und Trent Lott, beide Senatoren aus Mississippi. Lott sollte später Mehrheitsführer des Senats werden und sich Hoffnungen auf eine Präsidentschaft machen.

An diesem Abend blieb ich lange auf und las in Newmans Buch *The Energy Machine of Joseph W. Newman*. Ein furioses Gewirr aus einfachster Philosophie, ausgeschmückter Biografie und zusammengewürfelten wissenschaftlichen Ideen. Alles zusammen führte zu der Energiemaschine.

Newman floh, wie bereits erwähnt, im Alter von 14 Jahren aus einem Waisenhaus, um seinen eigenen Weg zu gehen. Er war ein offensichtlich ein sehr begabter Autodidakt und Mechaniker. Wie zahllose andere Jungen war er von Elektromagneten fasziniert. Wenn man an eine einfache Drahtschleife elektrischen Strom anlegt, entsteht ein Magnetfeld, dessen Stärke proportional zur Stromstärke ist. Bei zwei Drahtschleifen verdoppelt sich die Intensität des Magnetfelds selbst bei gleichbleibender Stromstärke. Diese Erkenntnis war eine Offenbarung für Joe Newman. Man könnte also ein unendlich großes Magnetfeld erzeugen, indem man einfach immer mehr Drahtschleifen hinzufügt – mit dem Strom einer einfachen Batterie! Das stimmt zwar, aber es gibt auch eine Kehrseite. Wenn man eine Batterie anschließt, versucht das wachsende Magnetfeld, einen entgegengerichteten Strom zu induzieren, der als *Selbstinduktionsspannung* oder „Back-EMF" bezeichnet wird. Das führt dazu, dass das Magnetfeld umso stärker beim Aufbau behindert wird, je mehr Windungen der Draht hat. Man kennt diesen Vorgang als das Lenzsche Gesetz; es bedeutet die Anwendung der Erhaltung der Energie auf die Elektrodynamik.

Offenbar stieß Newman bald an seine Grenzen. Er war überzeugt davon, dass ein Elektromotor immer effizienter wurde, je mehr Windungen man um den Anker wickelte – bis er schließlich mehr Energie erzeugte als verbrauchte. Er glaubte, eine fundamentale Entdeckung gemacht zu haben, die bisher alle übersehen hatten. Letztendlich hatte er einen Motor, der mit sehr wenig Strom lief – aber eine sehr starke Spannung benötigte, um diesen Strom zu induzieren. Da die Leistung des Motors dem Produkt von Stromstärke und Spannung entspricht, gleicht die stärkere Spannung gemäß dem Gesetz der Erhaltung der Energie die geringere Stromstärke einfach aus. Die Effizienz wird dadurch nicht erhöht.

Als Joe Newman im Superdome behauptete, sein Sterling-Sportwagen laufe mit dem Strom einer einzelnen Batterie (siehe im ersten Kapitel), war das höchstens die halbe Wahrheit. Die Maschine, die der NBS zur Verfügung gestellt wurde, wurde nicht von einer Neun-Volt-Batterie gespeist, sondern von 116 in Reihe geschalteten Batterien, die sich in einer von Rayovac speziell hergestellten Vorrichtung befanden. Die Stromstärke war in allen Batterien gleich groß, aber da sie in Reihe geschaltet waren, addierte sich die Spannung auf etwa 1000 Volt. Hochspannungsmotoren finden nur selten Anwendung, da sie sehr unpraktisch sind – sie benötigen z. B. eine sehr starke Isolierung. Natürlich können sie nicht mehr Energie produzieren, als sie verbrauchen. Es scheint, als habe Newman seine Idee einfach immer weiter vorangetrieben, ohne dabei das rechte Verständnis für Physik zu entwickeln.

All die Phrasen über $E = mc^2$ und die Energiemaschine, die sich langsam selbst verbraucht, schienen nur Zusätze zu der später einsetzenden Diskussion darum zu sein, dass seine Maschine das Gesetz von der Erhaltung der Energie verletzte.

Am nächsten Morgen kam ich zu dem um zehn Uhr angesetzten Termin eine Stunde zu früh, aber der Saal füllte sich bereits mit Herren in dreiteiligen Anzügen mit Aktenkoffern. Ich setzte mich auf einen Stuhl in den hinteren Reihen und hörte auf die Gespräche um mich herum. Ich bemerkte bald, dass viele Vertreter großer amerikanischer Firmen zugegen waren. Vermutlich dachten sie, dass eine Energiemaschine, die eine Anhörung vor dem Senat wert ist, vielleicht von gewissem Interesse sein könnte – und falls es hier einen Kuchen aufzuteilen galt, wollten sie natürlich dabei sein. Der Gedankengang war derselbe wie der von Ira Magaziner hinsichtlich der kalten Fusion. Es war Pascals Wette.

Schließlich trat Joe Newman mit einem kleinen Gefolge ein. Ich erkannte Roger Hastings, den Physiker, der für Newman bei CBS gesprochen und vor Gericht ausgesagt hatte. Die Geräusche im Saal endeten abrupt, alle Augen richteten sich auf Newman. Der Mechaniker aus Lucedale hatte sich stark verändert, seit ich ihn 30 Monate zuvor in den *Evening News* von CBS gesehen hatte. Mit seinem teuren Anzug und der neuen Frisur ähnelte er den Industriebossen im Raum, die Umstehenden behandelten ihn mit sichtlichem Respekt. Etwas hatte sich also nicht verändert – was

Charisma auch immer bedeutet, Joseph Newman besaß es noch immer.

Zuerst sprachen die Kongressmitglieder, die für Newmans Bürgerrechte eintraten, sie erläuterten, wie unfair Newman behandelt worden war, als er versuchte, für seine Maschine ein Patent anzumelden. Der Applaus der Anhänger Newmans veranlasste Senator Thad Cochran, der die Anhörung leitete, das Publikum dazu aufzurufen, die Aussagen der Zeugen nicht zu kommentieren.

In der ersten Reihe, die für Zeugen reserviert war, erkannte ich John Lyons, den Direktor des National Engineering Laboratory im National Bureau of Standards. Direkt nachdem die Kongressmitglieder geendet hatten, wurde Lyons aufgerufen.

In kurzen, nüchternen Worten erläuterte Lyons, wie die Wissenschaftler des NBS die Energiemaschine getestet hatten. Außerdem brachte er einen völlig neuen Aspekt in die Diskussion ein: Joe Newman war dem NBS offensichtlich kein Unbekannter.

Newman hatte schon 1975 mit dem Office of Energy Related Inventions am NBS Kontakt aufgenommen und sich nach einer Einschätzung seiner „unerschöpflichen Energiequelle" erkundigte. Als Antwort bekam er die Aufforderung, detaillierte Informationen inklusive Testergebnissen einzusenden, da Newmans Theorie „anerkannten wissenschaftlichen Prinzipien zuwiderläuft". Die geforderten Informationen schickte Newman nie ein.

Sieben Jahre später jedoch, also 1982, tauchte er plötzlich unangemeldet mit seiner Energiemaschine auf dem Gelände des NBS in Gaithersburg, Maryland, auf und bat darum, dass man sie testen sollte. Die verärgerten Angestellten des NBS wiesen ihn ab, da er weiterhin nicht in der Lage war, zu erklären, nach welchen Prinzipien seine Maschine arbeitete.

Warum also sollte Joe Newman im Jahr 1986 mit allen Mitteln versuchen, eine Untersuchung durch das NBS zu verhindern, da er doch vier Jahre zuvor selbst darum gebeten hatte? Wenn wir diese Frage beantworten könnten, könnten wir die Funktionsweise von Voodoo Science vielleicht auch beantworten. Nur wenige Wissenschaftler und Erfinder versuchen wissentlich, einen Betrug zu begehen. Fast alle glauben zunächst, eine großartige Entdeckung gemacht zu haben. Was aber geschieht, wenn sie schließlich feststellen müssen, dass es sich doch nicht so verhält, wie sie angenommen hatten?

Manche Physiker hatten Newman vorgeschlagen, den Energie-Output seiner Maschine zu ihrem Betrieb wiederzuverwenden; wenn dies gelänge, könnte er ja die Batterien ganz weglassen. Vielleicht hatte er ja irgendwann zwischen 1982 und 1986 diesen Vorschlag in die Tat umgesetzt und bemerkt, dass seine Maschine nicht funktionierte. Danach hat er die Grenze von Naivität zum Betrug wohl überschritten.

Lyons beendete seine Ausführungen mit klassischer Untertreibung: „Der Input der Batterien, die Mr. Newmans Maschine antreiben, übersteigt die Energiemenge, die das Gerät abgibt." In Begleitung seines Anwalts und Roger Hastings folgte Newman Lyons in den Zeugenstand. Er schien unbeeindruckt zu sein. Letztlich war dies genau die Auseinandersetzung mit einem ausgebildeten Akademiker, die er immer wieder verlangt hatte, auch wenn Lyons kein Physiker war, sondern in Harvard Chemie studiert hatte.

Außerdem sollte die Sache ja von US-Senatoren entschieden werden, die mit Newmans unkonventionellen Stil mehr anfangen konnten als mit dem 1. Hauptsatz der Thermodynamik. Newman bezog sich zuerst auf die Entscheidung von Richter Jackson, den Bericht des Experten William Schuyler beiseite zu lassen, obwohl er ihn selbst bestimmt hatte. „Ich versuche, mich zu beherrschen", teilte er dem Komitee mit, „denn in mir brodelt es. Wenn ich vor dem Gerichtsgebäude die Statue einer Frau mit verbundenen Augen sehe, die die Waagschalen der Gerechtigkeit trägt, dann berührt mich das. Wenn ich dann aber Ungerechtigkeit sehe, werde ich verdammt wütend." Seine Stimme zitterte vor Erregung. „Ich kämpfe hier nicht nur für Joe Newman." Newman beendete seine Ausführungen mit dem üblichen Hinweis darauf, jederzeit für Diskussionen mit Physikern zur Verfügung zu stehen.

Es war schließlich Senator John Glenn aus Ohio, früherer Astronaut und Nationalheld, der eher widerwillig die Befragung von Newman übernahm. Er strahlte die Ruhe eines Testpiloten aus, der seine Emotionen ständig unter Kontrolle haben muss. Glenn erklärte, selbst zwar keine wissenschaftliche Ausbildung genossen zu haben, aber es zeigte sich, dass er durchaus über ausreichend Wissen für diese Debatte verfügte. „Das Problem ist eigentlich ganz einfach“, sagte Glenn. „Man misst den Input und den Output und überprüft, was größer ist. Würde Mr. Newman dem zustimmen? Wenn er das tut“, fuhr Glenn fort, ohne eine Antwort abzuwarten, „welches Labor sollte seiner Meinung nach die Messungen durchführen?“ Damit war Newman auf die Probe gestellt. Zum ersten Mal sah ich ihn sprachlos. Da er antworten musste, sagte er schließlich, dass er sich allen Tests widersetze, da diese einen Affront gegenüber den Wissenschaftlern darstellten, die sich bereits für seine Maschine eingesetzt hatten. Man konnte fühlen, wie die Spannung im Raum zunahm. Was war denn das für eine Antwort?

Ein Mitglied des Komitees reichte Senator Glenn einen Zettel. Glenn las den Zettel durch und stellte eine weitere Frage. War Newman schon vor der Verhandlung mit Schuyler bekannt gewesen? Es wurde plötzlich ganz still. Schuylers Bericht war ein entscheidendes Element in dieser Angelegenheit. Wenn es zwischen Newman und Schuyler irgendeine Verbindung gab, wurde Newmans Behauptung, durch Richter Jacksons Entscheidung, den Bericht des Experten nicht zu verwenden, vollkommen wertlos. Deutlich verwirrt gab Newman zu, Schuyler einmal getroffen zu haben, aber dieser würde sich gar nicht mehr an ihn erinnern.

Hatte nicht, drängte Glenn weiter, Schuylers Patentanwaltspraxis Mr. Newman schon einmal vertreten? „Ja, aber Mr. Schuyler kannte mich nicht persönlich.“ Der ganze Saal seufzte nach dieser Offenbarung auf. Newman spürte, dass die Stimmung sich gegen ihn wendete und wurde wütend: „Ich weiß genau, worauf Sie hinauswollen, Senator. Ich habe nichts zu verbergen. Sehen Sie mir in die Augen, ich werde nicht zwinkern.“ „Ich auch nicht“, erwiderte Glenn ruhig.

Einem aufmerksamen Mitarbeiter des Senats, der eine große Menge Dokumente durchsehen musste, die mit Newmans Fall zu tun hatten, war Schuylers Name auf dem Briefkopf einer Patentfirma aufgefallen, die Newman bei einer früheren Erfindung vertreten hatte. Die Anhörung dauerte noch weitere zwei Stunden, es wurden Anhänger von Newman und Angestellte des Patentamts gehört, aber das Publikum war abgelenkt. Es war eindeutig: Das Gespräch zwischen Joe Newman und Senator Glenn hatte der Intervention des Kongresses in Sachen Joe Newman und der Energiemaschine ein Ende gesetzt.

Es entbehrt nicht einer gewissen Ironie, dass die Energiemaschine nicht vom Gewicht des 1. Hauptsatzes der Thermodynamik zu Fall gebracht worden war. Abgesehen von Senator Glenn wusste vielleicht überhaupt niemand in dem Komitee, was es mit der Erhaltung der Energie eigentlich auf sich hat. Schließlich sind fast alle Kongressmitglieder Juristen. Was Juristen aber sofort erkennen, ist ein Interessenskonflikt. Dem Kongress war die Blamage erspart worden, ein Patent für eine „unerschöpfliche Energiequelle“ erteilen zu müssen. Das wäre allerdings nicht die erste Blamage für den Kongress gewesen, denn es zeigen sich bemerkenswerte Parallelen zwischen dem Fall Joe Newman und dem Fall Garabed Giragossian 60 Jahre zuvor.

Garabed Giragossian vor dem Kongress

Im Herbst 1917 erklärte der armenische Immigrant Garabed Giragossian öffentlich, eine Maschine gebaut zu haben, die mehr Energie produzierte als sie verbrauchte. Wie Joe Newman war auch Giragossian wissenschaftlich nicht vorgebildet, sprühte jedoch vor Selbstsicherheit und Ehrgeiz. Ferner hatte er einen Kreis technisch unbegabter Bewunderer um sich geschart, der die Presse mit begeisterten Berichten versorgte.

Die Presse tat für Giragossian das, was CBS für Joe Newman getan hatte: Sie spielte die Geschichte des eingewanderten, genialen Autodidakten hoch, der alle selbstherrlichen Experten widerlegt hatte – und Giragossian wollte vor allem, dass seine Erfindung in seinem neuen Heimatland gebaut werden sollte. Es war der amerikanische Traum, und die Öffentlichkeit liebte solche Geschichten.

Auch Giragossian wurde vor den Senat der USA geladen. Er weigerte sich, die Arbeitsweise seiner Maschine im Detail offen zu legen, schlug aber vor, dass der Präsident der Vereinigten Staaten persönlich ein Team von Wissenschaftlern und Technikern zusammenstellen sollte, um sie zu untersuchen. Eine ganze Reihe von Physikern warnte den Kongress schriftlich, dass Giragossians Behauptung die Hauptsätze der Thermodynamik verletze. Der Kongress beschloss jedoch mit überwältigender Mehrheit, eine Sonderkommission einzusetzen, die Giragossians Entdeckung überprüfen sollte. Man müsse sich schließlich einmal überlegen, was für Konsequenzen für die Nation entstehen würden, sollte Giragossian Recht behalten. Wieder haben wir es mit Pascals Wette zu tun, und wieder war es die Verlockung frei verfügbarer Energie.

Wie Giragossian vorgeschlagen hatte, stellte Präsident Woodrow Wilson selbst ein Spezialistenteam aus Wissenschaftlern und Ingenieuren zusammen. Dass sich eine so hohe Institution mit dem Fall beschäftigte, löste unkontrollierbare Spekulationen in der Presse über kostenlose Elektrizität und Fabriken ohne Schornsteine aus. Die Öffentlichkeit setzte hohe Erwartungen in den Bericht der Kommission.

Sie brauchte nicht lange zu warten. Man arrangierte eine Demonstration. Was die Kommission zu sehen bekam, war nichts anderes als ein Schwungrad, das sich nur in der Größe von den Schwungrädern unterschied, die Spielzeugautos antreiben. Ein muskulöser Assistent musste das riesige Schwungrad mittels einer Kurbel in Bewegung setzen. Danach wurde das Schwungrad, das auf Rollen gelagert war, um die Reibung zu reduzieren, aber von einem kleinen Elektromotor angetrieben. Die Expertenkommission beobachtete, wie das Rad langsam seine Höchstgeschwindigkeit erreichte. Mithilfe eines Dynamos maß Giragossian die Energie, die man aufbringen musste, um das Schwungrad anzuhalten. Er verkündete stolz, dass das Ergebnis 200-mal so hoch sei wie die Energiemenge, die der Elektromotor bereitstellte.

Das Publikum war schockiert. Dafür waren sie hier eingeladen worden? Giragossian konnte offenbar Strom und Energie nicht auseinanderhalten. Er hatte einfach nicht verstanden, dass die Energie, die die Muskeln seines Assistenten und der Elektromotor eingesetzt hatten, von dem Schwungrad gespeichert wurden, während es über mehrere Minuten beschleunigte. Als er das

Rad abrupt anhielt, wurde die gesamte Energie augenblicklich frei.

Das ganze Land schien von der Episode peinlich berührt. Betrug war hier nicht im Spiel, Giragossian meinte es völlig ernst. Es liegt im Wesen der Amerikaner, daran zu glauben, dass ein einfacher, begabter Mann etwas erreichen kann, was vielen engstirnigen, so genannten Experten nicht gelingt. Das Volk wollte, dass Giragossian Recht hatte, und die Berichte der Presse schienen durchaus plausibel. Die Geschichte ist Beleg dafür, warum man in der Wissenschaft ständig um Offenheit bemüht ist. (Wir werden den Preis der Geheimhaltung im neunten Kapitel noch näher beleuchten.) Wenn Giragossian seine Erfindung früher vom Patentamt oder einer anderen Institution hätte prüfen lassen, wäre ihm eine Demütigung erspart geblieben.

Ungewöhnlich an Giragossians Fiasko ist, wie schnell es im Vergleich zu anderen Beispielen für Voodoo Science endete. Der Grund ist darin zu suchen, dass die Episode einfach nicht lange genug dauerte, um die Industrie zu interessieren. Ein paar Politiker und Journalisten waren wohl peinlich berührt, aber außer Giragossian selbst hing niemandes Lebensunterhalt von dem Projekt ab. Die Idee hatte keine Zeit, um sich durchzusetzen. An dieser Stelle muss man die frühe Einbeziehung von Spezialisten erwähnen. Die Kommission des Präsidenten hatte schnell reagiert und das so genannte Garabed-Projekt enträtselt.

Es gibt keine Hinweise darauf, dass Giragossian vor der Bildung der Expertenkommission den Rat irgendeines Wissenschaftlers gesucht oder ungebetene Ratschläge anerkannt hätte. Zur Verteidigung des Kongresses sollte man vielleicht anführen, dass dieser im Jahr 1917 nur wenig Erfahrung mit technischen Problemen hatte. Heutzutage werden dem Kongress nur selten Probleme vorgelegt, die keine wissenschaftlichen oder technischen Aspekte haben. An wen richtet sich also der Kongress, um wissenschaftlichen Beistand zu erhalten?

Das Ende des Office of Technology Assessment

Im Frühling 1995 stellte Robert Walker (R-Pa.), der durch die Regierungsübernahme der Republikaner in das House Science Committee aufgestiegen war, den Hydrogen Futures Act vor.

Sinn und Zweck des Projekts war es, die Erforschung von aus Wasser gewonnenem Wasserstoff als „neue Energiequelle" voranzutreiben. Wasserstoff ist im Grunde ein idealer, umweltfreundlicher Treibstoff; bei seiner Verbrennung entsteht als einziges Abfallprodukt Wasser. Auf Walkers Liste stand unter anderem die Stromerzeugung als potenzielle Verwendungsmöglichkeit, und da die Erde mehrheitlich von Wasser bedeckt ist, sei der Vorrat praktisch unerschöpflich. Es ist zu bezweifeln, dass mehr als zwei Kongressmitgliedern bewusst war, dass man zuerst die Hauptsätze der Thermodynamik aufheben müsste, um Wasserstoff aus den Ozeanen als Energiequelle zu nutzen.

Es stimmt zwar, dass die Ozeane große Mengen Wasserstoff bereitstellen, aber in Form von H_2O. Um Wasserstoff als Treibstoff zu nutzen, muss man ihn zuerst von dem Sauerstoff trennen. Warum sollte man also den Wasserstoff nicht aus Wasser extrahieren, ihn verbrennen und einen Teil der entstehenden Energie für die Produktion neuen Wasserstoffs verwenden? Man müsste dafür nicht einmal in der Nähe eines Ozeans sein, denn wenn Wasserstoff verbrennt, verbindet er sich wieder mit Sauerstoff zu Wasser, also müsste man nur zu Anfang eine gewisse Menge bereitstellen. Kommt Ihnen das irgendwie bekannt vor? Das sollte es auch. Hier handelt es sich nämlich um nichts anderes als um eines der frühen Perpetuum Mobiles – es ist Robert Fludds Wasserrad in leicht veränderter Form.

Das Experiment scheitert daran, dass die für die Spaltung des Wassers benötigte Energie größer ist als die, die sich durch die Verbrennung des Wasserstoffs entwickelt. Die entstehende Energiedifferenz ist messbar, und sie wurde tatsächlich schon sehr genau gemessen. Aber selbst ohne Messungen wüssten wir, dass hier ein Energiedefizit entstünde, denn sonst wäre das Gesetz der Energieerhaltung verletzt. Wie viele ansonsten durchaus intelligente Menschen sind im Lauf der Jahre wohl um ihr Geld gebracht worden, weil sie das Gesetz von der Erhaltung der Energie nicht kannten, nicht verstanden haben oder nicht glauben wollten?

Robert Walker war ein einflussreiches Kongressmitglied und Vorsitzender des House Science Committee. Hatte er keine Fachleute zur Hand, die ihm diese Blamage hätten ersparen können? Ironischerweise hatte er diese tatsächlich. 14 Jahre zuvor hatte der Kongress das Office of Technology Assessment (OTA) eingerichtet, um wissenschaftliche und technische Probleme untersuchen lassen zu können. Aber nun befanden wir uns im Jahr 1995, dem Jahr des „Amerikavertrags".

Noch vor Jahresende sollte das OTA abgeschafft werden, weil der Kongress demonstrieren wollte, dass man bei der Verschlankung des staatlichen Bürokratieapparats sich selbst nicht ausschloss. Robert Walker stimmte für die Abschaffung.

Viele Kongressmitglieder waren sehr erfreut darüber, Budgetkürzungen vorschieben zu können, um das OTA loszuwerden. Es hatte schon mehrfach Klagen darüber gegeben, dass es für die schnelle Entwicklung heutzutage einfach zu langsam sei. Das OTA zog grundsätzlich externe Fachleute zu Rate und benötigte oft Monate, um eine Studie fertigzustellen. Dieser Vorwurf war berechtigt. Die kalte Fusion war nach fünf Monaten vom Tisch; das OTA hätte bis dahin gerade seine Experten ausgewählt. Der wahre Grund für die Ablehnung lag jedoch tiefer: Die wissenschaftliche Realität stand zu oft im Gegensatz zu den Zielen der Politik. Es war nicht das erste Mal, dass man den Rat des OTA bei kontroversen Problemen bewusst gemieden hatte – also bei der Sorte von Problemen, für die man den Rat von Experten am dringendsten benötigt.

Nicht nur der Kongress zeigt sich immer wieder von unerschöpflichen Energiequellen fasziniert. Während ich dies schreibe, behaupten mindestens drei Unternehmen, solche Energiequellen zu besitzen. Diese Unternehmen haben Investitionen in Höhe von mehreren Millionen Dollar beschaffen können. Wie gelingt ihnen das nur? Unter anderem hilft ihnen die Präsenz in den Medien. Im nächsten Kapitel werden wir einige dieser Firmen und die ihnen zukommende Unterstützung näher betrachten.

Sechs

Perpetuum Mobile – Der Menschheitstraum von frei verfügbarer Energie

Joe Newmans Rückkehr

„Die Technik entwickelt sich heute atemberaubend schnell, nicht wahr?" Diese eher rhetorische Frage stellte Dan Rather in den CBS *Evening News*. „Jetzt ist ein Hobbybastler aus Mississippi aufgetaucht, der behauptet, eine Art Perpetuum Mobile gebaut zu haben – und einige Leute glauben, dass er das tatsächlich geschafft hat. Bill Whitaker hat sich das Ganze näher angesehen." Ich traute meinen Ohren nicht. Es war der 11. März 1987, über drei Jahre waren vergangen, seit Joe Newman und seine Energiemaschine zum ersten Mal von CBS besucht worden waren. Als es so aussah, als ob seine Maschine endgültig zum Stillstand gekommen war, schob CBS sie wieder an.

Bill Whitaker traf Joe Newman in Biloxi, Mississippi, neben einem roten Sportwagen Marke Sterling. Selbst das Drehbuch hatte sich kaum verändert. „Für einen Journalisten ist es schwer zu sagen, ob wir es hier mit einem technischen Scherz oder einer historischen Entdeckung zu tun haben", begann Whitaker.

„Joe Newman ist der Erfinder einer kontrovers diskutierten Maschine, er behauptet seit Jahren, dass sie mehr Energie produziert als sie verbraucht. Heute will er demonstrieren, wozu die Maschine in der Lage ist. Er treibt damit ein Auto an."

„Newmans Energiemaschine ist kein Hightech-Produkt", erklärte Whitaker dem Fernsehpublikum. „Sie kommt aus einer Werkstatt in den Wäldern von Mississippi. Newman, der die Schule in der Oberstufe abbrach, hat aus Kupferwindungen und rotierenden Magneten ein Gerät gebaut, das nur mithilfe einer

Blitzlichtbatterie enorme elektromagnetische Kräfte produziert. Newman sagt, ihre Funktionsweise basiere auf Albert Einsteins Theorien und werde uns eines Tages eine unerschöpfliche, umweltfreundliche Energiequelle liefern." Einmal mehr wurde der Öffentlichkeit die Geschichte des schlauen Hinterwäldlers aufgetischt, der das arrogante Establishment besiegt.

Es war, als hätte sich in den drei Jahren seit dem ersten Besuch von CBS überhaupt nichts getan. Der gescheiterte Test vor dem National Bureau of Standards wurde nicht erwähnt, auch das Debakel vor dem Senatssausschuss nicht oder die Entscheidung des Bezirksgericht gegen das Patent für Newman. Nicht einmal die Tatsache, dass sich die „normale Blitzlichtbatterie" unter der Motorhaube des Sterling in Gesellschaft weiterer 1809 Batterien befand, war einer Erwähnung wert.

„Die meisten Wissenschaftler haben Zweifel", gab Whitaker zu. „Sie sagen, dass Newmans Erfindung die Gesetze der Physik verletzt. Aber einige haben sich überzeugen lassen." Es war wieder Zeit für die üblichen Kurzkommentare – für die Experten, die uns alles bestätigen würden. Es wurde derselbe Fürsprecher bemüht, den Bruce Hall drei Jahre zuvor für CBS interviewt hatte. Milton Everett, der Straßenbauingenieur, der für Newman vor dem Senat und gegen das Patentamt ausgesagt hatte, zog dieses Mal alle Register: „Ich glaube, die Maschine ist wahrscheinlich die größte Erfindung in der Geschichte der Menschheit." Wie in der früheren CBS-Geschichte gab es auch jetzt keine Andeutung von Kritik.

„Noch immer", entrüstete sich Whitaker, „nennt das amerikanische Patentamt Newmans Maschine ein unmögliches Perpetuum Mobile und verweigert ihm seit acht Jahren das Patent." Die Kamera schwenkt zu Joe Newman; der Erfinder meldet sich nun selbst zu Wort.

Newman spielt die Rolle des eigenbrötlerischen Genies perfekt und blickt direkt in Publikum: „Wenn man mich bloßstellen will, sollte man mir einfach das Patent erteilen und der Öffentlichkeit zugänglich machen. Wenn ich Unrecht habe, schadet das nur mir selbst."

Im Bild erscheint nun der rote Sterling, der gerade anhält. Newman steigt aus und winkt der Menge zu. „Der heutige Tag hat

Newman nicht geschadet", raunte Whitaker. „Er hat seinen Wagen nach zwei Stunden langsamer Fahrt gestoppt und sagt, er hätte ewig so weiterfahren können. Newman vergleicht seine Fahrt mit dem ersten Flug der Gebrüder Wright." Die Botschaft hätte nicht klarer formuliert werden können: Die Wissenschaftler, die das Ganze beobachtet hatten, waren überzeugt. Außerdem hatte Newman seine Maschine öffentlich im Fernsehen vorgeführt und damit die Probe aufs Exempel bestanden.

Warum hatte CBS beschlossen, einen charismatischen Kauz nicht nur ein-, sondern gleich zweimal dem Publikum vorzuführen? Am nächsten Tag rief ich Bill Whitaker an und fragte nach. „Das war nur eine Aktualisierung", wich er aus. „Aber Sie haben überhaupt nichts aktualisiert", entgegnete ich. „Weder die Gerichtsentscheidung noch der Test des Bureau of Standards oder die Anhörung vor dem Senat wurden auch nur erwähnt." „Darum ging es in der Geschichte nicht", protestierte Whitaker. „Es ging um Joe Newman, um die Geschichte eines Menschen." Das sollte wohl alles erklären. Letztendlich ging es allein um die Unterhaltung. Nur hatte man leider vergessen, das Fernsehpublikum darauf aufmerksam zu machen.

Geschichten über Randwissenschaften haben selten dasselbe Niveau wie Stories über Politik, Auslandsangelegenheiten oder sogar Sportveranstaltungen. Whitaker hatte seine Reportage mit der Aussage begonnen, selbst nicht zu verstehen, worum es eigentlich ging. Das schien ihm keineswegs unangenehm zu sein, im Übrigen hielt CBS es offenbar nicht für notwendig, einen Journalisten zu schicken, der gewisse Kenntnisse von der Erhaltung der Energie besaß, um über ein Perpetuum Mobile zu berichten. Stellen Sie sich vor, ein Reporter soll ein Fußballspiel kommentieren, weiß aber nicht, was Abseits ist. Außerdem gibt es in einer Sportreportage zwar viel Raum für eigene Meinungsäußerungen, aber entscheidend sind die Ergebnisse, also achtet jeder Sender darauf, dabei keine Fehler zu machen. Fußballzuschauer haben meistens auch Ahnung von dem Sport, und jeder Fehler würde eine Flut von Beschwerden auslösen.

Aber es gibt nur wenige Zuschauer, die sich bei wissenschaftlichen Themen kompetent genug fühlen, um eine Wissenschaftsreportage anzugreifen. Das wird in den Medien natürlich einkalkuliert.

Wissenschaftler neigen häufig zu der Annahme, es gäbe weniger schlechte Reportagen, wenn mehr Journalisten solide Hintergrundkenntnisse besäßen. Sicher würde das helfen, aber es gibt keine Garantie. Denken Sie nur an den wiederholten Besuch von ABC bei James Patterson und seinen magischen Perlen.

Noch einmal die Patterson-Zelle

Wie wir im ersten Kapitel schon gesehen haben, gibt es auch heute noch am Rand der Science Community eine kleine leidenschaftliche Gruppe von Anhängern der kalten Fusion. Von anderen Wissenschaftlern ignoriert oder sogar verspottet, träumen sie von ihrer Rehabilitierung, wenn die Welt endlich die Realität der kalten Fusion anerkennen muss. Es existiert sogar eine Zeitschrift mit dem bezeichnenden Namen *Infinite Energy*, die den Fortschritt in der Entwicklung der kalten Fusion stetig mit begeisterten Worten verfolgt. Am 10. Juni 1997 erhielt ich eine E-Mail vom Chefredakteur von *Infinite Energy*, der mich davon unterrichtete, dass ABC am nächsten Tag eine wichtige Reportage zur kalten Fusion in der Sendung *Good Morning America* bringen würde. Er kündigte an, dass die Geschichte wegen ihrer Bedeutung in der ersten Stunde der zweistündigen Sendung gebracht würde.

Also setzte ich mich um sieben Uhr morgens vor den Fernseher in der Hoffnung, dass die Geschichte gleich zu Anfang gesendet würde, aber die einzige „wissenschaftliche" Reportage handelte davon, dass das Ungeheuer von Loch Ness in einem See in der Türkei gesichtet worden wäre. Nach fast zwei Stunden gezwungener Heiterkeit, wie sie für Morgenmagazine typisch ist, gesellte sich schließlich der Wissenschaftskorrespondent Michael Guillen, Doktor der Physik aus Cornell, zu dem Gastgeber der Sendung, Charles Gibson.

Vielleicht erinnern Sie sich noch an Michael Guillen, den Fernsehreporter mit wissenschaftlichem Hintergrund, dessen Interview von James Patterson im ersten Kapitel genannt wurde. Patterson hatte behauptet, enorme Energiemengen produzieren zu können, indem er einfach Strom an eine Zelle anlegte, die mit Wasser und mit Metall beschichteten Perlen gefüllt war. „Wir haben sehr viele Reaktionen auf diese Geschichte erhalten“, sagte Gibson, „und Michael Guillen erzählt uns nun, was inzwischen passiert ist“. „Charlie“, schwärmte Guillen, „es ist eine Menge passiert, wie Sie gleich sehen werden“.

Der Bericht beginnt, und wir sehen, wie der Erfinder James Patterson in seinem Boot gerade einen großen Barsch aus dem Wasser zieht. Wer würde einem netten, weißhaarigen Mann von 75 Jahren, der das Angeln liebt, nicht glauben? Michael Guillens Stimme rekapituliert noch einmal, wie Patterson zufällig entdeckte, dass man Energie aus Wasser mit Perlen gewinnen kann. Guillen vermeidet es, den Begriff „kalte Fusion“ zu erwähnen. Später erfuhr ich, dass dies auf Wunsch Pattersons geschah, der um seine Glaubwürdigkeit fürchtete. Unbestreitbar bleibt in jedem Fall die sympathische Art von James Patterson, der sich darüber beschwert, dass er vor lauter Erfindungen kaum noch Zeit zum Angeln hat.

Die folgende Szene zeigt die brandneuen Laboratorien von Clean Energy Technologies, Inc. (CETI). Diese Firma wurde ausschließlich zu dem Zweck gegründet, Pattersons Erfindung auf den Markt zu bringen. Im Vergleich zu der Garagenwerkstatt im Jahr zuvor war dies ein großer Fortschritt. Offensichtlich war es Patterson und CETI gut ergangen – meiner Einschätzung nach nicht zuletzt dank der freien Werbung durch die *Good Morning News*.

„Im Lauf des vergangenen Jahres“, erläutert Guillen dem Publikum, „haben Pattersons Perlen zu einer weiteren Überraschung geführt. Es hat sich erwiesen, dass sie zusätzlich Radioaktivität neutralisieren.“ Das wäre nun wirklich für jeden Atomphysiker eine große Überraschung. Eigentlich wäre es sogar ein Wunder. Man kann Radioaktivität nur „neutralisieren“, indem man radioaktive Isotope in stabile Elemente umwandelt. Dafür muss man sie jedoch mit einer hohen Konzentration an Neutronen bombardieren, was wiederum nur mithilfe eines Atomreaktors oder eines starken Teilchenbeschleunigers funktioniert.

Patterson erläutert, dass eine Lösung, die Uraniumionen enthält, durch die Energiezelle geleitet wird. Sie besitzt etwa die Größe eine Rolle Münzen. Dabei entsteht Energie und die Radioaktivität wird langsam neutralisiert. „Ich bin da skeptisch", sagt Guillen mit süffisantem Lächeln. „Wir sollten das überprüfen." Patterson stimmt zu und drückt einen Knopf. Daraufhin beginnt eine Flüssigkeit durch ein Röhrensystem und die Energiezelle zu fließen, bis sie einen Behälter mit Uranlösung erreicht, an den ein Geigerzähler angeschlossen ist. In der folgenden Szene ist offensichtlich Zeit vergangen, denn Guillen bringt die Zuschauer auf den neuesten Stand: Das Experiment begann mittags um zwölf Uhr, der Geigerzähler registrierte 3760 Zerfalle pro Minute. Wie Sie sehen können", fährt er, auf ein Messgerät deutend, fort, „hat sich die Radioaktivität in wenigen Stunden um die Hälfte reduziert ... dieser Vorgang würde in der Natur Milliarden Jahre dauern."

Tatsächlich führt der radioaktive Zerfall von Uranium-238 über mehrere andere Elemente schließlich zur Bildung von stabilem Blei. Die Halbwertszeit dieses Prozesses liegt bei etwa 4,5 Milliarden Jahren. *Bei jedem Schritt dieses Prozesses wird radioaktive Strahlung frei.* Im Grunde wollte Guillen uns also erzählen, dass die Patterson-Zelle die Umformung von Uran zu Blei auf magische Weise beschleunigt, ohne dass dabei Strahlung frei oder Energie verbraucht wird. Das würde alles, was wir über Atomphysik wissen, auf den Kopf stellen. Was ist also wirklich passiert?

Wenn ein Zauberer auf der Bühne ein Kaninchen aus dem Hut zaubert, weiß das Publikum zwar nicht, wo es plötzlich herkommt, aber wenn die Leute nicht hoffnungslos naiv sind, ist ihnen zumindest klar, dass es sich dabei nicht um Magie handelt. Es ist ein Trick. Und wenn man den Angaben professioneller Zauberer folgt, ist es sogar ein recht simpler Trick. Da ist es natürlich noch viel einfacher, ein Publikum mithilfe einer komplizierten technischen Vorrichtung zu täuschen. Das Publikum muss ja schließlich darauf vertrauen, dass das Experiment tatsächlich so vonstatten geht, wie der Wissenschaftler vorgibt. Es ist, als würde der Zauberer auf der Bühne das Kaninchen nicht aus dem Hut ziehen, sondern dem Publikum nur versichern, dass es wirklich da ist.

Könnte es nicht z. B. sein, dass die Uraniumionen einfach von Pattersons Perlen absorbiert wurden? Man hätte einfach überprüfen können, ob die Perlen im Verlauf des Versuchs radioaktiv geworden waren, aber nichts dergleichen geschah.

Guillen zeigt sich jedoch tief beeindruckt: „Die Fähigkeit, Radioaktivität zu neutralisieren, hat bereits die Aufmerksamkeit namhafter Wissenschaftler wie Norm Olson aus Hanford, Washington, erregt. Dort lagert die Regierung Millionen Tonnen hochgiftiger Abfälle." Dr. Norman Olson erscheint auf dem Bildschirm: „Was ich gerade gesehen habe, hat mich sehr ermutigt. Jetzt müssten wir das Experiment in unseren Labors in Hanford unter kontrollierten Bedingungen wiederholen und prüfen, inwiefern dies möglich ist."

Ich hatte noch nie von diesem „namhaften Wissenschaftler" gehört, also blätterte ich in den entsprechenden Verzeichnissen. Ich konnte ihn nirgends finden. Letztendlich entdeckte ich ihn in den Battelles Pacific Northwest Laboratories in Hanford. Er war kein aktiver Forscher, sondern Programmdirektor in der Abteilung für Umwelttechnologie. Es zeigte sich, dass er ein angenehmer, optimistischer Zeitgenosse war, der zwar an das Potenzial der Patterson-Zelle glaubte, das Problem Atommüll in den Griff zu bekommen, aber wenig Ahnung von Atomphysik hatte.

Mir gegenüber gab er zu, gewarnt worden zu sein, die Patterson-Zelle sei Unsinn, aber er wollte sich nicht voreingenommen zeigen. Ich fragte Olson, wie die Neutralisation funktioniere. In der Patterson-Zelle, erklärte er mir, können Wasserstoff- und Deuteriumkerne verschmelzen und Wärme erzeugen. Wenn aber auch radioaktive Elemente vorhanden sind, kann der Wasserstoff bzw. das Deuterium mit diesen zu stabilen Isotopen verschmelzen.

Es ist natürlich zu begrüßen, wenn Menschen ohne Vorurteil sind, aber Atomphysiker hätten mit dieser Behauptung noch mehr Schwierigkeiten als mit der kalten Fusion von Pons und Fleischmann. *Good Morning America* ließ durch Olsons Kommentar die Firma CETI wichtig erscheinen. Die CETI dagegen schlachtete Olsons Auftreten in der Nachrichtensendung für ihre Werbekampagne aus, in der sie darauf hinwies, dass „anerkannte Wissenschaftler" die Patterson-Zelle ernst nähmen. Mehr wurde über Dr. Olsons Test der Patterson-Zelle nicht bekannt.

Hier sind durchaus Parallelen zu der „Wiederaufbereitung" von Joe Newmans Energiemaschine durch CBS zu erkennen: Genau wie Newman ist auch Patterson sicherlich für hohe Einschaltquoten gut. In beiden Geschichten traten so genannte Experten auf, die alle Behauptungen unterstützten, und in beiden Geschichten wurde keinerlei Kritik erkennbar. Beide Male äußerten die Reporter anfangs Skepsis, zeigten sich nach persönlicher Anwesenheit bei einer Demonstration überzeugt. Das Publikum musste also glauben, dass es gerade Zeuge eines Wunders gewesen war. Trotz dieser Parallelen richteten sich die Geschichten jedoch an Menschen mit völlig unterschiedlichem Weltbild.

CBS konzentrierte sich bei der Reportage über Joe Newmans Energiemaschine sehr auf Newmans mangelhafte Schulbildung und seine persönliche Geschichte. Von weißen Laborkitteln war nichts zu sehen, hier haben wir es mit einem Mann mit schwarzen Fingernägeln zu tun – einem Mechaniker, keinem Wissenschaftler. Mit ihm fühlen sich nicht Professoren, sondern Arbeiter verbunden, selbst der Reporter gibt gerne zu, kaum Fachkenntnisse zu besitzen. Hier kämpft der kleine Mann gegen das wissenschaftliche Establishment und die regierenden Bürokraten. Die Geschichte von Joe Newman richtete sich an die Zuschauer, die sehen wollten, wie die arrogante Obrigkeit einen Dämpfer erhielt.

Vergleichen Sie damit Guillens für eine Reportage außergewöhnlich detaillierte wissenschaftliche Darlegung in *Good Morning America*. ABC übertrieb sogar ein wenig, denn Charles Gibson stellte ihn als „Physikprofessor von Harvard" vor und begab sich damit an den Rand der Wahrheit. Norm Olson wurde als „anerkannter Wissenschaftler" eingeführt, und Patterson wurde eine „ganze Reihe von Erfindungen" zugeschrieben. Patterson trug selbst einen weißen Kittel und ein Klemmbrett. Es waren also eine ganze Reihe äußerer Kennzeichen wissenschaftlicher Autorität zu sehen, um den Eindruck ernsthafter Wissenschaft zu vermitteln. Diese Geschichte richtete sich an Zuschauer, die autoritätsgläubig sind.

Was aber geschah mit James Patterson? Ist ihm inzwischen aufgegangen, dass seine Perlen tatsächlich keinerlei Energie produzieren? Hat er wie Joe Newman die Grenze zum Betrug überschritten?

Die unzüchtigen Priester

Weder Wissenschaftler noch Erfinder sind meist darauf aus, Betrug zu begehen. Ich habe keinen Grund, daran zu zweifeln, dass James Patterson, Joe Newman oder Hunderte anderer wie Pons und Fleischmann, Garabed Giragossian und Robert Fludd zumindest anfangs ernsthaft geglaubt hatten, eine unerschöpfliche Quelle frei verfügbarer Energie entdeckt zu haben. Irgendwann aber musste es Patterson doch klar geworden sein, dass seine Zelle nicht das leisten konnte, woran er geglaubt hatte.

Wie ging es weiter mit Pons und Fleischmann? Wir haben ihre Geschichte unbeendet gelassen. Im fünften Kapitel haben wir gesehen, wie sie vom House Science Committee triumphal gefeiert und später in Abwesenheit von der American Physical Society in Baltimore abgeurteilt wurden. Dennoch tauchten Pons und Fleischmann eine Woche darauf beim jährlichen Treffen der Electrochemical Society in Los Angeles auf, wo auch über kalte Fusion diskutiert werden sollte. Inzwischen schien sich jedes wissenschaftliche Gremium zur kalten Fusion äußern zu wollen. Den beiden Chemikern aus Utah war versprochen worden, dass sie in Los Angeles keine Angriffe zu befürchten hätten. Die Elektrochemie hatte vor der kalten Fusion eine Art Mauerblümchendasein gefristet, daher waren die Elektrochemiker bestrebt, diese Chance nicht ungenutzt verstreichen zu lassen und verlangten nach schriftlichen Beweisen für die kalte Fusion. Das heißt doch wohl hoffentlich nicht, dass Arbeiten, die sie widerlegen, abgewiesen werden, dachte ich.

Ein solcher Affront gegen das Prinzip des offenen wissenschaftlichen Austausches kann sicher nur ein Versehen sein. Ein Anruf beim Vorsitzenden der Veranstaltung ergab Folgendes: „Da über die kalte Fusion diskutiert werden soll, wären Artikel, die sich dagegen aussprechen, nicht angemessen."

Selbst in diesem freundlich gesonnenen Umfeld mussten sich Pons und Fleischmann aber der in Baltimore geäußerten Kritik stellen. Die beiden versuchten, eine eher versöhnliche Position einzunehmen und gaben zu, dass ihre anfängliche Behauptung, Neutronenemissionen gemessen zu haben, teilweise auf falschen Annahmen beruht hatte. Sie versprachen, die Messungen unter größter Sorgfalt zu wiederholen. Sie seien sich aber dennoch sicher, tatsächlich die kalte Fusion entdeckt zu haben. „Was sollte es sonst sein?“, fragte Fleischmann und wies noch einmal darauf hin, dass die entstehende Wärme viel zu groß sei, um sich durch chemische Reaktionen erklären zu lassen. Es muss sich, erklärte er, um die Verschmelzung zweier Wasserstoffkerne zu Helium-$_4$ handeln, bei der Wärme, aber kaum Radioaktivität frei wird. Trotzdem wolle man aber einen weiteren Test durchführen, bei dem alle früheren Schwachstellen ausgeräumt würden. Das Ergebnis, prophezeite er, würde auch die größten Kritiker von der Gültigkeit dieses wissenschaftlichen Durchbruchs überzeugen.

Zu diesem Zeitpunkt hatten bereits mehrere Wissenschaftler darauf hingewiesen, dass eindeutige Beweise für die kalte Fusion von Pons und Fleischmann doch längst existieren müssten, wenn es sie wirklich gäbe. Das Helium, Endprodukt der kalten Fusion, müsse sich ja noch im Metallgitter der Palladium-Kathoden befinden. Es wäre doch ganz einfach, die Kathoden zu analysieren. Gleich mehrere staatliche Laboratorien erklärten sich bereit, die Analyse durchzuführen. Dafür benötigten sie nur einen kleinen Teil der benutzten Kathoden und einen Tag Zeit. Pons und Fleischmann stimmten zu, dass dies zu einem definitiven Ergebnis führen würde, lehnten aber alle Angebote ab und erklärten, sie seien verpflichtet, die britische Firma Johnson-Mathey die Untersuchung durchführen zu lassen, die ihnen auch das Palladium geliefert hatte.

Inzwischen bereiteten sich fast tausend Wissenschaftler weltweit auf einen Kongress in Santa Fe, New Mexico, vor, der vom 23. bis 25. Mai stattfinden sollte und schon im Vorfeld als „Kampf um die kalte Fusion“ bezeichnet wurde. Es wurde erwartet, dass mehrere zehntausend Menschen die Veranstaltung live am Fernsehbildschirm verfolgen würden. Der Energieminister Admiral James Watkins hatte den angesehenen Nobelpreisträger J. Robert Schrieffer damit beauftragt, die Organisation der Veranstaltung zu übernehmen und sicherzustellen, dass alle Standpunkte geäußert werden dürften.

Das Ziel war, alle theoretischen Informationen und praktischen Erkenntnisse zusammenzutragen, die Licht auf die Angelegenheit werfen könnten. Schrieffer lud Pons und Fleischmann dazu ein, die Konferenz zu leiten. Sie akzeptierten und versprachen, die Ergebnisse ihrer neuen Tests zu präsentieren. Aber das war noch vor der Waschbärattacke.

Kurz vor dem Termin, der für die Konferenz in Santa Fe angesetzt worden war, vermeldete James Brophy, der Vizepräsident für Forschung an der University of Utah, dass es einen bedauerlichen Unglücksfall gegeben habe. Während der Vorbereitungen auf das definitive Experiment war Deuterium in die Palladium-Kathode der Elektrolysezelle geladen worden. Dieser Vorgang sollte mehrere Tage dauern. Unglücklicherweise verirrte sich ein Waschbär, gerade als der Test durchgeführt werden sollte, in einen Transformator der Universität. Das erwies sich nicht nur als fatal für den Waschbär, es führte auch zu einer Unterbrechung der Stromversorgung des Gebäudes, in dem Pons‘ Labor lag. Während der Unterbrechung diffundierte das Deuterium wieder aus der Palladium-Kathode heraus, die Chemiker waren daher gezwungen, wieder ganz von vorne zu beginnen. Das Treffen in Santa Fe müsse leider ohne Pons und Fleischmann stattfinden.

Moshe Gai aber wäre durch nichts von dem Besuch in Santa Fe abzubringen gewesen. Er war nicht besonders enttäuscht darüber, dass Pons und Fleischmann nicht anwesend sein sollten, denn seiner Meinung nach waren sie sowieso schon widerlegt worden. Inzwischen hatten sich aber bereits mehrere Gruppen zu Wort gemeldet, die nur einen winzigen Bruchteil der Emissionen gemessen hatten, von denen Pons und Fleischmann berichtet hatten. Zu diesen gehörte eine Gruppe des ganz in der Nähe gelegenen Los Alamos National Laboratory, zwei Vereinigungen aus Italien und eine unter der Leitung von Steven Jones an der Brigham Young University.

Da Pons und Fleischmann der Konferenz fern bleiben wollten und es nicht allzu viel Unterstützung für ihre Behauptungen gab, erhielt die Frage, ob ein sehr schwacher Effekt messbar sei, plötzlich zusätzliches Gewicht. Auf extrem niedrigem Niveau hätte die kalte Fusion zwar keinen praktischen Nutzen, aber große wissenschaftliche Bedeutung. Außerdem wäre es sehr schwer, Beweise dafür oder dagegen zu führen.

Nach dem Treffen in Baltimore hatten Moshe Gai und Kelvin Lynn mit einer größeren Menge Materials in den Elektrolyse-Zellen experimentiert, um noch sensiblere Messungen durchführen zu können. Ihr Ziel war, festzustellen, ob es *überhaupt* eine Neutronenemission gab. Nach Beendigung der Experimente gab Gai bekannt, dass man nun auch extrem niedrige Emissionen hätte messen können, wenn es denn welche gegeben hätte. Anders lautende Ergebnisse anderer Tests seien schlicht und einfach auf natürliche Ursachen, also kosmische Reststrahlung zurückzuführen.

Pons und Fleischmann erhielten in Santa Fe keinerlei Bestätigung, man nahm ihre Abwesenheit als Beleg dafür, dass das Gerede um die kalte Fusion nun wohl endgültig vorbei sei. Stattdessen reagierten Pons und Fleischmann auf die Neuigkeiten aus Santa Fe mit einem Statement, nach dem alle Kritiker noch „ihr blaues Wunder erleben" würden. Die Experimente liefen so gut wie nie, inzwischen produziere man 100-mal so viel Energie, wie man verbrauche.

Auch Pons und Fleischmann hatten schon in Los Angeles zugestimmt, dass vorhandenes Helium in den Palladium-Kathoden ein eindeutiger Nachweis für die Fusion sei. Sie spekulierten darauf, dass das Deuterium in der Palladium-Umgebung vielleicht durch einen bisher unbekannten Prozess fusionieren würde, bei dem weder Neutronen noch Gammastrahlung frei würde und die überschüssige Energie direkt in Wärme umgewandelt wird – aber auch dann musste Helium entstehen. Die Tage vergingen, aber aus Utah kam kein Kommentar zu dem Heliumtest. Pons und Fleischmann beantworteten keine Anrufe anderer Wissenschaftler – schon gar nicht von denen, die öffentlich nachfragten –, also rief ich den stellvertretenden Leiter der Forschungsabteilung James Brophy an. Brophy war freundlich und zuvorkommend, befand sich aber in einer unangenehmen Situation. Er glaubte zwar weiterhin fest an die kalte Fusion, zeigte aber kein Verständnis für das Verhalten von Pons und Fleischmann. Er versicherte mir, dass Johnson-Mathey die Heliumanalyse bald beendet haben würde.

Danach machte ich es mir zur Gewohnheit, Brophy einmal am Tag anzurufen und zu fragen, ob es etwas Neues gäbe. Ihm schienen unsere Unterhaltungen gut zu gefallen. Er erzählte mir begeistert, dass man neue Belege für die kalte Fusion irgendwo in der Sowjetunion gefunden habe. Am nächsten Tag sagte er mir, der Bericht aus Russland sei zurückgezogen worden, aber es gäbe inzwischen noch positivere Nachrichten aus Italien. Dennoch war immer noch kein Helium nachgewiesen worden. Am 2. Juni schließlich war es Brophy, der mich anrief.

Er war sehr aufgeregt und teilte mir mit, dass ein Mitarbeiter von Johnson-Mathey mit den Ergebnissen des Heliumtests auf dem Weg nach Salt Lake City sei und dass die Universität für den 6. Juni eine Pressekonferenz angesetzt habe, um die Resultate zu verkünden.

Am 6. Juni rief ich also die Öffentlichkeitsabteilung der Universität an und bat darum, mir die Pressemitteilung zu faxen. Es gab keine Pressemitteilung, erklärte man mir, die Pressekonferenz sei abgesagt worden. Ich ließ mich mit Jim Brophy verbinden und fragte, was geschehen sei. Seine Stimme zitterte. Professor Pons habe entschieden, die Analyseergebnisse nicht bekannt zu geben. „Warum nicht?", erkundigte ich mich. Brophy war erschüttert, seine Stimme kaum verständlich: „Er sagte, es wäre nicht richtig, da sie noch nicht von Kollegen überprüft worden seien." Ausgerechnet! Noch im März hatten die beiden triumphiert, ohne ihre Kollegen überhaupt zu beachten. „Die Ergebnisse werden im Spätsommer veröffentlicht", stammelte Brophy, aber wir beide wussten, dass es nicht dazu kommen würde.

Die Strategie eines glühenden Verfechters einer Theorie ist es, sich – bewusst oder unbewusst – von allen Skeptikern zu distanzieren. Pons und Fleischmann hatten von Anfang an sehr geheimnisvoll getan. Sie hatten schon früh mehrere Gelegenheiten gehabt, sich größere Peinlichkeiten zu ersparen, wenn sie mögliche Fehler eingestanden und sich anderen Wissenschaftlern geöffnet hätten. Stattdessen kapselten sie sich immer mehr ab und stachelten sich gegenseitig an wie zwei Schuljungen, die die Schule schwänzen wollen.

Zuerst hatten sie sich gegenseitig davon überzeugt, dass Deuteriumkerne in einer Palladium-Kathode fusionieren können; danach davon, dass dabei zwar Wärme, aber keine Strahlung entsteht; vielleicht hatten sie sogar geglaubt, dass ganz normaler

Wasserstoff verschmelzen könnte – man darf die Fähigkeit des Menschen, sich selbst zu betrügen, nie unterschätzen –, aber es ist schwer zu verstehen, wie Pons und Fleischmann sich selbst nach der Heliumanalyse noch etwas vormachen konnten. Spätestens zu diesem Zeitpunkt hätten sie wissen müssen, dass es keine Fusion gab.

Die beiden waren in ihre eigene Falle gegangen. Sie konnten nicht akzeptieren, dass es keine Fusion gab, ohne damit einzugestehen, dass sie ihre Beweise zuvor übertrieben oder sogar erfunden hatten. Sie waren zu weltweiter Berühmtheit gelangt, also hatten sie sich vor der ganzen Welt blamiert. Was als hoffnungsvolle Interpretationen nachlässig durchgeführter, unvollständiger Experimente begonnen hatte, war zu einer absichtsvollen Verfälschung und Unterdrückung von Daten geworden.

Am 6. Juni 1989, 75 Tage nach der Ankündigung in Salt Lake City, wurde die Grenze zum Betrug eindeutig überschritten.

Im Juli veröffentlichte eine Gruppe von Sachverständigen unter der Leitung von John Huizenga vom Energieministerium einen vorläufigen Bericht, der jede weitere Forschung zur kalten Fusion als ungerechtfertigt bezeichnete. In den folgenden Wochen flog Fleischmann zurück nach England, um eine abgebrochene ärztliche Behandlung fortzusetzen. Stanley Pons gab seine Stelle an der University of Utah auf und verschwand für eine Weile. Er tauchte später wieder im südfranzösischen Nizza auf, wo er sich den schönen Dingen des Lebens hingab. Er war von der Toyota-Tochter Technova angestellt worden, um weiter über kalte Fusion zu forschen. Später ging auch Fleischmann nach Nizza. Die kalte Fusion war offiziell für tot erklärt worden, aber regte sich vielleicht doch noch irgendwo Leben?

Ein Teil der Wissenschaftler, die Pons und Fleischmann den Rücken gestärkt hatten, meldeten sich wieder zu Wort und behaupteten, die kalte Fusion existiere und man werde bald Beweise vorlegen, die jeden verbliebenen Zweifel ausräumten. Unter diesen Forschern waren auch drei italienische Physiker vom Institut für Physik in Mailand: Giuliano Preparata, Tullio Bressani und Emilio Del Guidice. Der Chefredakteur des Wissenschaftsressorts der einflussreichen Tageszeitung *La Repubblica*, Giovanni

Pacci, bezeichnete die drei Italiener sowie Pons und Fleischmann als „Betrüger der Wissenschaft". Er verglich sie mit „unzüchtigen Priestern", die den „Tempel der Wahrheit" befleckten.

Im Jahr 1992 verklagten Pons und Fleischmann Pacci und *La Repubblica* auf fünf Millionen Dollar Schadensersatz wegen Verleumdung. Später schlossen sich auch die drei Mailänder Physiker der Klage an. Die Zeitung und ihr Redakteur weigerten sich nachzugeben. Douglas Morrison, Hochenergiephysiker am CERN, hatte die ganze Episode verfolgt und bot der Zeitung seine Dienste als wissenschaftlicher Berater an.

Das italienische Gericht veröffentlichte 1996 eine 14-seitige Erklärung, in der die Klage der fünf Wissenschaftler mit scharfen Worten abgewiesen wurde, die Kläger mussten außerdem die Auslagen von *La Repubblica* erstatten. Das Gericht hatte festgestellt, dass es mehrfach zu Fehlinterpretationen der Experimente zur kalten Fusion gekommen war und dass sich in den vergangenen sieben Jahren keine neuen Erkenntnisse eingestellt hatten. Die Beweise für kalte Fusion waren fadenscheinig und von Fleischmann mit heißer Nadel gestrickt. Zu guter Letzt bescheinigte der Richter Pons und Fleischmann in äußerst unfreundlichen Worten „fortgeschrittenen Realitätsverlust".

Der 23. März 1999 war der zehnte Jahrestag der Ankündigung der Entdeckung der kalten Fusion. Zur gleichen Zeit fand die Hundertjahrfeier der American Physical Society statt. Über 11 000 Physiker aus aller Welt waren in Atlanta zusammengekommen, um die fantastischen Errungenschaften der Physik im 20. Jahrhundert zu feiern. Traditionell waren Diskussionsrunden zu allen gewünschten Themen angesetzt. Eine der Konferenzen war von der schwindenden Schar der Anhänger der kalten Fusion organisiert worden. Es wurden nur sechs Aufsätze eingereicht, zwei der angekündigten Redner traten gar nicht erst an. Ein paar Dutzend neugierige Physiker waren als Zuschauer gekommen, aber die meisten verließen den Raum bereits vor Ende der Veranstaltung. Der britische Atomphysiker Douglas Morrison, der die gesamte Geschichte beobachtet hatte, war ebenfalls anwesend. Er stellte einmal mehr viele bohrende Fragen und ließ sich auch von verbalen Beleidigungen nicht irritieren.

Weder Pons noch Fleischman waren gekommen. Technova hatte die Forschung zur kalten Fusion schließlich aufgegeben. Stanley Pons wurde entlassen, er lebt heute abgeschieden in Südfrankreich. In den letzten zehn Jahren hat er immer wieder die fehlerhaften Experimente der Vergangenheit aus der Zeit in Utah wiederholt. Martin Fleischmann lebt wieder in Southampton. Man sagt, er sei gesundheitlich angegriffen. Die beiden haben sich überworfen und sprechen nicht mehr miteinander. Fleischmann behauptet heute, die kalte Fusion sei durch eine Verschwörungskampagne der Ölindustrie verhindert worden.

Dennis Lee und die Fischereimaschine

Alle scheinbaren Entdeckungen frei verfügbarer Energie, über die wir bisher gesprochen haben, verdanken ihren Ursprung Zufällen, was auch immer später daraus wurde. Es sind Geschichten von Wissenschaftlern und Erfindern, die zunächst einfach einer Täuschung zum Opfer gefallen sind und erst später versuchten, auch andere zu täuschen. Aber jede Idee, die so großes öffentliches Aufsehen erregt, zieht natürlich auch Scharlatane an, die die Naivität und Unkenntnis der Öffentlichkeit auszunutzen versuchen.

Am 11. Juli 1997 rief mich der Produzent eines Internet-Magazins an. Er wollte am darauf folgenden Tag nach Hackensack, New Jersey, fahren, um dort der Demonstration eines Perpetuum Mobiles beizuwohnen. Diese Demonstration war offenbar in einer ganzseitigen Anzeige im *Wall Street Journal* angekündigt worden. Ob ich nicht interessiert sei, mitzukommen?

Ich sah in der betreffenden Ausgabe der Zeitung nach. Die Anzeige war von einer Firma namens Better World Technologies, Inc., und einem Dennis Lee geschaltet worden. Ich hatte bisher von beiden noch nie etwas gehört, aber die Überschrift lautete: „Nie mehr Stromrechnungen bezahlen!"

Joe Newman hatte 13 Jahre zuvor in den CBS *Evening News* mit demselben Spruch auf sich aufmerksam gemacht. Ich wurde neugierig und sagte zu. Die Anzeige versprach: „Ein historisches Ereignis. Eine öffentliche, jedem zugängliche Demonstration eines Perpetuum Mobiles.“ Ferner sollten noch andere technologische Neuentwicklungen vorgestellt werden, darunter Fahrzeuge, die ohne Treibstoff oder Strom fahren und die keinerlei Schadstoffe ausstoßen; ein Verbrennungsmotor, der mit Wasser arbeitet; ein Weg, Wasser zu verbrennen und sogar Stahl damit zu schweißen; eine Methode, Trinkwasser aus dem Meer zu gewinnen; ein Produkt, das Pflanzen besser vor Schädlingen schützt als Pestizide und besseres Wachstum ermöglicht als chemischer Dünger; eine Methode, radioaktiven Abfall zu neutralisieren ... und noch weiteres mehr. Als ob ein Perpetuum Mobile nicht außergewöhnlich genug gewesen wäre!

Als ich in La Guardia landete, bereute ich meine Entscheidung schon beinahe wieder. Es war ein wunderschöner Samstagmorgen im Juli, ein Tag, den man im Freien verbringen sollte. Die Limousine hielt in Manhattan, wo der Produzent zustieg, und fuhr danach über den Fluss nach Hackensack. Das Kamerateam war bereits zur Stelle. Wir waren zwei Stunden zu früh dran, die Demonstration sollte erst am Mittag beginnen. Auf dem Parkplatz, der anscheinend zu einem leer stehenden Kaufhaus gehörte, hatte sich bereits eine Menschenmenge versammelt. Bis dahin war noch niemand eingelassen worden. Das Kamerateam baute sein Equipment auf und begann, die herumstehenden Leute zu interviewen.

Die meisten von ihnen waren weiße Amerikaner aus der Mittelschicht, sie kamen aus Garden City, Kansas, und Billings, Montana – beides weit entfernte Orte. Etwa die Hälfte der Menschen befand sich im Rentenalter – darunter viele Ehepaare.

Ein Mann Mitte 30 erklärte, er sei Elektroingenieur aus Wisconsin, der Großteil der Besucher hatte jedoch kein technisches Fachwissen. Einige bezeichneten sich als „Händler“. Man erklärte mir, dass Better World Inc. auch „Handelsverträge“ verkaufen wollte.

Es hatte bereits tags zuvor eine private Demonstration für Händler gegeben, außerdem war für den Sonntag eine Gebetsstunde angesetzt, aber die Besucher konnten einfach nicht genug von der „großartigen Show“ bekommen. Einige erzählten, sie hätten bis zu 100 000 Dollar für ihren Vertrag bezahlt. Andere prahlten damit, früh genug eingestiegen zu sein und nur 10 000 Dollar bezahlt zu haben.

Es wurde Mittag, aber trotzdem ließ man niemanden ein. Auf dem Parkplatz gab es keinen Schatten, die Besucher schwitzten und wurden unruhig. Manche warteten bereits seit neun Uhr morgens und hatten noch nichts gegessen, außerdem sollte die Vorführung drei Stunden dauern. Das Ganze schien überhaupt nicht organisiert zu sein, es gab kein Programm, sondern nur eine ungeduldige Menge vor dem Tor. Gegen 12.40 Uhr erschien Dennis Lee, der Präsident von Better World Inc. Er wirkte etwas mitgenommen; unrasiert und übergewichtig bahnte er sich seinen Weg durch die Menge zum Eingang. Ein Lautsprecher wurde aufgestellt, und Lee nahm sich das Mikrofon. Mit krächzender Stimme – selbst bei voller Lautstärke kaum zu verstehen – entschuldigte er sich für die Verspätung und erklärte, er sei an diesem Morgen mit einer schweren Halsentzündung aufgewacht. Außerdem habe es Probleme bei den Vorbereitungen gegeben: Das Perpetuum Mobile hatte „keinen Strom mehr“, ein Tank war geborsten und hatte die Mitarbeiter der Schweißabteilung „verätzt“. Trotz allem arbeiteten sie ja alle für eine bessere Welt, also würde die Show stattfinden, allerdings würde statt ihm selbst seine Frau sprechen.

Zuerst gewährte man dem Kamerateam Einlass, damit es sich vorbereiten konnte. Ich schlüpfte mit hinein. Danach wurde die Tür für alle geöffnet. Während die Menschen hereinströmten, nahm Lee auf einer provisorischen Bühne Platz. Eine „Berührungstherapeutin“ führte ihre Hände in etwa zehn Zentimeter Entfernung von seinem Körper auf und ab, um sein Energiefeld auszubalancieren. Er schien sich in Trance zu befinden. Niemandem schien dies merkwürdig vorzukommen.

Die Halle war mit etwa 700 Menschen gefüllt. Ein paar hundert verfolgten alles über Bildschirme.

Als sich alle gesetzt hatten, stellte Lee mit kaum hörbarer Stimme seine Frau vor. Sie sprach zuerst ein Gebet, das mit den Worten endete: „Wir beten dafür, dass jeder weiß, dass wir all dies hier Dir zu verdanken haben.“ Danach las sie stockend von ihrem handgeschriebenen Skript ab, Lee musste ihr schließlich helfen.

Seine Stimme war nun verständlicher – vielleicht lag es ja an der Handauflegerin. Er ergriff das Mikrofon. „Meine Stimme kommt langsam wieder“, krächzte er. „Es gibt einen Gott, und er will, dass Ihr diese Show zu sehen bekommt.“ Das Publikum applaudierte. Lees Stimme wurde noch kräftiger. Schließlich erreichte sie volle Lautstärke, und Lee sprach danach über vier Stunden lang ohne Pause.

Vor der ersten Vorführung legte Lee einige Grundregeln dar. Heute waren keine Fragen erlaubt – und niemand durfte die Maschinen untersuchen. Zu einem späteren Zeitpunkt würde es eine wissenschaftlicher ausgerichtete Demonstration geben, versprach er. „Die Forscher mit ihren Fachausdrücken“ dürften dann Fragen stellen. Dies war die erste einer ganzen Reihe von abwertenden Bemerkungen über Wissenschaftler, die Lee immer wieder einstreute. „Heute ist nicht der Tag der Nörgler und Besserwisser, heute ist der Tag des Volkes.“ Dafür erntete er weiteren Applaus.

Lee erklärte zunächst, dass ständige Bewegung nicht die Sensation sei, als die sie stets dargestellt werde. „Die Schwerkraft existiert immer“, erläuterte er. „Ist das etwa keine ständige Energiequelle? Die Erde dreht sich seit Millionen Jahren um die Sonne. Es muss Gott sein, der dies veranlasst.“ Die Zuschauer um mich herum nickten zustimmend. Meine Erstsemester im Physikstudium sitzen häufig ebenfalls diesem Irrtum auf. In der Erdbewegung ist eine große Menge Energie gespeichert, ähnlich wie in Garabed Giragossians Schwungrad. Gott braucht überhaupt nichts zu tun, damit die Erde sich weiter um die Sonne dreht, denn im All existiert keine Reibung. Die Schwerkraft ist jedoch keine Energie*quelle*, wie auch Robert Fludd entdecken musste. Eine Maschine auf der Erde kann nicht mit Schwerkraft betrieben werden.

Ferner gibt es auch Energie in der Luft, die uns umgibt, fuhr Lee fort, Wärmeenergie der Sonne. Mithilfe dieser Energie kann man eine extrem leistungsfähige Wärmepumpe anfertigen, sagte er, und im selben Moment ging das Licht aus. Angestellte hasteten in der Dunkelheit umher, die ohnehin schon hohe Temperatur stieg auf über 30 Grad. Schließlich ging das Licht wieder an.

Angeblich hatte die Klimaanlage die Schaltkreise überladen. Niemandem schien die Ironie darin aufzufallen, dass der Stromausfall genau in dem Moment eintrat, als Lee darüber gesprochen hatte, wie Better World Technologies Energie aus der Luft extrahieren werde.

In den folgenden Stunden demonstrierte Lee mit seinen Helfern eine unglaubliche Erfindung nach der anderen. Allen war gemein, dass sie fundamentale Naturgesetze widerlegten. Die meisten dieser „lobenswerten Erfindungen" hatte ich in der einen oder anderen Form schon einmal gesehen: das mit Wasser betriebene Auto; den „Power Controller", der dafür sorgt, dass Elektromotoren mit 100 Prozent Effizienz arbeiten. Angeblich sollten auch Kraftwerke und Autos mit 100 Prozent Effizienz arbeiten können. „Die Umweltverschmutzer sorgen dafür, dass sie nur mit 30 Prozent Effizienz arbeiten, damit sie mehr Öl verkaufen können. Das Energieministerium unterstützt nur die Industrie. Wir brauchen ein Energieministerium, dass die Menschen unterstützt." Noch mehr Applaus.

Wir sahen einen „modifizierten" Automotor, der laut Lee ein deutlich gesteigertes Drehmoment aufwies. Während der Motor mit voller Kraft lief, legte er an die Antriebswelle über einen Griff einen Drehmomentschlüssel an, der den Motor blockierte. Dabei wurde der Drehmomentschlüssel stark verbogen. Das Publikum staunte atemlos und brach dann in Applaus aus. Das Drehmoment eines Motors bezieht sich auf das veränderliche, „dynamische" Drehmoment des laufenden Motors. Ein Drehmomentschlüssel misst jedoch statisches Drehmoment. Das Blockieren des Motors ließ die gesamte Energie des laufenden Motors abrupt auf den Schlüssel wirken. Das war genau derselbe Effekt, der damals zu der Demütigung des armen Garabed Giragossian geführt hatte. Dennis Lee demonstrierte seine Maschine aber keinem wissenschaftlichen Gremium, sondern einem technisch ungebildeten Publikum, das von einer Aufstockung der kärglichen Ersparnisse träumte.

Es gab noch weitere, nicht ganz so fantastische Wunder zu bestaunen, etwa ein Gerät, das elektrischen Strom aus dem Neutrinofluss extrahieren konnte, und eine „medizinische Laserkamera", die selbst durch 1 m dicken Beton die Skelettstruktur oder die inneren Organe eines Menschen sichtbar machen konnte. Leider wurde uns nur ein verschwommenes Video vorgeführt. Es wurde sogar ein Gerät gezeigt, das Radioaktivität neutralisieren kann – offenbar rechnete Better World Technolgies damit, auf die Patterson-Zelle angesprochen zu werden. „Wir trauen den Wissenschaftlern nicht", polterte Lee. „Sie sagten uns, wir könnten die Elemente nicht verändern – nun, wir haben Kobalt-60 neutralisiert.

Wir werden dies nicht noch einmal für Wissenschaftler demonstrieren – wir demonstrieren es für die Menschen, dann werden die Wissenschaftler schon aufwachen." Stürmischer Applaus.

Es war eine klassische Schwindelvorstellung. Dennis Lee oder einer seiner Mitarbeiter erklärten zum Beispiel, wie man Wechselstrom in Gleichstrom rektifiziert. Wenn das Publikum dann nickte, um sein Verstehen anzudeuten, sagte der Sprecher so etwas wie: „Genau das machen wir hier, wir rektifizieren Drehbewegung." Danach fuhr der Sprecher sofort fort, ohne den Zuschauern Gelegenheit zu geben, darüber nachzudenken, ob diese Analogie überhaupt Sinn macht.

Das durch die Hitze bereits erschöpfte Publikum hatte Schwierigkeiten, der Vorführung zu folgen. Bei jeder Unterbrechung der Demonstrationen zahlloser Wunder erging sich Lee in Tiraden gegen die Regierung, die Industrie und die Wissenschaft und in religiösen Phrasen. Er ließ keine Autorität aus. Lee sprach sogar über seine Zeit im Gefängnis – an seiner Verurteilung waren natürlich gierige Umweltverschmutzer schuld, die seine Technologie boykottieren wollten. „Ich habe nie studiert – ich bin kein gelehrter Mann – aber ich bin ein Mann Gottes." Stehende Ovationen.

Gegen Ende dieses langen Tages wurden Formulare herumgereicht, in denen man sich für einen Gratis-Generator eintragen konnte, der umsonst zu Hause installiert werden sollte und 15-mal so viel Energie produzierte wie man benötigte, ohne Kosten zu verursachen. Was das Unternehmen davon hat? Man verpflichtet sich, die überschüssige Energie an sie abzuführen, damit Better World sie weiterverkaufen kann. „Das ist Ihre Chance, der eine von 15 zu sein, der nie mehr eine Stromrechnung bezahlen muss."

Erwarten Sie aber bitte nicht, dass Sie den Generator sofort bekommen. Dennis Lee erläuterte, dass eine zu schnelle Einführung der neuen Technologie die ganze Wirtschaft lahm legen würde, aber um dies zu tun, liebte er Amerika viel zu sehr – es sei denn, jemand versuchte, ihnen Steine in den Weg zu werfen. „Wissenschaftler tun alles, was ihnen die Regierung vorschreibt. Wir wollen nur das Beste für Amerika, aber wenn es zum Konflikt kommen sollte, wird der Fisher-Motor siegen. Ein Kampf mit uns könnte sich sehr negativ auf die Vereinigten Staaten auswirken."

Es hatte keine Pause gegeben, aber es waren schon mehrere Stunden vergangen, und ich musste dringend die Herrentoilette aufsuchen. Vor den Urinalen einer Toilette entsteht eine ganz bestimmte Atmosphäre, in der es sehr leicht ist, ins Gespräch zu kommen.

Ich fragte den Mann neben mir, er schien in den Fünfzigern zu sein, ob er die Vorführung zum ersten Mal besuche. „Oh nein", antwortete er in dem gnädigen Tonfall des Insiders, der mit einem Neuling spricht. Er erklärte mir, dass er ein Händler aus Detroit sei und sich alle Vorführungen ansehe, um keine neuen Erfindungen zu verpassen. „Was verkaufen die Händler eigentlich genau?", fragte ich. „Es scheint alles noch in der Entwicklung begriffen." Eine kurze Pause entstand. „Oh, jede Menge Dinge", erwiderte er ausweichend. Ich forschte weiter nach. „Naja", sagte er schließlich, „mein bestes Gerät ist der Sonic Bloomer." Was dieses Gerät denn tue? „Es benutzt eine Frequenz außerhalb des Hörbaren, um das Wachstum von Blumen und Gemüse zu verbessern. Ich habe einen an meinen Schwiegervater verkauft, und seine Tomaten sind doppelt so groß wie meine." Ich hatte den Eindruck, dass dies das Einzige war, was er jemals verkauft hatte.

Höhepunkt der Show sollte die Fisher-Maschine sein, ein Perpetuum Mobile, dass seiner Umgebung Energie entzieht. Dennis Lee erklärte sie so: Man benötigt zunächst eine Flüssigkeit, die schon bei Zimmertemperatur leicht flüchtig ist. Das entstehende Gas treibt einen Kolben an. Wenn das Gas hinter den Kolben gerät, kühlt es sich ab. Mithilfe der „effizientesten Wärmepumpe der Welt“, die Lee angeblich erfunden hat, wird das Gas verdichtet und kondensiert. Die entstandene Flüssigkeit wird wieder in den Behälter geleitet, um den Kolben anzutreiben. Das Gesetz von der Erhaltung der Energie wird von der Maschine nicht verletzt, fügte Lee mit seiner nun völlig wiederhergestellten Stimme hinzu. Da sie ihre Energie aus der Umgebungstemperatur ziehe, arbeite sie eigentlich mit Solarenergie. Er nannte dies „die wichtigste Entdeckung in der Geschichte der Mechanik.“

Nun, nicht ganz. Erstens ist die Idee nicht wirklich neu. Der in Washington D. C. lebende Professor John Gamgee hatte sie bereits 1880 und nannte sie Zeromotor. Es gelang ihm damals, den Chefingenieur der US Navy, B. F. Isherwood, von seiner Theorie zu überzeugen. Isherwood träumte von einer Flotte, die keinen Hafen anlaufen musste, um Kohle nachzuladen. Auf Isherwoods Empfehlung hin überzeugte der Regierungsbeauftragte der Navy weitere Kabinettsmitglieder und sogar Präsident Garfiel selbst davon, ein Modell des Zeromotors in Augenschein zu nehmen.

Zweitens funktionierte es schon 1880 nicht. Obwohl die Navy schon 1880 viel investierte, gelang es Gamgee nicht, sein Modell zum Laufen zu bringen. Der französische Physiker Sadi Carnot hatte schon etwa 60 Jahre zuvor erklärt, warum dieser Motor nicht funktionieren kann.

Aufgrund des Widerstands des Kolbens kann sich das Gas nicht bis zum Kondensationspunkt abkühlen. Damit es wieder in den flüssigen Zustand übertritt, muss es gekühlt werden. Die Energie, die benötigt wird, um das Gas zu kühlen, ist größer als die Energiemenge, die die Maschine produziert. Carnot zeigte, dass ein Wärmeerzeuger immer zwischen einem kalten und einem warmen Körper arbeiten muss. Die Effizienz hängt von der Temperaturdifferenz ab. Sie entspricht der Höhe, die Wasser fallen muss, um ein Wasserrad zu drehen, worüber wir im ersten Kapitel bereits gesprochen haben. Eine Maschine, die ihrer Umgebung Energie entzieht, arbeitet daher mit null Prozent Effizienz. Das Ganze verstößt gegen den zweiten Hauptsatz der Thermodynamik. Wie konnte Better World Technologies also glauben, eine funktionsfähige Maschine bauen zu können?

Ganz so schwer ist das gar nicht – solange sie nicht ständig funktionieren muss. Gamgee versuchte, seinen Zeromotor mit Ammoniak zu betreiben. Der Fisher-Motor verwendete Kohlendioxid. Im Gegensatz zu Ammoniak existiert Kohlendioxid nur unter starkem Druck als Flüssigkeit. Bei atmosphärischem Druck, also unter Normalverhältnissen, schmilzt gefrorenes Kohlendioxid – auch „Trockeneis" genannt – nicht wie gefrorenes Wasser, sondern sublimiert, d. h., es geht direkt in den gasförmigen Zustand über. Der Flüssigkeitsbehälter der Fisher-Maschine muss daher ständig unter hohem Druck gehalten werden, bei Zimmertemperatur etwa 70 kg/cm^2. Ein Behälter mit flüssigem Kohlendioxid beinhaltet folglich eine große Menge gespeicherte Energie – genau die Energiemenge, die für das Zusammenpressen des Gases benötigt wird. Die Fisher-Maschine wird also von komprimiertem Kohlendioxid angetrieben. Da flüssiges Kohlendioxid bei Zimmertemperatur kocht, entsteht genug Gas, um den Kolben anzutreiben, so wie ein Kessel eine Dampfmaschine antreibt. Die Fisher-Maschine läuft solange, bis das Kohlendioxid verbraucht ist. Lange genug für eine Vorführung – aber nicht viel länger.

An jenem Tag funktionierte die Maschine allerdings überhaupt nicht. Während Dennis Lee auf der Bühne schwadronierte, bereitete Dr. Fisher hinter dem Vorhang seine Maschine für die Demonstration persönlich vor. Plötzlich hörte man ein lautes Zischen wie von entweichendem Gas hinter der Bühne. Ein paar Minuten danach erschien Dr. Fisher. Er wurde mit warmem Applaus empfangen, hatte jedoch schlechte Nachrichten zu überbringen. Es war nicht gelungen, die Maschine in Betrieb zu setzen.

Der unerwartet große Besucheransturm hatte die Klimaanlage überlastet und dazu geführt, dass die Raumtemperatur auf 30 Grad Celsius gestiegen war. Das entspricht der kritischen Temperatur von Kohlendioxid. Man hätte die Maschine früh morgens starten sollen, als es noch kühl genug war, erklärte Dr. Fisher bedauernd, dann hätte sie die Raumtemperatur automatisch niedrig gehalten. Auch das wäre eine Verletzung des zweiten Hauptsatzes der Thermodynamik. Dennis Lee hat zwar eine Menge Gesetze gebrochen, aber nicht die Gesetze der Thermodynamik.

Einige Wochen später erhielt ich einen Anruf von einem Fernsehproduzenten. Die Verantwortlichen hatten entschieden, Dennis Lees Geschichte nicht in ihrem Nachrichtenmagazin zu bringen. Sie war einfach zu technisch. Das Fernsehen ist stärker an emotionalen Geschichten interessiert. Es ist kein Wunder, dass das Durchschnittspublikum Scharlatane von Experten nicht unterscheiden kann. Es ist niemand da, der ihnen sagt, wer wer ist.

Better World Technologies und Dennis Lee führen auch heute noch Demonstrationen durch, aber selbst die Händler müssen ihren Strom weiterhin von einem Anbieter kaufen. Die Auslieferung der Gratisgeneratoren hat noch nicht begonnen.

Man macht es sich zu einfach, wenn man sagt, das Publikum in Hackensack hätte sich mehr als naiv verhalten und verdiene es geradezu, betrogen zu werden. Ich persönlich hatte den Eindruck, dass die Besucher etwas mehr von Technik verstanden als der Durchschnittsbürger, außerdem ist ein gewisses Misstrauen gegenüber der Obrigkeit durchaus verständlich. Schließlich werden eine Menge haarsträubender Behauptungen im Namen der Wissenschaft aufgestellt. Dieses Misstrauen darf allerdings nicht so weit gehen, dass auch die grundlegenden Gesetze der Physik angezweifelt werden. Trotzdem tappen selbst Menschen mit technischer Bildung in verantwortungsvollen Positionen in die gleiche Falle.

Liebling, ich habe den Wasserstoff geschrumpft

Die Wirtschaftsredakteurin von *The Princeton Packet* arbeitete an einer Geschichte über die kleine Hightech-Firma BlackLight Power, die gerade nach Princeton umzog. Zwei große Versorgungsbetriebe hatten zehn Millionen Dollar in die Firma investiert, man benötigte nun ein größeres Labor. Die Redakteurin wollte wissen, was ich über Randall Mills und seine angeblich unerschöpfliche, umweltfreundliche Energiequelle sagen könne.

Mills, Gründer von BlackLight Power, hatte behauptet, es handle sich um „die wichtigste Entdeckung, seit das Feuer nutzbar gemacht wurde". Ich bat sie, einen Moment zu warten und schenkte mir eine Tasse Kaffee ein. Das hier würde eine Weile dauern.

Dr. Randall Mills hat 1986 die Harvard Medical School abgeschlossen. Von der Schulmedizin gelangweilt, schloss er sich im Frühling 1989 den Anhängern der kalten Fusion an, um das Experiment von Pons und Fleischmann zu wiederholen. Zwei Jahre später, als die meisten Wissenschaftler sich längst wieder interessanteren Themen zugewandt hatten, berief Mills eine Pressekonferenz in Lancaster, Pennsylvania, ein und gab bekannt, das Rätsel der kalten Fusion gelöst zu haben. Es handle sich gar nicht um Fusion im eigentlichen Sinne, sondern um einen katalytischen Prozess, in dessen Verlauf Wasserstoffatome in einen Zustand unterhalb des Grundzustands übergehen. In diesem Zustand sind sie viel kleiner als normale Wasserstoffatome. Mills nennt sie Hydrinos. Bei dem Übergang werden große Mengen Energie frei.

„Ein Zustand unterhalb des Grundzustands", das ist natürlich ein Widerspruch. *Grundzustand* bedeutet ja das niedrigste mögliche Energieniveau eines Systems. Wir haben ihn zuvor mit einem Wecker verglichen, dessen Antriebsfeder völlig entspannt ist. Mills behauptete, eine „große vereinheitlichte Theorie der klassischen Quantenmechanik" entwickelt zu haben, die erklärt, wie es zu einem Zustand unterhalb des Grundzustands kommen kann.

Gemäß Mills können sich die geschrumpften Atome viel stärker annähern, was zuvor häufig mit Fusion verwechselt worden war. Deuterium könne eventuell sogar manchmal verschmelzen, was die zeitweise beobachteten Neutronenemissionen erklärt. Außerdem wird dadurch deutlich, warum selbst mit normalem Wasserstoff Wärme produziert werden kann. Mills war sogar der Meinung, dass normales Wasser schwerem Wasser vorzuziehen sei, da so die Verschmelzung und die sie begleitende radioaktive Strahlung vermieden werde.

Die Wissenschaft reagierte auf Mills genauso wie auf Joe Newman – nämlich gar nicht. Zum einen gab es nicht viel, worauf man reagieren konnte. Mills' „Theorie" erinnerte mich an den

Kommentar meines Doktorvaters, als ich meine erste wissenschaftliche Arbeit als „Theorie" bezeichnete. „Es ist insofern eine Theorie", sagte er freundlich, „als sie mit einem Stift geschrieben wurde." Ferner hatte Mills keinerlei experimentelle Nachweise zu bieten.

Das Energieniveau von Atomen wird anhand ihrer Spektren ermittelt. Durch Strahlung können Atome schneller werden und damit ein höheres Energieniveau erreichen.

Wenn sie wieder auf das niedrigere Niveau zurückspringen, emittieren sie Photonen mit genau dem Energiegehalt, der der Energiedifferenz zwischen den Niveaus entspricht. Man spricht dabei von „Quantensprüngen". Dieser Prozess endet, wenn die Atome ihren Grundzustand erreicht haben. Das Spektrum eines Elements besteht also aus einer Serie scharfer Linien – sehr reiner Farben –, die einem Fingerabdruck vergleichbar sind. Sodium zum Beispiel besitzt in der gelben Region zwei starke Spektrallinien. Sie erzeugen das gelbe Licht von mit Sodium gefüllten Straßenlaternen.

Die Erklärung des Wasserstoffspektrums war einer der großen Triumphe der Quantenmechanik. Die Theorie hat jede einzelne Linie genau erklärt. Es gibt nichts, was auf so etwas wie Hydrinos hindeutet. Das Wasserstoffspektrum ist praktisch die Grundlage der Atomphysik, denn es repräsentiert ein exakt lösbares Problem. So etwas findet man in der Physik nicht sehr oft. Alle Probleme, bei denen mehr als zwei Körper eine Rolle spielen, können nur in Annäherungen erklärt werden, auch wenn diese Annäherungen sehr genau sind. Bei Wasserstoff spielen aber nur zwei Körper eine Rolle – ein Proton und ein Elektron –, es kann daher exakt gelöst werden, was profunde Einsichten in komplexere Probleme ermöglicht. Es gibt im ganzen Universum kein physikalisches System, das man besser kennt als das Wasserstoffatom.

Ich ging davon aus, dass man nach der Pressekonferenz 1991 nie mehr etwas von Randall Mills und seinen Hydrinos hören würde. Wie bei Joe Newman hatte ich Unrecht. Ein paar Monate später hörte ich zu meiner Überraschung davon, dass Mills eine Firma mit dem Namen HydroCatalysis gegründet hatte. Der erste Interessent für seine Technologie, die stark an eine Zelle für kalte

Fusion erinnerte, war die NASA, die hoffte, damit den Antrieb für eine Sonde zum Pluto gefunden zu haben. Ein weiterer Fall von Pascals Wette, also eine kleine Investition in ein Projekt, das zwar wahrscheinlich nicht funktionieren würde, aber ein Riesenerfolg wäre, wenn es dies doch täte. Die Tests der NASA ergaben „keine eindeutigen Ergebnisse". Davon spricht die NASA immer dann, wenn etwas nicht funktioniert – aber wenn sie sagen würde, „es funktioniert nicht", müsste sie erklären, warum sie so viel Geld für eine einfache Elektrolysezelle bezahlt hat.

Die Firma HydroCatalysis tauchte jedoch später unter dem Namen BlackLight Power wieder auf und wandte sich um Unterstützung an Versorgungsbetriebe.

Große Unternehmen legen häufig ein gewisses Risikokapital zur Seite, das in neue, unerprobte Technologien investiert wird. In dieser Phase ist das Risiko zwar groß, die Investition dagegen günstig. Das ist an sich keine schlechte Taktik, so lange wenigstens eine geringe Chance auf Erfolg besteht. Wer aber auf Hydrinos setzt, wettet gegen die Grundgesetze der Physik.

Dennoch investierten zwei Unternehmen zehn Millionen Dollar in BlackLight Power. Im Erfolgsfall wäre die Technologie Milliarden wert, bei einem Misserfolg hätte man ein paar Millionen verloren. Gab es denn überhaupt keine Erfolgsaussichten? Die Verantwortlichen für das Risikokapital der Unternehmen waren offenbar anderer Meinung. Sie erkannten die Autorität der Wissenschaft nicht an. Das ist nicht dasselbe wie die Ablehnung einzelner Wissenschaftler. Man sollte Wissenschaftlern durchaus misstrauen, denn eine Menge hanebüchener Theorien werden von Leuten vorgelegt, die sich als Wissenschaftler bezeichnen. Aber diese beiden Unternehmen machten gleich zwei Fehler: Sie glaubten Randall Mills und misstrauten den Grundlagen der Physik.

Die Angestellte des *Princeton Packet* hörte sich meine Ausführungen genau an. „Aber könnte es nicht vielleicht möglich sein", fragte sie, „dass die Gesetze der Physik in diesem Fall falsch sind und Randall Mills Recht hat?" Es kommt darauf an, was man mit „möglich" meint. In gewisser Hinsicht ist es „möglich", denke ich, aber das würde bedeuten, dass die Basis unserer modernen

Physik, die sich bisher als überaus erfolgreich erwiesen hat, fehlerhaft ist. Man sollte vielleicht besser fragen: „Wie stehen die Chancen, dass Randall Mills Recht hat?“ Mit an Sicherheit grenzender Wahrscheinlichkeit liegen sie bei null. Wir haben es wieder mit Pascals Wette zu tun.

Podkletnows Schwerkraftschild

Das Problem ist, dass wir alle an Wunder glauben *wollen*. Wissenschaftler vielleicht sogar noch mehr als andere. Deshalb sind sie ja zur Wissenschaft gekommen. Natürlich gibt es die Wunder der Wissenschaft – wie es scheint, von Jahr zu Jahr mehr – oder zumindest Fortschritte, die noch vor wenigen Jahren als Wunder bezeichnet worden wären. Außerdem, wie soll man Investoren von Investitionen in Hydrinos abhalten, wenn Wissenschaftler der NASA in Schwerkraftschilder investieren?

Unter mehreren Dutzend Förderpreisen, die die NASA 1999 für innovative Forschung an kleinere Betriebe verlieh, ging einer in Höhe von 600 000 Dollar an Superconductive Components in Columbus, Ohio, zur Finanzierung der Herstellung einer geschichteten Supraleiterscheibe mit 30 Zentimetern Durchmesser.

Die Scheibe war Teil eines Tests. Damit sollte die 1992 von dem russischen Physiker Eugene Podkletnow aufgestellte Behauptung, ein Objekt, das über einer rotierenden Scheibe aus supraleitendem Material platziert wird, verlöre zwei Prozent seines Gewichts. Die Arbeit war in Finnland durchgeführt worden, die Scheibe kam aus Moskau und bestand aus dem neuesten keramischen Material mit besonders hoher Übergangstemperatur.

Die Supraleitfähigkeit war an sich schon ein Wunder, als sie 1911 von dem holländischen Physiker Kamerlingh Onnes entdeckt wurde. Er bemerkte, dass Quecksilber seinen elektrischen Widerstand verliert, wenn es auf unter vier Grad Kelvin (–269 Grad Celsius) abgekühlt wird. Mit klassischer Physik war dieses Phänomen nicht zu erklären, es war vielmehr eine Antizipation der Quantenrevolution, die schon bald in der Physik stattfinden würde. Dennoch dauerte es noch 42 Jahre, bis der amerikanische

Physiker John Bardeen und zwei seiner Studenten, Leon Cooper und Robert Schrieffer, die Supraleitfähigkeit mithilfe der Quantenmechanik erklärten. 1986 geschah ein weiteres „Wunder", als Alex Mueller und Georg Bednorz im Züricher Labor von IBM eine neue Klasse von keramischen Supraleitern mit deutlich höheren Übergangstemperaturen entdeckten. Alle drei Entdecker wurden mit Nobelpreisen belohnt.

Könnte es sich bei Podkletnows Berichten über ein Schwerkraftschild um ein weiteres Wunder handeln? Die Wissenschaftler rissen sich nicht gerade darum, das herauszufinden. Die Schwerkraft ist im Vergleich zur elektromagnetischen Kraft sehr klein. Es ist ziemlich schwierig, bei solchen Messungen Fehler ganz auszuschließen oder die notwendigen supraleitfähigen Scheiben herzustellen. Ferner schien der unbekannte Forscher Podkletnow keine Erklärung dafür zu haben, warum dieser Effekt eintreten sollte. Seine Theorie war in einem nicht gerade renommierten Magazin erschienen, und einer der Co-Autoren bat darum, dass sein Name nicht erwähnt würde – kein gutes Zeichen.

Im Übrigen hört man immer wieder mal davon, dass die Schwerkraft überwunden wurde, aber die Gerüchte verschwinden nach ein paar Wochen oder Monaten wieder. Am 26. Dezember 1989 rief mich Bill Broad, Wissenschaftsjournalist der *New York Times*, in meinem Büro an. In der letzten Ausgabe der *Physical Review Letters*, der vielleicht angesehensten Fachzeitschrift dieser Art, war ein Artikel erschienen, in dem zwei japanische Wissenschaftler behaupteten, in einem mechanischen, rotierenden Gyroskop einen Gewichtsverlust von 0,5 Prozent gemessen zu haben – allerdings nur bei einer Rotation gegen den Uhrzeigersinn.

Offenbar war ich der einzige Physiker, den er am zweiten Weihnachtstag bei der Arbeit erwischen konnte. Ich entgegnete, dass diese Behauptung meiner Meinung nach in Kürze widerlegt würde, und nur sechs Wochen später wiederholte eine Forschungsgruppe im Joint Institute for Laboratory Astrophysics in Boulder, Colorado, das Experiment, ohne einen Effekt feststellen zu können. Da man mich in der *New York Times* zitiert hatte, wurde ich in der Folgezeit jedoch noch mit Anrufen aus aller Welt überflutet. Jeder Anrufer behauptete, die Antigravitation zuerst entdeckt zu haben. Einer erzählte mir, bereits das Patent auf Antigravitation zu besitzen, einige wiesen mich darauf hin, dass fliegende Untertassen mit dieser Technik flögen, schließlich erklärte mir jemand, Untersuchungen mithilfe eines Frisbees angestellt zu haben.

Niemand nahm Podkletnows Theorie ernst genug, um sie nachzustellen – außer der NASA. Die NASA gab in den nächsten vier Jahren mehr als eine Million Dollar aus, um das Experiment zu wiederholen. Bisher „ohne eindeutige Ergebnisse". Genauer gesagt, man hatte eine Gewichtsveränderung von 0,0001 Promille festgestellt und musste einräumen, dass dies auch ein Messfehler sein könnte. Jede Gewichtsveränderung wäre als Sensation zu werten, aber sehr kleine Effekte werfen grundsätzlich Fragen nach Fehlern im Versuchsaufbau auf.

Podkletnow wurde sogar in die USA eingeladen, um die Experimente begleiten zu können. Er zeigte sich verwirrt, denn beim ersten Mal hatte es ja funktioniert. Das Experiment wurde über einer 15 Zentimeter messenden Scheibe durchgeführt, die von Superconductive Components mit einer Subventionshilfe von 70000 Dollar hergestellt worden war. Podkletnow schlug vor, eine größere Scheibe zu verwenden. Im Moment wird diese Scheibe gerade hergestellt. Sie ist geschichtet, um den Effekt zu vergrößern.

In einem Interview mit dem Wissenschaftsjournalisten des *Columbus Dispatch* versuchte einer der Leiter des Space Science Laboratory im Marshall Space Flight Center in Alabama zu erklären, warum weiterhin Geld in ein Projekt investiert wird, das so geringe Erfolgsaussichten hat. „Lassen Sie Ihrer Fantasie freien Lauf", sagte er. „Was könnten Sie tun, wenn man in der Lage wäre, die Schwerkraft zu halbieren oder ganz aufzuheben?" Der Reporter rief mich an und wiederholte die Frage. „Was man tun könnte?" Nun, man könnte zum Beispiel ein Perpetuum Mobile bauen. Stellen Sie sich beispielsweise ein Rad auf einer horizontalen Achse vor. Wenn man nun mit einem Schwerkraftschild eine Hälfte des Rads umgibt, gerät es aus der Balance und beginnt, sich zu drehen – und zwar für immer.

Das ist keine neue Idee, davon sprach man schon vor 250 Jahren. Das Einzige, was damals noch fehlte, war das Schild. Es fehlt immer noch.

Man kann nun folgende Schlüsse ziehen: Entweder akzeptiert man den 1. Hauptsatz der Thermodynamik, das bedeutet, dass die Tatsache, dass ein Schwerkraftschild den Bau eines Perpetuum Mobiles erlaubt, gleichzeitig Beweis dafür ist, dass ein solches Schild unmöglich hergestellt werden kann; oder man glaubt nicht an den 1. Hauptsatz der Thermodynamik und startet die Suche nach einem Schwerkraftschild. Die Wissenschaftler der NASA entschieden sich für die zweite Möglichkeit. Sie wetten gegen die Gesetze der Thermodynamik. Bislang hat noch niemand eine solche Wette gewinnen können.

Der Zauberer aus den Wäldern

Zum Ende unserer Erörterung von Perpetuum Mobiles und unerschöpflichen Energiequellen sollten wir noch einmal auf Joe Newmans Energiemaschine zurückkommen. Kurz nachdem ich Newman in seinem Haus in Lucedale angerufen hatte, gab er öffentlich bekannt, dass er Mississippi verlassen würde. Er hatte neue Sponsoren gefunden und wollte nach Castle Rock, Colorado, um dort Newman Energy Technologies Corporation zu gründen. „Es ist meine persönliche Überzeugung", konstatierte er, „dass der Gott, an den ich glaube, mir einen neuen Weg für meine Technologie aufgezeigt hat."

Gemäß Newman ist es Gottes Plan, die Energieproduktion vollständig zu dezentralisieren. Jedes Haus, jede Firma und jeder Hof bekommt eine eigene Energiemaschine, die unbeschränkt umweltschonende Energie produziert.

Mithilfe unendlich großer Energiemengen könnte man Salzwasser in Trinkwasser und die Wüste zu einer Oase umwandeln. Darüber hinaus werde man damit die damals anstehende Milleniumskatastrophe abmildern, die am 1. Januar 2000 unweigerlich eintreten müsse, da man ja nicht mehr vom allgemeinen Stromnetz abhängig wäre.

Am neuen Standort wurde bekannt gegeben, dass Newman Energy Technologies am 12. September 1998 in Phoenix den Prototyp eines Motors/Generators vorstellen werde, der mit über 100 Prozent Effizienz arbeitet. Die Besucher nahmen teilweise lange Anfahrten in Kauf, um die neue Maschine zu besichtigen, aber leider funktionierte sie nicht. Die Demonstration wurde ein Fiasko. Die Maschine war von einer Firma in Pennsylvania gebaut worden, die später von Newman verklagt wurde, den Motor/Generator sabotiert zu haben.

Womöglich war ein Komplott gegen ihn im Gang. Newman ließ sich aber nicht davon abhalten, unter den Zeugen seiner „Demonstration" Investoren zu werben. „Stellen Sie sich ein solches Gerät zu Hause auf, und Sie müssen nie mehr Stromrechnungen bezahlen." Newman erzählte den Menschen immer noch genau dasselbe wie vor 15 Jahren. Er hatte im Westen der USA neu angefangen. In Lucedale wusste inzwischen jeder, dass auch sein eigenes Haus an das allgemeine Stromnetz angeschlossen war.

Sieben

Der Strom der Angst – Verursachen Hochspannungsleitungen Krebs?

Armut vermeidet man am besten

Paul Brodeur war nicht anwesend, als die National Academy of Sciences (NAS) die Ergebnisse einer umfassenden, drei Jahre dauernden Untersuchung veröffentlichte, die sich mit den gesundheitlichen Folgen örtlich auftretender elektromagnetischer Felder beschäftigte. Er schrieb damals schon nicht mehr für den *New Yorker*. Das Magazin war im Sommer 1992 vollkommen überarbeitet worden und Brodeur passte nicht mehr zu dem neuen Image. Seine Artikel hatten 1989 in weiten Kreisen erstmals große Ängste vor Starkstromleitungen und damit zusammenhängenden Krebserkrankungen geschürt. Ohne Paul Brodeur hätte die Untersuchung gar nicht stattgefunden. Inzwischen hatte er sich zurückgezogen, doch nach Bekanntgabe der Ergebnisse griff Brodeur wieder zur Feder.

Der große Konferenzraum des Akademiegebäudes in der Constitution Avenue in der Nähe des Lincoln Memorial war vollbesetzt mit Reportern, Fernsehleuten mit ihren Geräten und wenigen Wissenschaftlern.

Immerhin handelte es sich hier um die gründlichste, neueste und prestigeträchtigste Untersuchung, die je auf der Basis einer riesigen Menge wissenschaftlicher Daten zum Zusammenhang von Starkstromleitungen und Krebserkrankungen durchgeführt worden war. Der Leiter der Untersuchung war Charles Stevens, anerkannter Neurobiologe am Salk Institute. Er erklärte zuerst die Schwierigkeiten, die bei der Identifikation schwacher Umweltschäden auftreten. 17 Jahre lang hatten Forscher sich damit beschäftigt, das Schädigungspotenzial von Starkstromleitungen einzuschätzen; sie hatten epidemiologische, labor- und computertechnische Studien durchgeführt. Stevens erläuterte: „Wir haben über 500 Studien einbezogen, aber letztendlich konnten wir keinerlei Gesundheitsgefährdung durch Magnetfelder feststellen."

In der Wissenschafts-Szene hatte man die Zusammensetzung des Komitees mit einigem Unbehagen zur Kenntnis genommen, denn es schienen zu viele Wissenschaftler darin zu sitzen, die vielleicht Interesse daran haben könnten, dass diese Kontroverse nicht beigelegt würde. Der zweite Vorsitzende des Komitees war David Savitz, Epidemiologe von der University of South Carolina. Sein Ruf gründete auf seinen Arbeiten zum Zusammenhang von EMF (elektromagnetischen Feldern) und Krebs. Seine Anwesenheit hatte für die größten Bedenken gesorgt, aber etwa die Hälfte der anderen Komiteemitglieder hatten ebenfalls mit den gesundheitlichen Folgen von EMF zu tun. Sollte der Bericht die EMF entlasten, könnte das die Streichung ihrer Forschungsgelder zur Folge haben. Das Komitee könnte also zu der Meinung gelangen, es sei besser, keine endgültige Entscheidung zu fällen, sondern vielmehr weitere Subventionen zu fordern, um weiterforschen zu können. Ähnlich hatten sich auch frühere Forschungsgruppen verhalten.

Tatsächlich lautete die eindeutige Meinung des Komitees jedoch, dass „die bestehende Lage der Fakten keine Rückschlüsse darauf zulässt, ob diese Felder die menschliche Gesundheit gefährden". Im Raum befanden sich aber auch Reporter, die schon seit Jahren im Fahrwasser von Paul Brodeur Artikel zu genau dieser Gefährdung schrieben. Für Lou Slesin, den Chefredakteur der *Microwave News*, einem einflussreichen Magazin, das ausschließlich über EMF schrieb, war sie praktisch die Basis seines Berufs. Diese Journalisten konnten jetzt nicht einfach schreiben, dass alles nur falscher Alarm gewesen sei. Sie durchleuchteten den Bericht des Komitees nach Schwachstellen.

Gab es konkrete Hinweise darauf, dass EMF *keine* Gesundheitsrisiken bergen, fragte ein Journalist? Das war natürlich eine klassische Fangfrage. Wenn man keine eindeutige Verbindung zwischen EMF und Krebs feststellen kann, könnte es dann nicht sein, dass nur bestimmte Menschen dafür besonders anfällig sind?

Oder dass EMF erst in Kombination mit anderen Umweltfaktoren gefährlich werden? Es gibt zahllose Möglichkeiten, und jede wirft neue Fragen auf, die nur durch zusätzliche Forschung zu beantworten sind. Wenn diese Forschungen abgeschlossen sind, kann man ja immer noch nach einer größer angelegten Studie oder genaueren Messungen fragen, die vielleicht ein bisher unentdecktes Problem auf einer noch tieferen Ebene ausmachen könnte. An welchem Punkt sollten Forscher entscheiden, dass eine Verbindung, falls es sie gibt, zu schwach ist, um sie identifizieren zu können, oder die Schädigung so gering, dass man sich um sie nicht zu sorgen braucht?

Stevens gab zu, dass es statistisch gesehen eine etwas höhere Rate von Leukämieerkrankungen bei Kindern gäbe, die in der Nähe von Starkstromleitungen wohnen. „Die Frage ist, was zu dieser erhöhten Zahl geführt hat." Die Magnetfelder können es nicht sein, wie die Untersuchungen zeigten, denn nachdem man die Felder innerhalb der Häuser gemessen hatte, verschwand jeder statistische Zusammenhang. Was ist also Ursache für die erhöhte Zahl von Leukämieerkrankungen? „Wir wissen es einfach nicht", sagte Stevens, wies aber darauf hin, dass Wohnsiedlungen in der Nähe von Starkstromleitungen größtenteils ärmlich, überfüllt und verschmutzt sind – alles Risikofaktoren für Krebs.

Offensichtlich hatten viele Reporter Schwierigkeiten mit der Vorstellung, dass es eine Kausalität zwischen Starkstromleitungen und Leukämie bei Kindern geben sollte, ohne dass die Starkstromleitungen selbst der Grund dafür sind. Wenn das Gremium nicht in der Lage war, den statistischen Zusammenhang zwischen Starkstromleitungen und Krebserkrankungen zu erklären, erkundigte sich ein Journalist, sollte man dann nicht nach dem Motto „vorbeugende Vermeidung" verfahren? Der Begriff „vorbeugende Vermeidung" wurde von Granger Morgan von der Carnegie Mellon University geprägt. Er war dadurch zu gewisser Bekanntheit gelangt, dass er besorgten Eltern die vorbeugende Vermeidung gepredigt hatte, unter der sich allerdings jeder etwas anderes vorstellte. Sollte man vielleicht auf elektrisches Haarefönen verzichten oder nur noch mit Kerzen für Beleuchtung sorgen? „Wir wissen gar nicht, was wir den Leuten raten sollten zu vermeiden“, erläuterte Stevens geduldig. Da Starkstromleitungen und Leukämie bei Kindern hauptsächlich in armen und überbevölkerten Regionen auftreten, wäre es vielleicht am besten, es zu vermeiden, arm zu sein.

An diesem Abend fasste Peter Jennings den Bericht in den Abendnachrichten der ABC zusammen: „Starkstromleitungen verursachen keinen Krebs – Punkt.“ Einige Journalisten sahen den Zusammenhang zwischen Stromleitungen und Leukämie jedoch als nicht vollständig geklärt an.

Sie waren derselben Meinung wie Brodeur: Wenn Kinder, die in der Nähe von Starkstromleitungen leben, ein erhöhtes Leukämierisiko aufweisen, dann liegt das an den Stromleitungen.

Um verstehen zu können, warum die Kontroversen über die Stromleitungen so lange Zeit bestehen bleiben konnten, obwohl es praktisch keinerlei Beweise gibt, muss man zuerst auf eine andere Diskussion zu EMF zurückblicken, bei der es um Mikrowellen ging. Auch damals war es Paul Brodeur, der die Öffentlichkeit alarmierte.

Fauler Zauber

Die Kinder von Ellie Adair waren in der Schule, also konnte sie ihre Mutterinstinkte an den squirrel monkeys ausleben, Versuchstieren in ihrem Labor. Squirrel monkeys sind Primaten mit Greifschwänzen und großen Augen in ausdrucksvollen, winzigen Gesichtern. Sie sind freundlich, sanft und von Natur aus sehr reinlich. Mrs. Adair sorgte sich um die Phasen zwischen den Experimenten. Während dieser Zeiten wurden die Affen teilnahmslos, sie verloren Gewicht und putzten sich nicht mehr. Wenn die Experimente erneut begannen, lebten die Affen wieder auf, sie hatten mehr Appetit, und ihr Fell wurde glänzender. Also versuchte Mrs. Adair, die Affen möglichst ununterbrochen zu beschäftigen. Unter Forschern hatte sie den Ruf, die gesündesten Affen zu besitzen. Sie selbst glaubte, dass es auch die glücklichsten waren.

Ellie Adair forschte am John B. Pierce Foundation Laboratory, das mit der Yale University zusammenarbeitet, und war eine Autorität auf dem Gebiet der Temperaturregulierung im menschlichen Körper. Säugetiere und Vögel halten ihre Körpertemperatur auch bei stark schwankender Außentemperatur und trotz körperlicher Anstrengungen praktisch konstant. Das Kontrollzentrum dieses Regulierungssystems ist der Hypothalamus. Dort wird die Temperatur des Blutes ständig gemessen, schon beim geringsten Temperaturanstieg sendet der Hypothalamus Befehle aus, zu transpirieren, die Atmung zu intensivieren und die Blutgefäße zu erweitern, die das Blut zur Haut transportieren. Die Befehle werden mithilfe eines komplizierten Zusammenspiels von chemischen Botenstoffen und Nervenstimulationen weitergeleitet.

Adair setzte die Affen bei ihren Experimenten Mikrowellen aus, so wie man Lebensmittel in einem Mikrowellengerät erhitzt, und beobachtete ihre Reaktion. Schaden wurde den Affen bei diesen Versuchen nicht zugefügt, denn das Strahlungsniveau wurde sehr niedrig gehalten. Die Affen hatten sogar gelernt, das Niveau der Strahlung selbst einzustellen.

Im Dezember 1976 bekam Mrs. Adair einen Anruf von einem ihrer Kollegen. „Sie sollten einen Blick in die neueste Ausgabe des *New Yorker* werfen“, empfahl er. Sie erwarb ein Exemplar auf dem Weg nach Hause. Darin fand sich ein Artikel mit dem für das Magazin damals typisch unauffälligen Titel „Microwaves-I“, verfasst von dem Journalisten Paul Brodeur. Er schrieb: „Man weiß, dass Mikrowellen das zentrale Nervensystem von Rhesusaffen und anderen Primaten stark beeinflussen.“ Wer weiß das, fragte sich Mrs. Adair.

Mikrowellen sind elektromagnetische Strahlung, Wellen elektrischer und magnetischer Felder, die sich mit Lichtgeschwindigkeit bewegen und sich von sichtbarem Licht nur durch die Schwingungsfrequenz unterscheiden. Wir sind ständig von elektromagnetischer Strahlung umgeben, von der wir aber nichts spüren oder sehen können. Das sichtbare Licht macht nur einen kleinen Ausschnitt des elektromagnetischen Spektrums aus. Direkt unterhalb des sichtbaren Lichts liegt infrarote Strahlung, die wir als Wärme wahrnehmen. Mikrowellen haben eine noch niedrigere

Frequenz. Unsere Sinne reagieren zwar nicht direkt auf Mikrowellenstrahlung, sie wird jedoch von einzelnen Molekülen des Körpers absorbiert und erhöht die Amplitude ihrer Vibrationen. Ab einer gewissen Intensität beginnt die Wärme, die Zellen zu zerstören, wie es in einem Mikrowellengerät geschieht. Bei Adairs Experimenten wurde diese Intensität aber bei weitem nicht erreicht.

Sie hatte sich von der Harmlosigkeit von Mikrowellenstrahlung überzeugt, bevor sie ihre Forschungsarbeit überhaupt begann. Die biologischen Auswirkungen von Mikrowellen waren schon 30 Jahre lang untersucht worden, es gab bereits ausführliche Fachliteratur. Der Beginn der Forschung liegt im Zweiten Weltkrieg und fällt mit der Entwicklung des Radars zusammen, die ihren Anfang fand, als ein Techniker feststellen musste, dass ein Schokoladenriegel in seiner Tasche geschmolzen war, nachdem er an einem Sender vorbeigelaufen war. Die Armee stellte sofort ein Programm auf, um herauszufinden, ob Techniker und ihre Mitarbeiter, die direkt mit der Strahlung von Hochleistungs-Radarsystemen in Kontakt kamen, gesundheitlichen Gefahren ausgesetzt waren. Ein großer Teil der Forschung zu Mikrowellen wird auch heute noch vom Verteidigungsministerium bezahlt.

Das Mikrowellengerät, ursprünglich Radar Ranges genannt, ist ein Produkt dieser Forschung. Als Brodeurs Artikel erschien, kamen gerade die ersten Mikrowellenöfen auf den Markt. Die Hersteller verließen sich auf dieselben Experten wie Mrs. Adair. Anfangs hatte man befürchtet, dass Mikrowellen die Augen schädigen könnten, da sie Wärme nicht so gut ableiten wie andere Organe. Der Washingtoner Kolumnist Jack Anderson hatte darüber berichtet und einen Anstieg von Patientenzahlen, die an grauem Star erkrankten, in Zusammenhang mit der Benutzung von Mikrowellengeräten beschrieben. Es kann passieren, dass Strahlung aus dem Gerät austritt, aber entsprechende Experimente zeigten keinerlei Schädigungspotenzial dieser Strahlung. Solange das Gerät ausreichend gesichert ist und niemand die Hand hineinstecken kann, gibt es keinen Grund zur Besorgnis.

Paul Brodeur bildete sich über die Tatsachen, die Mrs. Adair beruhigt hatten, jedoch eine völlig andere Meinung. Seine Karriere hatte er während des Kalten Kriegs damit begonnen, dunkle Geheimnisse des CIA aufzudecken, im Jahr 1968 war er dann dazu übergegangen, Umwelt- und Wirtschaftsskandale zu untersuchen. Zwischen Asbest und Mikrowellen hatte er seine Nische gefunden und berichtete über die Gefahren moderner Technologie. Brodeur war technisch nicht vorgebildet. Seine Einstellung war nach wie vor vom Kalten Krieg geprägt, daher fragte er sich grundsätzlich zuerst: Wer könnte etwas davon haben? Wer hat etwas zu verbergen?

Seit dem Zweiten Weltkrieg, warnte Brodeur, war die elektromagnetische Strahlung durch Radar, Fernsehen und Funkwellen in New York City um den Faktor 100 Millionen gestiegen. Die Zahl hörte sich dramatisch an, war aber völlig bedeutungslos. Auch in dieser Intensität ist die Strahlung harmlos. In der Natur entstehen Mikrowellen durch die so genannte Schwarzkörper-Strahlung, die von allen warmen Körpern abgegeben wird. Bei normalen Temperaturen bewegt sich die Strahlung aber im infraroten Bereich. Nur sehr wenig Strahlung liegt im Mikrowellenbereich. Das ist einer der Gründe dafür, dass sich Mikrowellen so gut für Radar und Kommunikation eignen. Dieser Teil des Spektrums ist relativ „ruhig".

Brodeur unterschied nicht zwischen der bedeutungslosen Hintergrundstrahlung durch das Fernsehen und der intensiven Strahlung, die in der Umgebung einer Radarantenne herrscht. Die Liste der gesundheitlichen Probleme, die Brodeur mit der Strahlung in Zusammenhang brachte, reichte von grauem Star über Fehlgeburten und Missbildungen bis hin zu Krebs.

Dass ein Großteil der Forschung zu den biologischen Folgen der Mikrowellen vom Verteidigungsministerium finanziert wurde, fasste Brodeur als Hinweis darauf auf, dass es so genaue Informationen über die Gefahren erlangen wollte. Als Wissenschaftler aus der Industrie über ähnliche Resultate berichteten, bewies das in Brodeurs Augen, dass die Elektroindustrie mit dem Militär unter einer Decke steckte. Als auch unabhängige Forscher die Hintergrundstrahlung belächelten, wurden sie Teil der Verschwörung.

Wenn wir in den letzten Jahren irgendetwas über unsere Umwelt erfahren haben, dann dass wir Warnungen ernst nehmen müssen und den beruhigenden Aussagen der Obrigkeit mit Misstrauen begegnen sollten. Wir haben erlebt, dass die Tabakindustrie ihre eigenen Studien zu Nikotinabhängigkeit und den gesundheitlichen Auswirkungen von Tabak unterdrückt hat; die Atomindustrie, Chemieunternehmen, pharmazeutische Firmen, Autohersteller – sie alle waren schon in Vertuschungsskandale verwickelt. Die Regierung hat in Absprache mit zivilen Unternehmen Informationen über die radioaktive Verseuchung der Umgebung von Produktionshallen für Atomwaffen zurückgehalten. Warum sollten die Elektroindustrie und die Regierung sich hinsichtlich der Mikrowellen korrekt verhalten?

Ellie Adair fand Brodeurs Mutmaßungen absurd, außerdem fühlte sie sich durch den Vorwurf beleidigt, alle Wissenschaftler, die nicht seiner Meinung seien, seien Bestandteil der Verschwörung. Da sehr viele Forscher ihre Forschungsergebnisse veröffentlichten und an offenen Treffen teilnahmen, wäre es unmöglich, etwas zu vertuschen. Doch die Frage blieb: Können Mikrowellen mit dem menschlichen Körper reagieren und ihm ernsthaften Schaden zufügen? Und wenn es so ist, warum waren Ellie Adairs Affen dann kerngesund, obwohl sie relativ hohen Dosen der Strahlung ausgesetzt waren?

Die Antwort auf solche Fragen lag nicht weit. Ellie Adair befragte ihren Mann Bob, der an der Universität in Yale arbeitete. Sie hatte ihn an der University of Wisconsin kennen gelernt.

Sie hatte sich entschieden, ihren Doktor sowohl in experimenteller Psychologie als auch in Physik zu machen, obwohl das bedeutete, sehr viel Mathematik lernen zu müssen. Sie traf Bob in der Fakultät für Physik – er war sehr gut in Mathematik. Sie heirateten 1951. In den folgenden Jahren kümmerte sich Ellie um die Erziehung ihrer Kinder. Erst als die Kinder die Schulreife erreicht hatten, führte sie ihre eigene Karriere fort. Inzwischen hatte Bob reichlich Anerkennung gefunden und war zu einem der führenden Atomphysiker avanciert.

Bob Adair war gut behütet in einer Gewerkschafterfamilie in Fort Wayne, Indiana, aufgewachsen. Sein Vater war nie zur Universität gegangen, hatte Physik aber in der Oberstufe gehabt und seinem neugierigen Sohn immer wieder begeistert die physikalischen Vorgänge des Alltags erklärt. So wollte Bob schon von frühester Kindheit an nie etwas anderes werden als Mathematiker und Physiker. Er hatte viel für Baseball übrig, aber kein Talent. Jahre später jedoch, als er sich schon einen Namen gemacht und den Lehrstuhl für Physik an der Universität in Yale innehatte, schrieb er ein Buch über die Physik des Baseballs.

Bob Adair war sicher, dass Brodeur Unrecht hatte. Alle bekannten krebserregenden Stoffe – ionisierte Strahlung wie ultraviolette oder Röntgenstrahlung – schädigen die DNS, indem sie chemische Verbindungen verändern oder zerstören. Mikrowellen können chemische Verknüpfungen zwar dehnen oder verbiegen, aber keinesfalls unterbrechen. Einer der großen Triumphe der Quantenmechanik war die Entdeckung, dass elektromagnetische Strahlung mit Materie nur über kleine Energiepakete namens Photonen reagiert. Die Energie eines Photons wird in der Mathematik als das Produkt einer kosmologischen Konstante, die man die Plancksche Konstante nennt, multipliziert mit der Frequenz bezeichnet. Photonen, die genug Energie besitzen, um chemische Verknüpfungen zu unterbrechen, nennt man ionisierte Strahlung. Ob elektromagnetische Strahlung in der Lage ist, zu ionisieren, hängt nicht von der Intensität oder der Zahl der Photonen ab, sondern ausschließlich von der Energiemenge der einzelnen Photonen.

Eine chemische Verbindung zu unterbrechen ähnelt dem Versuch, mit dem Stein ein Ziel auf der anderen Seite eines Flusses zu treffen. Wenn man nicht weit genug werfen kann, spielt es keine Rolle, wie viele Steine man wirft. Die Photonen, die genug Energie besitzen, liegen etwas außerhalb des sichtbaren Spektrums im ultravioletten Bereich. Diese Photonen besitzen etwa eine Million Mal soviel Energie wie die Mikrowellenphotonen, mit denen Ellie Adair arbeitete. Mit diesen Photonen eine chemische Verbindung zu zerstören, wäre so, als würde man einen Stein über den Ozean werfen wollen.

Inzwischen erschien im *New Yorker* der Artikel „Microwaves-II", in dem Brodeur auf merkwürdige Vorgänge um die amerikanische Botschaft in der Tschaikowski-Straße in Moskau aufmerksam machte. Aus damals unerfindlichen Gründen hatten die Russen die Botschaft seit über zehn Jahren mit Mikrowellen bestrahlt. Heute weiß man, dass damit Wanzen betrieben wurden, die schon beim Bau des Gebäudes integriert und versteckt worden waren. Brodeur vermutete jedoch, dass man so die Botschaftsangestellten mental beeinflussen und Depressionen auslösen wollte. Besonders schockierend empfand er, dass man niemanden auf die schädlichen Konsequenzen der Bestrahlung aufmerksam gemacht hatte. Er fand heraus, dass der Botschafter Walter Stoessel eine mysteriöse Blutkrankheit entwickelt hatte und dass zwei frühere Botschafter an Krebs gestorben waren. Brodeur glaubte, dass Mikrowellen dafür verantwortlich waren. Menschen waren Strahlung ausgesetzt und wurden krank – die „Glaubensmaschine" setze ein.

Ein paar Monate später veröffentlichte Brodeur ein Buch mit dem Titel *The Zapping of America*, dass auf seinen Artikeln im *New Yorker* basierte. Durch Brodeur angestachelt hatten inzwischen auch Umweltaktivisten Mikrowellen als Unheil „erkannt". Der Markt für Mikrowellenherde brach fast vollständig zusammen. Plötzlich war jeder Sendemast und jedes Radarüberwachungsgerät verdächtig. Eine Bürgerinitiave zog vor Gericht, um den nationalen Wetterdienst davon abzuhalten, eine Wetterradarstation am Brookhaven National Laboratory zu installieren, damit es nicht zu Fehlgeburten und Krebserkrankungen kommen würde. Die weit in den Atlantik hineinragende Halbinsel Long Island war in letzter Zeit häufiger von Hurrikanen heimgesucht worden. Das Radar sollte die Stürme früher entdecken und so den Betroffenen genug Zeit verschaffen, um zu fliehen. Die Menschen hatten vor Orkanen und Springfluten aber inzwischen weniger Angst als vor den unbewiesenen Gefährdungen durch unsichtbare, unhörbare Mikrowellen.

Aus wissenschaftlicher Sicht waren die Dinge relativ eindeutig: auf der einen Seite die zahllosen Sach- und Personenschäden durch Stürme, auf der anderen Seite eine unbewiesene Behauptung, die kaum ein Wissenschaftler ernst nahm. Aber Richter sind eben keine Wissenschaftler, und ein Bundesrichter entschied gegen den Wetterdienst. Die Radarstation auf Long Island wurde gestrichen.

In den folgenden Jahren verlor die Öffentlichkeit ihre Angst vor Mikrowellen jedoch wieder. Spätere Untersuchungen konnten keine Verbindungen zu grauem Star oder anderen Krankheiten feststellen, außerdem entdeckten die Menschen, wie bequem Mikrowellenherde sind, und der Umsatz stieg wieder. Innerhalb von zehn Jahren besaß fast jeder amerikanische Haushalt einen Mikrowellenherd – ohne dass jemand dadurch krank geworden wäre.

Inzwischen hatten Bob und Ellie Adair begonnen, Konferenzen zum Thema Mikrowellen zu besuchen. Auf einer dieser Konferenzen wurde er gebeten, seine Sicht des Problems darzulegen. Durch die positive Reaktion ermutigt, schrieb er seine Gedanken nieder und veröffentlichte sie in der *Physical Review*. Er berief sich auf längst anerkannte Prinzipien der Physik, um zu verdeutlichen, dass es keine Hinweise darauf gibt, dass Mikrowellenstrahlung irgendwelche Auswirkungen auf die Gesundheit eines Menschen ausüben könnte. Was die Adairs nicht wussten, war, dass sich inzwischen in Denver Dinge zugetragen hatten, die den Konflikt auf eine neue Ebene hoben und weitere Auseinandersetzungen zwischen ihnen und Paul Brodeur unvermeidlich machten.

Der Stand der Dinge

Im Jahr 1979 besorgte sich die arbeitslose Epidemiologin Nancy Wertheimer eine Adressenliste von Kindern, die in Denver an Leukämie erkrankt waren. Danach fuhr sie durch die Stadt, auf der Suche nach Umweltfaktoren, die für die Erkrankungen ursächlich sein könnten. Ihr fiel auf, dass die Wohnungen vieler Erkrankter in der Nähe von Transformatorhäuschen standen. Könnten die elektromagnetischen Felder etwas mit dem Auftreten von Leukämie zu tun haben? Sie tat sich mit einem Physiker namens Ed Leeper zusammen, der versuchte, die Intensität der Felder anhand der Entfernung und Anzahl von Starkstromleitungen zu berechnen. Die beiden fertigten schließlich einen Artikel an, in dem Starkstrom und Leukämie in Zusammenhang gebracht wurden.

Sie schlossen mit der Beurteilung, dass Kinder, die in der Nähe von Starkstromleitungen wohnten, dreimal so gefährdet waren, an Leukämie zu erkranken, wie Kinder in „sicheren" Gebieten.

Die Arbeit von Wertheimer und Leeper war nur wenigen Wissenschaftlern bekannt, und kaum jemand nahm sie ernst. Zum einen handelte es sich nicht um eine „blinde" Studie, d. h. dass der Autorin die Verteilung der Leukämiepatienten bekannt war, bevor sie ihre Untersuchung begann. Zum anderen war die Intensität der Kraftfelder nicht solide gemessen, sondern lediglich auf der Basis ihrer Entfernung und Anzahl geschätzt worden. In dieser Situation war eine objektive Beurteilung unwahrscheinlich; zu stark war die Versuchung, die Häuser in riskanten Gebieten kritischer zu untersuchen als andere. Wenn das Ergebnis für ein bestimmtes Gebäude nicht den Erwartungen entsprach, würde man wahrscheinlich noch einmal genau prüfen, ob man nicht etwas übersehen hatte. Für die Forscher selbst wäre das wohl nur notwendige Vorsicht, aber wenn man so nicht bei allen infrage kommenden Häusern vorgeht, entsteht ein stark verschobenes Bild. Letztlich hat man es ja mit sehr kleinen Zahlen zu tun – Leukämie bei Kindern kommt relativ selten vor –, und schon wenige Häuser, die als gefährdet statt als ungefährdet eingestuft werden, können das Ergebnis verfälschen.

Wissenschaftler müssen ständig vor dieser Form der Selbsttäuschung auf der Hut sein. Wenn Untersuchungen nicht sorgfältig geplant werden, um dieser Falle zu entgehen, wird man keine objektiven Ergebnisse erzielen können. Um eine einseitige Ausrichtung zu verhindern, verwenden Forscher gerne eine doppelte Sicherung. Ein unabhängiger Wissenschaftler erhält beispielsweise eine Liste, auf der die Adressen von betroffenen Kindern aufgeführt sind, aber auch genauso viele Adressen nicht betroffener Kinder im gleichen Alter, gleichen Geschlechts, gleicher Abstammung, aus der gleichen gesellschaftlichen Schicht usw., ohne aber zu erfahren, welches Kind zu welcher Gruppe gehört. Dann muss der Forscher versuchen, eine Einschätzung hinsichtlich der Feldstärken abzugeben. Danach führt ein anderer Wissenschaftler die Auswertung durch.

Selbst mit dieser doppelten Sicherung hätten Epidemiologen ein Risikoverhältnis von 3:1 kaum als aussagekräftig anerkannt. Das Risikoverhältnis für Lungenkrebs bei Rauchern beträgt über 30:1, d. h., das Risiko, zu erkranken, liegt über 3000 Prozent höher als bei Nichtrauchern. Trotzdem dauerte es Jahre, bis alle Zahlen oft genug kontrolliert und gegengerechnet, bis die Auswirkungen karzinogener Stoffe im Tabak exakt bestimmt und schließlich auch noch Tierversuche zur Bestätigung durchgeführt worden waren, damit der Zusammenhang mit Krebs eindeutig dargelegt werden konnte.

Trotz der offensichtlichen Fehler konnte man den Bericht von Wertheimer-Leeper nicht pauschal abtun. Wir alle sind EMF täglich ausgesetzt, also wäre selbst der geringste Verdacht einer karzinogenen Wirkung Grund zu ernsthafter Sorge. Schon bald erschienen Berichte darüber, dass Elektriker besonders häufig an Krebs erkrankten; Frauen, die elektrische Heizdecken benutzten oder am Computer arbeiteten, sollten relativ häufig Fehlgeburten erleiden; die Suizidrate sei besonders hoch unter Angehörigen der Bevölkerungsgruppe, die in der Nähe von Hochspannungsmasten lebten; Landwirte erklärten, ihre Kühe gäben in der Nähe von Hochspannungsmasten keine Milch mehr und die Hühner legten keine Eier. Keiner dieser Berichte war durch statistische Erhebungen belegt, aber der Eindruck, dass etwas Unheimliches vor sich ging, wurde immer stärker.

Der Studie von Wertheimer-Leeper folgten bald die üblichen „Bestätigungen", die übrigens genauso unbelegt blieben wie die Studie selbst. Im ersten Kapitel wurde am Beispiel der kalten Fusion bereits beschrieben, dass unbewiesene Schlussfolgerungen wie diese schnell Anhänger finden, die das sehen, was sie sehen wollen. Belege, die für sich allein betrachtet nicht ernst genommen würden, bekommen plötzlich mehr Gewicht, weil ähnliche Aussagen auftauchen. In diesem Fall folgte jedoch eine „bestätigende" Studie, die ernst genommen werden musste. Im Jahr 1988 machte sich der hoch angesehene Epidemiologe David Savitz von der University of North Carolina daran, die Ergebnisse von Wertheimer-Leeper anhand derselben Hilfsmittel für EMF mit einer Frequenz von 60 Hz zu überprüfen. Auch er entdeckte bei in

Denver lebenden Kindern, deren Wohnhäuser in der Nähe von Starkstromleitungen lagen, ein erhöhtes Leukämierisiko. Savitz hatte allerdings mit der erprobten Doppel-Blind-Sicherung gearbeitet. Savitz fand zwar nur ein um die Hälfte erhöhtes Risiko, hielt aber trotzdem eingehendere Untersuchungen für angemessen. Er fand jedoch kaum Fürsprecher, denn die meisten Wissenschaftler nahmen die Verbindung zwischen EMF und Krebs weiterhin nicht ernst. Mikrowellen können zwar Hitze entwickeln, wie wir gesehen haben, aber das geschieht nicht bei einer Frequenz von nur 60 Hz.

Für ein besseres Verständnis dieser Kontroverse werfen wir noch einen Blick auf die Physik. Bei sehr niedrigen Frequenzen spricht man nicht mehr von Strahlung und Photonen. Stattdessen misst man einzelne Magnetfelder und elektromagnetische Felder.

Die vielleicht größte Errungenschaft der Physik im 19. Jahrhundert war Michael Faradays Entdeckung eines Zusammenhangs zwischen magnetischen und elektrischen Kräften im Jahr 1831: Bewegliche elektrische Ladungen, wie sie etwa in einem Stromkabel existieren, erzeugen ein Magnetfeld. Genauso kann ein bewegliches oder wechselndes Magnetfeld in einem stationären Leiter einen Strom induzieren. Eine Starkstromleitung wird sowohl von einem elektrischen als auch von einem Magnetfeld umgeben. Die Stärke des elektrischen Felds hängt nur von der Spannung ab; die Stärke des magnetischen Felds von der Stromstärke. Beide Felder schwächen sich mit zunehmender Entfernung stark ab.

Es herrscht Übereinstimmung darüber, dass elektrische Felder von Starkstromleitungen keine Gesundheitsgefahr darstellen. Da menschliches Gewebe inklusive der Haut Strom gut leitet fungieren die äußersten Zellschichten der Haut als Schild, die elektrische Felder blockieren, sodass sie nicht in den Körper eindringen. Die eigentliche Sorge gilt also den Magnetfeldern, die den Körper – wie fast jedes Material – praktisch ungehindert durchdringen. Die Öffentlichkeit machte sich dagegen Sorgen um Starkstromleitungen. Zweifellos machen die stählernen Starkstrommasten einen furchterregenden Eindruck, aber Hochspannung dient im Grunde nur dazu, Strom mit möglichst geringer Stromstärke zu transportieren. Hochspannungsleitungen minimieren also das Magnetfeld.

Die Menschheit war schon immer Magnetfeldern ausgesetzt. Die elektrischen Ströme im geschmolzenen Erdkern wirken wie ein riesiger Dynamo und machen die Erde zu einem gigantischen Magneten. Heutzutage stehen wir außerdem unter dem Einfluss der von Menschen verursachten elektromagnetischen Felder, die durch die allgegenwärtigen elektrischen Ströme der modernen Gesellschaft entstehen. In den letzten 50 Jahren ist der Stromverbrauch pro Person um das 20-fache gestiegen, daher sind wir auch ebenso stark erhöhten elektromagnetischen Feldern ausgesetzt.

Trotz des enorm gestiegenen Stromverbrauchs sind die elektromagnetischen Felder an Arbeitsstellen und in Wohnhäusern nur etwa ein Prozent so stark wie das natürliche Magnetfeld der Erde. Es gibt jedoch einen Unterschied: Elektrischer Strom ist Wechselstrom. In den USA liegt die Wechselfrequenz bei 60 Hz, in Europa sind es 50 Hz.

Gemäß Faradays Gesetz interagiert ein wechselndes Magnetfeld mit dem menschlichen Körper anders als das konstante Magnetfeld der Erde. Im menschlichen Körper wird ein schwacher elektrischer Strom induziert. Natürlich muss man sich fragen, ob dieser Strom die Gesundheit beeinträchtigen kann. Stört er vielleicht unser Immunsystem? Sollte das der Fall sein, erzeugen die Magnetfelder von Hochspannungsleitungen zwar keinen Krebs, begünstigen aber vielleicht seine Entwicklung auf andere Weise.

Im Juni 1989 erschien im *New Yorker* eine neue dreiteilige Serie sensationeller Artikel von Paul Brodeur, die die Felder von Hochspannungsleitungen zum Thema hatten. Seine Artikel hatten einen engen Bezug zu seinen früheren Angriffen auf Mikrowellen. Allerdings unterschied er nicht zwischen 60 Hz und 100 MHz, der typischen Frequenz von Mikrowellen – für ihn waren alles einfach Mikrowellen. Der typische Leser des *New Yorkers* ist wohlhabend, gebildet und um Umweltgefahren besorgt. Plötzlich tauchte Paul Brodeur überall auf: in der *Today*-Show bei NBC, in *Nightline* bei ABC, in *This Morning* bei CBS und natürlich bei *Larry King Live* bei CNN. Im Herbst veröffentlichte er seine Artikel aus dem *New Yorker* als Buch mit dem reißerischen Titel

Currents of Death (etwa: Der tödliche Strom). In der Folge trat eine neue Generation von Umweltaktivisten an, die von verängstigten Müttern angeführt wurde. Sie hatten Angst um ihre Kinder und verlangten Maßnahmen von der Regierung.

Die Feuilletonredaktion der *Washington Post* bat mich, *Currents of Death* zu rezensieren. Das Buch war in der Tat angsteinflößend. Brodeur war ein begabter Autor, und er verwendete seine ganzen Fähigkeiten darauf, EMF zu verteufeln. Sein Ansatz entsprach genau dem aus *The Zapping of America*. Er beschrieb die Kraftfelder als die umfassendste – und am besten verheimlichte – Gefährdung der Gesundheit aller Bürger. Dass die überwältigende Mehrheit der Wissenschaftler nicht an eine Gefährdung glaubte, war für Brodeur der Beweis für eine Verschwörung, in die versorgungswirtschaftliche Einrichtungen, die Regierung und die Wissenschaft verstrickt waren. Noch einmal erzählte er schreckenerregende Geschichten über an Krebs leidende Menschen. Die Verbindung von EMF und Krebs ergab sich fast von selbst, denn Hochspannungsleitungen sind ja überall zu finden. Die „Glaubensmaschine" arbeitete auf Hochtouren: Menschen sind EMF ausgesetzt, und Menschen bekommen Krebs. Ich wies darauf hin, dass die Lebenserwartung in den USA sich in den letzten 100 Jahren verdoppelt hatte und dass die Elektrizität einen großen Beitrag dazu geleistet hatte.

Unter dem Druck der Aktivisten berief die Environmental Protection Agency (EPA) eine Reihe Fachleute ein, um Sicherheitsrichtlinien für den Aufenthalt in EMF festzulegen. Eigentlich scheint die Festlegung solcher Richtlinien für unterschiedliche Umweltbelastungen – Strahlung, Chemikalien, Schadstoffe – nicht schwierig zu sein, man setzt sie einfach so niedrig an, dass keine Gefahr drohen kann. Im Umkehrschluss heißt das jedoch, dass jede Überschreitung dieser Grenzwerte per Definition gefährlich ist. Eine unrealistische Richtlinie bedeutet nicht nur erhöhte finanzielle Belastungen für die Gesellschaft, ohne mehr Sicherheit zu gewährleisten, sie kann sogar neue Risiken schaffen, denn oft gilt es, ein Risiko gegen ein anderes abzuwägen.

Einige Eltern drängten bereits darauf, dass die EMF in Schulen gemessen werden sollten. Als sich erwies, dass die Intensität höher war als die von Broduer veranschlagten Grenzwerte, schickten sie ihre Kinder auf weiter entfernte Schulen mit niedrigeren Werten. Sei tauschten also das imaginäre Risiko von Kraftfeldern gegen das reale Risiko von längeren Anfahrten.

Im Mai 1990 wurde der Nachrichtenabteilung von CBS ein vorläufiger Bericht der EPA übermittelt. Der Nachrichtensprecher Dan Rather zitierte aus dem Inhalt, dass nach Ansicht der Fachleute ein 60-Hz-Feld „wahrscheinlich, aber nicht erwiesenermaßen Krebs erzeugt". Selbst Zuschauer, die noch nie von Paul Brodeur gehört hatten, gerieten in Panik. Sollte sich dies als wahr erweisen, wären die Konsequenzen fatal. Kraftfelder sind überall. Man kann ihnen nicht entgehen. Sie durchdringen die Wände unserer Häuser genauso einfach wie uns selbst.

Der Bericht war allerdings noch fehlerhaft. In der korrigierten Fassung stand nicht mehr *wahrscheinlich*, sondern nur noch *möglich*, aber das Unheil war bereits geschehen. CBS hielt es nicht für nötig, über die Korrektur zu berichten. Wie zu erwarten war, erklärte Paul Brodeur, die Abmilderung von *wahrscheinlich* zu *möglich* sei ein weiterer Beweis für eine Verschwörung, die die schreckliche Wahrheit verbergen sollte; aber es gab auch Meinungen, die selbst den Begriff *möglich* als überzogen ansahen, der ebenso unbegründeten Verdacht erregte.

Dann griff schließlich Allan Bromley ein, der inzwischen wissenschaftlicher Berater im Weißen Haus war. Er bestand darauf, dass Experten den Bericht prüfen sollten, die nicht der EPA angehörten. Das externe Gremium bestand aus Epidemiologen, medizinischen Wissenschaftlern, Ingenieuren und Physikern. Sie erklärten, der Bericht der EPA weise „ernsthafte Mängel" auf und empfahlen, ihn vollständig überarbeiten und überprüfen zu lassen. Brodeur war empört.

Gegen Ende 1990 begann er mit der Veröffentlichung einer Serie im *New Yorker*, die eine bedrohliche Atmosphäre voller unsichtbarer Kraftfelder, die in Häuser und Schulen eindrangen, schüren sollte – und den Verdacht auf eine Verschwörung. Mit akribischer Genauigkeit beschrieb er die Beschwerden, unter denen die Einwohner der Meadow Street in Guildford, Connecticut, litten. Die Krankheiten reichten vom Tennisarm bis zum Gehirntumor – und in der Meadow Street befand sich eine Trafostation. Geschichten dieser Art richten sich direkt an die „Glaubensmaschine" und erzielen vor allem emotionale Wirkung. Wahrscheinlich gibt es für jede Meadow Street auch das Gegenstück, also eine Straße, in der dieselben Bedingungen herrschen, aber niemand krank wird – das jedoch interessierte Brodeur überhaupt nicht. Indem er nur die Daten heranzog, die seine Überzeugung stützten, beging er den gleichen Fehler, den Irving Langmuir bei J. B. Rhine festgestellt hatte (siehe zweites Kapitel). Statistiker nennen Brodeurs Konzentration auf erhöhte Krebsraten den „Fehler des texanischen Scharfschützen". Der Scharfschütze verschießt sein ganzes Magazin auf die Wand einer Scheune und zeichnet danach Zielscheiben um die Einschüsse. Wenn man mit Statistik argumentieren will, muss man alle verfügbaren Zahlen verwenden. Allerdings kennen sich nur wenige Menschen mit Statistiken aus, daher klangen Brodeurs Ausführungen für viele Leser überzeugend.

Auch diese Artikelserie wurde als Buch veröffentlicht. In *The Great Power-Line Cover-up* (etwa: Die große Starkstrom-Verschwörung) ereiferte sich Brodeur, dass die verspätete Veröffentlichung des EPA-Berichts die Ursache dafür sei, dass „Tausende unschuldiger Kinder und Eltern an Krebs erkranken und daran sterben werden, weil sie Magnetfeldern von Starkstromleitungen zu lange ausgesetzt waren". Der Verantwortliche dafür sei Allan Bromley. Brodeur brachte nicht nur diese unverschämten Anschuldigungen vor, er behauptete sogar, Bromley hätte auf meinen Rat hin gehandelt.

Zu diesem Zeitpunkt hatte ich bereits mehrere Beiträge für *Newsday* und die *New York Times* verfasst, in denen ich darauf hinwies, dass es keinerlei Belege für die karzinogene Wirkung von EMF gab. Außerdem riet ich, zunächst die Ergebnisse der vierjährigen Studie abzuwarten, die zeitgleich vom National Cancer Institute durchgeführt wurde. Dies war die umfangreichste und gründlichste Studie, die je zu EMF durchgeführt werden sollte. Selbst unter Verwendung der negativsten Vorhersagen anderer Studien konnte kein wesentlicher Einfluss auf die Bildung von Krebs nachgewiesen werden. Wahrscheinlicher schien, dass es einen solchen Einfluss gar nicht gab. Ich erklärte, dass es kein Risiko sei, die definitive Antwort abzuwarten.

Bromley zeigte sich von Brodeurs Anschuldigungen tief getroffen, aber nicht eingeschüchtert. Er beauftragte die Oak Ridge Associated Universities, eine Gruppe von unabhängigen Forschungsuniversitäten, die bisherigen Untersuchungen einer genauen Prüfung zu unterziehen – etwa 500 Abhandlungen wurden einbezogen. Die Untersuchung dauerte zwei Jahre und kam zu dem Ergebnis, dass man keine Richtwerte festlegen könne, da „keine Gesundheitsgefahr nachzuweisen ist".

Der Bericht zerstreute nur wenige Sorgen. In Hollywood wurde 1992 sogar ein Film mit dem Titel *The Distinguished Gentleman* gedreht, in dem Eddie Murphy einen Schwindler spielt, der sich zum überzeugten Umweltaktivisten wandelt, nachdem er zufällig mit einem achtjährigen Kind zusammengetroffen ist, das an Krebs erkrankte, weil eine Starkstromleitung über dessen Spielplatz verläuft. Daraufhin nimmt er den Kampf gegen die profitgierige Stromindustrie auf.

Inzwischen wurden aber mehr und mehr Ergebnisse epidemiologischer Studien veröffentlicht, die die Verbindung von EMF und Krebs verneinten. In den neueren Studien wurden die Kraftfelder genau gemessen anstatt nur geschätzt. In der Epidemiologie gilt allgemein die Regel, dass sich zuvor ein Fehlerteufel eingeschlichen haben muss, wenn eine spätere genauere Messung einer verdächtigen Substanz ein geringeres Risiko ergibt.

Eine Studie könnte zum Beispiel zeigen, dass Menschen, die sehr rasch viel Gewicht verlieren, relativ früh sterben. Bedeutet das, dass Diäten lebensgefährlich sind? Nicht unbedingt. Es könnte auch sein, dass der Forscher vergessen hat, in Betracht zu ziehen, dass lebensbedrohliche Krankheiten häufig zu hohem Gewichtsverlust führen. Damit läge ein entscheidender Fehler vor. „Voreingenommenheit und Flüchtigkeit sind die Fehlerteufel der Epidemiologie", pflegte der Leiter der Fakultät für Epidemiologie der Univerity of Alabama Philip Cole zu sagen.

Im Jahr 1994 wurde eine vierjährige Untersuchung an 223 000 kanadischen und französischen Elektrikern abgeschlossen. Bis dahin war dies die ausführlichste Studie dieser Art. Es konnte kein Anstieg des Krebsrisikos durch EMF nachgewiesen werden. Von 30 in die Studie einbezogenen Arten von Krebs deutete die Untersuchung nur bei einer auf ein erhöhtes Risiko hin, und dabei handelte es sich um eine äußerst seltene Form von Leukämie, die insgesamt nur fünfmal auftrat. Giles Theriault, der Leiter der Studie, zeigte sich verwundert über die niedrigen Zahlen und erklärte: „Ich glaube, wir haben an der falschen Stelle geforscht."

Ein Jahr darauf wurde eine noch ausführlichere Studie aus den USA veröffentlicht. Darin waren alle 30 Krebsarten noch einmal untersucht worden. Die amerikanische Studie ergab jedoch kein erhöhtes Risiko für Leukämie mehr, dafür aber für eine seltene Art von Gehirntumor. David Savitz von der University of North Carolina leitete die Untersuchung und forderte eine noch gründlichere Studie. Savitz war derjenige, der auch Nancy Wertheimers Untersuchung aus dem Jahr 1979 überprüft hatte.

Wenn eine Studie 30 verschiedene Krebstypen untersucht, ist eine zufällige Häufung bei ein oder zwei Arten von Krebs durchaus nicht ungewöhnlich. Man kann davon ausgehen, dass die Ergebnisse zu 95 Prozent mit der allgemeinen Statistik übereinstimmen. Mit anderen Worten, jeder zwanzigste Typ kann von der Statistik abweichen, ohne dass dies einen signifikanten Unterschied bedeutet.

Beide Studien ergaben, dass die Krebsrate unter Elektrikern niedriger ist als der Durchschnitt. Die Untersuchung von Savitz belegte, dass die Quote unter Elektrikern um 14 Prozent niedriger war als der Durchschnitt. Epidemiologen sprechen dabei vom „Syndrom des gesunden Arbeiters". Aus unterschiedlichen Gründen sind Menschen mit gutem Arbeitsplatz gesünder – und bekommen seltener Krebs – als solche mit unangenehmen Jobs; sie ernähren sich wahrscheinlich gesünder, gehen regelmäßig zum Arzt, leben in Gegenden mit wenig Umweltverschmutzung, sind weniger gestresst usw. Diese Faktoren beeinflussen Testergebnisse.

Um der Irreführung durch das so genannte Syndrom aus dem Weg zu gehen, verglich man die Krebsrate unter Elektrikern, die „schwacher" Strahlung ausgesetzt waren, mit solchen, die „starker" Strahlung ausgesetzt waren. Dadurch ergibt sich natürlich die Frage, was man unter „schwach“ und „stark“ versteht. Wenn die Untersuchung nur wenige Fälle eines Krebstyps zum Gegenstand hat, kann eine leichte Verschiebung der Grenzlinie nach oben oder unten das Ergebnis ins Gegenteil verkehren. Die Forscher balancierten auf einem schmalen Grat.

Im Frühling 1995 hatte die American Physical Society (APS) die Durchsicht der Literatur zu EMF abgeschlossen. Im Allgemeinen übernehmen wissenschaftliche Institute ungern die Aufgabe, Fragen zu entscheiden, da sie sich eher als Forum für den Austausch wissenschaftlicher Studien und Ideen sehen. Im Fall von EMF hatte man jedoch den Eindruck gewonnen, dass der Öffentlichkeit durch falsche Informationen von außen, insbesondere durch Paul Brodeur und die *Microwave News*, ein völlig verzerrtes Bild der Realität vermittelt wurde. Die APS veröffentlichte einen Bericht, der damit schloss, dass „Vermutungen, die Starkstromleitungen mit Krebserkrankungen in Verbindung bringen, durch keinerlei wissenschaftliche Erkenntnisse untermauert sind“. Das war die bisher stärkste von der Science Community eingenommene Position.

Die Tür schlägt zu

16 Jahre waren vergangen, seit Nancy Wertheimer ihre verhängnisvolle Fahrt durch Denver aufgenommen hatte. Die Kontroverse um die Hochspannungsleitungen beschäftigte inzwischen eine ganze Branche. Fachleute führten immer umfangreichere Untersuchungen durch, Aktivisten zogen Kampagnen durch, um die Verlegung von Hochspannungsleitungen um Schulen zu erwirken, Gerichte wurden mit Schadensersatzklagen überhäuft, ein halbes Dutzend Zeitungen berichtete über EMF, und Paul Brodeur verkaufte natürlich eine Menge Bücher.

Nun könnte man sagen, dass die Wissenschaftler ja auch profitierten. Staatliche Behörden reagierten auf den öffentlichen Aufruhr, indem sie die Forschung zur Wechselwirkung von elektromagnetischen Feldern und lebenden Organismen förderten und finanziell unterstützten. Die Bioelektromagnetische Gesellschaft war seit ihrer Gründung im Jahr vor Nancy Wertheimers Leukämiestudie auf inzwischen über 600 Mitglieder angewachsen, von denen sich die Mehrheit mit Starkstromleitungen befasste.

In dieser Situation veröffentlichte die National Academy of Sciences 1996 den Stevens-Bericht, der zu der eindeutigen Aussage kam, dass „auf der Basis der bisherigen Beweislage keine Gesundheitsgefährdung für den Menschen durch solche Kraftfelder angenommen werden kann“. Für Brodeur, der sich inzwischen aus dem Berufsleben zurückgezogen hatte und im Süden Kaliforniens lebte, war dies nur ein weiterer Beleg für die Verschwörung.

In seinem Buch *Secrets*, in dem er über 30 Jahre Mitarbeit beim *New Yorker* reflektierte, attackierte er sowohl den Bericht als auch die National Academy of Sciences. Offenbar war Brodeur sich des Fehlerteufels nicht bewusst. Wenn ein Kind, dass in der Nähe von Hochspannungsmasten lebte, an Leukämie erkrankte, war das für ihn Beleg genug dafür, dass diese auch die Krankheitsursache waren.

Es war eine Ironie des Schicksals, dass Brodeurs Memoiren erst nach dem 2. Juli 1997 in die Buchläden kamen. An diesem Tag veröffentlichte das National Cancer Institute (NCI) die Ergebnisse seiner umfangreichen Untersuchung mit dem Titel: „Wohnstätten im Wirkungsbereich von Kraftfeldern und akute lymphatische Leukämie bei Kindern.“ Im Gegensatz zur Studie der National Academy, die die gesamte Literatur zu möglichen Auswirkungen von Magnetfeldern zum Gegenstand hatte, befasste sich die Studie der NCI wieder mit der Frage, die am Anfang der ganzen Diskussion gestanden hatte: Können die Kraftfelder von Starkstromleitungen bei Kindern Leukämie auslösen? Das NCI beantwortete diese Frage nicht mithilfe bereits vorliegender Literatur, sondern führte eine eigenständige Untersuchung durch. Diese wurde so umfassend und so gründlich organisiert, dass die Ergebnisse keine Zweifel mehr ließen.

Die Studie war auf vier Jahre angesetzt, dauerte letztendlich aber über sieben Jahre. Keine Untersuchung zu diesem Thema war bisher so unanfechtbar gewesen. Jede Form der Voreingenommenheit wurde ausgeschlossen. 638 Kinder unter 15 Jahren mit akuter lymphatischer Leukämie wurden in die Studie aufgenommen, hinzu kamen 620 sorgfältig ausgewählte gesunde Kinder, die zum Vergleich herangezogen wurden, um ein verlässliches Ergebnis zu sichern. Alle Daten wurden doppelt kontrolliert, gemessen wurde die Intensität in den Schlafzimmern der Kinder, aber auch an anderen Stellen innerhalb und außerhalb ihrer Wohnhäuser. Ferner wurde jedem Haus eine Kennziffer zugeordnet, die auf die Entfernung und die Konfiguration des nächstgelegenen Hochspannungsmasts hinwies.

Wenn nach der Studie der National Academy of Sciences noch Reste von Zweifeln existierten, dann wurden diese vom NCI endgültig zerstreut. Die Studie ergab, dass zwischen den Krebserkrankungen und den Magnetfeldern kein erkennbarer Zusammenhang bestand. Weder die Entfernung noch die Intensität der Kraftfelder hatten Auswirkungen auf die Statistik. Die angenommene Wechselwirkung, die für jahrelange Auseinandersetzungen gesorgt hatte, war nichts weiter als eine bedeutungslose statistische Unebenheit.

Je genauer die Untersuchungen wurden, desto weniger sprach für einen Zusammenhang – wie es bei „Voodoo Science" häufig der Fall ist. Nach 18 Jahren war den Anschuldigungen letztlich jede Basis entzogen worden.

Die Ergebnisse des NCI wurden im renommierten *New England Journal of Medicine* veröffentlicht. Begleitend erschien der folgende Kommentar:

> Angeblich sind hunderte Millionen Dollar in Studien investiert worden, die von Anfang an kaum Aussicht hatten, Kindern tragische Krebserkrankungen zu ersparen. Einige in sich nicht schlüssige und inkonsequente Untersuchungen haben Sorgen und Ängste geschürt, aber niemandem genützt. 18 Jahre der Forschung haben zwar viel Paranoia erzeugt, aber nur wenig Einsicht und keinen vorbeugenden Schutz herbeigeführt. Nun sind genügend Kräfte und Geld verschwendet worden. Es wird Zeit, dass wir uns wieder auf die wahren biologischen Auslöser von Krebserkrankungen konzentrieren, die das Leben unserer Kinder gefährden.

Forschungsmittel wurden von da an wieder anderen Studien zugeführt. Das Energieministerium beendete die Forschung zu EMF und stoppte das Research and Public Information Dissemination (RAPID) Program, das der Kongress 1992 beschlossen hatte. Es wurde nicht länger gebraucht. Diese Angelegenheit schien endgültig erledigt.

Ein Jahr später traf sich in Bethesda, Maryland, jedoch eine internationale Arbeitsgruppe von Wissenschaftlern, die in die Forschung zu EMF involviert waren. Einige von ihnen hatten ihren Ruf aufs Spiel gesetzt und an Projekten gearbeitet, die einen Zusammenhang von Magnetfeldern und Krebserkrankungen nachweisen sollten. Ihre finanzielle Unterstützung hing davon ab, ob die Besorgnis in der Öffentlichkeit groß genug blieb. Manche von ihnen – wie Lou Slezin, Herausgeber von *Microwave News*, der praktisch seinen Lebensunterhalt mit diesem Thema bestritt – waren nicht einmal Wissenschaftler. In den Augen dieser Arbeitsgruppe war die Untersuchung des NCI nur eine Studie von vielen. Schließlich war sie noch nicht wiederholt und überprüft worden. Nach zehntägigen Beratungen beschloss die Gruppe, weitere Studien einzufordern. EMF wurden mit 19 zu neun Stimmen als „möglicherweise karzinogen" eingestuft.

Es stellt sich natürlich die Frage, was man unter „möglicherweise" versteht. Robert Wilson, Physiker in Harvard, hat sich mit dieser Frage beschäftigt: Nehmen wir an, jemand erzählt Ihnen, dass ein Hund auf der Fahrbahn des Kurfürstendamms herumläuft. Sie würden sich vielleicht wundern, aber das ist sicherlich möglich, und Sie hätten keinen Grund, an der Geschichte zu zweifeln.

Wenn jemand nun behauptet, dass dort ein Löwe herumläuft, ist die Geschichte zwar immer noch möglich, aber Sie würden wohl erwarten, dass Ihnen irgendein Beleg dafür geliefert wird – etwa die Nachricht, dass ein Löwe aus dem Zoo entflohen ist. Wenn nun aber behauptet wird, dass es sich bei dem frei laufenden Tier um einen Dinosaurier handelt, würden Sie an einen Irrtum glauben. In gewisser Hinsicht ist es zwar „möglich", dass es ein Dinosaurier ist, aber viel wahrscheinlicher hat sich der Beobachter doch getäuscht und das Tier verwechselt. Die meisten vernunftbegabten Menschen würden zweifellos zustimmen, dass die Chance, einen Dinosaurier auf dem Kurfürstendamm zu sehen, so klein ist, dass man sich nicht weiter darum zu kümmern braucht. Wilson argumentierte, dass die Arbeitsgruppe möglicherweise einen Dinosaurier gesehen hatte, und keinen Hund oder Löwen.

Am 1. Mai 1999 wurden die Ergebnisse einer lang erwarteten kanadischen Studie zu Leukämie bei Kindern veröffentlicht. Die groß angelegte Studie hatte sich über fünf kanadische Provinzen erstreckt und war der des NCI im Aufbau sehr ähnlich. Auch in Kanada konnte kein Zusammenhang zwischen Magnetfeldern und Krebserkrankungen bei Kindern ausgemacht werden.

Das Wissenschaftsbüro des Weißen Hauses schätzt, dass die Kontroverse um Hochspannungsleitungen inklusive Neubau von Starkstrommasten und dem Wertverlust vieler Grundstücke inzwischen über 25 Milliarden Dollar gekostet hat. Während der gesamten Zeit war kein einziger Prozess, der die gesundheitsschädliche Wirkung von Magnetfeldern zum Gegenstand hatte, erfolgreich zu Ende gegangen. Im nächsten Kapitel werden wir erfahren, warum dies so ist.

Acht

Am Tag des Jüngsten Gerichts wird die Pseudowissenschaft angeklagt

Elektromagnetische Felder ziehen Haie an

Die vier Jahre alte Mallory litt an einer seltenen Form von Nierenkrebs mit dem Namen Wilms' Tumor. Ihre Mutter Michelle quälte sich wie alle Eltern von schwer kranken Kindern mit der Frage „Warum ausgerechnet mein Kind?" Sie lernte Paul Brodeur im Buchladen seiner Frau in San Diego kennen. Das geschah im Frühling 1990, als Brodeur gerade sein neues Buch *Currents of Death* vorstellte. Er erzählte Michelle, dass ihre arme Tochter sicherlich aufgrund von EMF erkrankt war. Er stellte sie Michael Withey vor, einem Anwalt aus Seattle, der bereits mehrere Prozesse zu EMF geführt hatte. Ein Jahr darauf strengten sie und ihr Ehemann Ted einen Prozess vor dem obersten Gericht von San Diego an, in dem sie die EMF der nahe gelegenen Starkstromleitungen von San Diego Gas & Electric als Auslöser für die Krankheit ihrer Tochter feststellen lassen wollten. Sie seien deswegen gezwungen gewesen, ihr Haus mit großen finanziellen Verlusten zu verkaufen.

Dieser Fall schien der Traum jedes Anklägers zu sein. Withey hatte mehrere Anwaltskanzleien aus allen Teilen der Vereinigten Staaten unter dem Namen Electromagnetic Radiation Case Evaluation Team zusammengeführt. Die Vereinigung suchte nach potenziellen Fällen und unterhielt eine eigene Datenbank. Jetzt sahen sie die Möglichkeit für eine Massenklage. Ein solcher Prozess besitzt allein aufgrund der Zahl der Ankläger eine enorme Durchschlagskraft. Wenn man mehrere hundert oder tausend verängstigte Mandanten davon überzeugen konnte, sich daran zu beteiligen, würden wissenschaftlich fundierte Belege zur Nebensache.

Die Aussicht, sich einer solchen Zahl von Anklagen erwehren zu müssen, würde die Stromversorger dazu zwingen, eine außergerichtliche Einigung zu suchen. Diese Taktik hatte schon früher funktioniert: Zehn Jahre zuvor hatte der Asbestskandal zu über 200000 Klagen geführt. Angesichts einer solchen Zahl ist jede Industrie machtlos.

Withey hatte außerdem eine Bürgerinitiative gegründet, die als EMF-Alliance mit den Anwälten zusammenarbeitete. Sie bildete die Ausgangsbasis für die Suche nach klagewilligen Bürgern. Bei den Treffen der EMF-Alliance fungierte Paul Brodeur als Sprecher, der die Angst vor den unsichtbaren Gefahren von Hochspannungsleitungen ständig weiter schürte. Jetzt waren nur noch einige Erfolge vor Gericht notwendig, und der Massenprozess würde zu einem Selbstläufer werden. Mallorys Foto wurde bereits überall plakatiert.

Das *Wall Street Journal* zitierte Withey auf der Titelseite mit den Worten, der Fall der vierjährigen Mallory bringe „den Stein ins Rollen". Er sagte voraus, dass der Fall eine Lawine von Klagen auslösen würde, und die meisten Experten gaben ihm Recht. Das Cover des *Journal of the American Bar Association* zeigte einen elektrischen Stecker, der gerade in einen Abfluss gesteckt wurde. Darunter stand: „Angeschlossen: Warum der Rechtsstreit um elektromagnetische Kraftfelder zum zweiten Asbestskandal werden könnte." Die Schuldigen waren schnell ausgemacht: wohlhabende Stromproduzenten, Bürokraten in der Regierung und arrogante Wissenschaftler. In dem Artikel stand ferner zu lesen, dass „die Besorgnis der Öffentlichkeit über EMF ohne Rücksicht darauf steigt, ob tatsächlich Gefahr droht". Fallende Grundstückspreise genügten als Anlass für die Klagen, denn damit musste man keine tatsächliche Gefährdung mehr nachweisen, sondern nur die weit verbreitete Angst vor einer solchen.

Genau darum ging es wohl auch Martin und Joyce Covalt, als sie 1993 die San Diego Gas & Electric verklagten. Die Covalts behauptete nicht, dass eines ihrer Familienmitglieder durch elektromagnetische Felder krank geworden sei, sie erklärten vielmehr, die Felder hätten ihr luxuriöses Eigenheim in San Clemente unbewohnbar gemacht. Es schien, als würde die Prozesslawine in

San Diego ihren Anfang nehmen. Dann aber sollte ein nicht damit in Zusammenhang stehender Fall vor dem höchsten Gericht des Landes das Blatt wenden.

Wissenschaftlich fundierte Belege

Bei dem Fall *Daubert gegen Merrill Dow Pharmaceuticals* ging es um Bendectin, ein Mittel gegen morgendliche Übelkeit während der Schwangerschaft, das angeblich zu Fehlbildungen bei Neugeborenen führte. Bendectin war das einzige von der Lebens- und Arzneimittelbehörde genehmigte Medikament gegen diese Form der Beschwerden und wurde von mehreren Millionen Frauen angewendet. Über 30 veröffentlichte Studien mit mehr als 130 000 Testpatienten hatten keinerlei Gefährdungen gezeigt. Dennoch war es den Anwälten einer Familie mit zwei behindert geborenen Kindern gelungen, acht Experten aufzutreiben, die bereit waren, gegen eine entsprechende Entlohnung zu bezeugen, dass Bendectin möglicherweise zu Fehlbildungen führt. Unglücklicherweise gibt es nur wenige wissenschaftliche Theorien, die so absurd sind, dass nicht ein akademisch ausgebildeter Experte dafür Partei ergreift.

Der Fall Daubert war das Vorbild für das, was man heute im Allgemeinen ähnlich wie „Medien-Müll" als „Schrott-Wissenschaft" bezeichnet: Ein Theorienstreit, über den Fachleute nur lachen können, wird vor Gericht ausgefochten. Diese Form der Wissenschaft unterscheidet sich von der pathologischen Wissenschaft, über die wir im ersten Kapitel gesprochen haben. Pathologische Wissenschaft entsteht, wenn Forscher sich selbst betrügen. „Schrott-Wissenschaft" ist dagegen bösartig; hier wird versucht, Unwissende vorsätzlich zu betrügen oder zu verwirren, vor allem Schöffen oder Geschworene. Typischerweise werden dabei unlogische oder weit hergeholte „wissenschaftliche" Interpretationen ausgeführt, die nicht wissenschaftlich belegt sind. Der Zweck ist, die Defizite der Gerichte an Fachkenntnissen auszunutzen.

Das Oberste Bundesgericht der USA hatte 1993 entschieden, dass diese Vorgehensweise unzulässig ist und die einzelnen Bundesrichter angewiesen, aktiv dagegen vorzugehen. Eindrucksvolle Papiere, so stellte das Gericht klar, sind nicht genug; alle Beweise müssen „auf wissenschaftlich fundierten Grundregeln basieren".

Diese Entscheidung war ein wohlüberlegter Balanceakt. Einerseits berücksichtigte er die Warnungen einiger prominenter Wissenschaftler, dass die Kontrolle durch Gleichrangige keine Garantie für die Richtigkeit einer Theorie bedeutet. Diese Wissenschaftler wiesen darauf hin, dass die Geschichte der Forschung durch veränderliche Ansichten geprägt ist und dass der Ausschluss von Beweisen, die nicht „allgemein anerkannt" sind, die Sanktionierung wissenschaftlicher Orthodoxien bedeuten würde. Andererseits bezog man die Tatsache ein, dass eine generelle Zulassung *nicht* allgemein anerkannter Beweismittel ein Freibrief für die Verunsicherung von Richtern und Anwälten durch irrationale und absurde, pseudowissenschaftliche Beweisführung wäre. Da aber das Gericht erlaubte, dass Beweise vorgelegt wurden, die zwar wissenschaftlich fundiert, aber nicht von der Science Community akzeptiert waren, war ein Mittelweg gefunden worden.

Es war keineswegs vorherzusehen, dass der Fall Daubert auf „Schrott-Wissenschaft" begründete Massenprozesse abwenden sollte. Die Richter hatten keine Richtlinien dafür, was sie unter „wissenschaftlich fundiert" verstehen sollten. Im Bewusstsein, dass Richter keine Wissenschaftler sind, hatte der Oberste Bundesrichter Harry Blackmun die Entscheidung abgefasst und seine Kollegen dazu aufgefordert, nach Wegen zu suchen, ihre Aufgaben zu erfüllen, indem sie externe Fachleute zu Rate zogen. Einige folgten der Aufforderung.

Robert Jones, Richter in Oregon, reagierte auf den Fall Daubert, indem er vier unabhängige Wissenschaftler damit beauftragte, die Aussagen von Experten in etwa 70 Fällen zum Thema Brustimplantate zu bewerten. Er berief sich auf die Forderung von Richter Blackmun, dass jeder Bundesrichter sicherstellen müsse, dass wissenschaftliche Gutachten „nicht nur relevant, sondern auch vertrauenswürdig sind". Er gab damit zu, dass weder Richter noch Schöffen in der Lage sind, die wissenschaftliche Zuverlässigkeit eines Fachgutachtens hinreichend zu beurteilen. Das Gericht kam nach Ansicht von Richter Jones der Wahrheit näher, wenn es den Rat von Experten suchte, die von dem Fall selbst nicht profitieren können.

Silikonimplantate werden seit 1962 eingesetzt, sie werden entweder zu kosmetischen Zwecken oder zur Wiederherstellung nach Brustoperationen verwendet. Etwa eine Million Frauen in den Vereinigten Staaten tragen Brustimplantate. Mehrere tausend sind bereits gegen die Hersteller vor Gericht gezogen, weil undichte Implantate angeblich zu Beschwerden wie Kopfschmerzen und Müdigkeit bis hin zu lebensbedrohlichen Erkrankungen wie Krebs und Autoimmunkrankheiten wie Lupus (eine chronische Hautflechte) geführt haben. Ohne Frage kann es passieren, dass Implantate durchlässig werden, sodass Silikon in den Körper eindringen kann, allerdings verwendet man Silikon deshalb, weil man es für ungefährlich hält. Für Geld erklärten sich aber eine Reihe von Experten bereit, zu bestätigen, dass Silikon die Erkrankungen ausgelöst haben *könnte*.

Schwer kranken Menschen drängt sich natürlich die Frage auf: „Warum gerade ich?" Es liegt nahe, dass Frauen, bei denen nach einer Implantierung Beschwerden auftreten, die Ursache dafür bei den Implantaten suchen. Hier ist einmal mehr die „Glaubensmaschine" am Werk: *B* folgt auf *A*, also muss *A* Ursache für *B* sein. Das Umfeld unterstützt diesen Glauben. *A* könnte *B* verursacht haben oder aber auch nicht; auch Frauen, die keine Implantate tragen, leiden unter ähnlichen Beschwerden. Die Frage ist also, ob Frauen mit Implantaten davon häufiger betroffen sind als Frauen ohne Implantate. Diese Frage kann nur mithilfe der Statistik beantwortet werden. Marcia Angell ist Chefredakteurin des *New England Journal of Medicine* und hat die zahlreichen Prozesse genau verfolgt. In ihrem Buch *Science on Trial* beschreibt sie, dass die Gerichte offensichtlich Schwierigkeiten damit hatten, „mit Begriffen wie Wahrscheinlichkeit und Zufall umzugehen".

Mindestens einer der Implantathersteller – Dow Corning – wurde durch auferlegte Schadensersatzzahlungen in Höhe von 25 Millionen Dollar in den Ruin getrieben. Der Bankrott wurde allerdings weniger durch das Urteil des Gerichts verursacht, als vielmehr durch die Unmöglichkeit, sich gleichzeitig gegen mehrere hundert Klagen zu wehren. Die schlimmsten Folgen sind jedoch nicht finanzieller, sondern seelischer Art: Viele Frauen mit Implantaten leben in ständiger Angst vor Komplikationen, andere scheuen die Operation aufgrund der weit verbreiteten Panikmache und negativer Publicity.

Die Gutachten der „Experten", die in den Fällen vor dem Gericht in Oregon auftraten, stützten sich zum größten Teil auf weit hergeholte Theorien darüber, wie das Silikongel die Symptome auslösen könnte, unter denen die Frauen litten. Die nicht sonderlich interessierten wissenschaftlichen Fachberater des Gerichts erklärten Richter Jones, dass solche Theorien ohne die Kontrolle durch Gegengutachten schlichtweg unglaubwürdig seien. Auf den Rat der Wissenschaftler hin bestimmte der Richter, dass diese Gutachten vor Gericht keine Beachtung finden würden. Es sei nicht nachgewiesen worden, dass Frauen mit Brustimplantaten größeren Gesundheitsgefahren ausgesetzt seien als Frauen ohne Implantate.

Der Richter Sam Pointer jr. koordiniert alle Prozesse, in denen es um Brustimplantate geht. Er nahm die Idee, ein unabhängiges Beratergremium einzusetzen, auf und ging noch einen Schritt weiter. Er wählte vier Berater aus, die nicht nur alle einschlägigen Studien kannten, sondern billigte ihnen auch zu, die Wissenschaftsexperten beider Seiten zu befragen. Der im Dezember 1998 veröffentlichte Bericht dieses Gremiums wird wahrscheinlich erhebliche Auswirkungen auf die Prozessführung nicht nur bei Klagen zu Brustimplantaten haben, sondern auch bei allen anderen Fällen, in denen keine eindeutigen Beweise vorgelegt werden können. Viele Richter werden sich aufgefordert fühlen, ähnlich zu verfahren und Fachgremien einzusetzen.

Bundesrichter hatten natürlich schon früher die Möglichkeit, Fachleute zu Rate zu ziehen. Im Fall Joe Newman gegen das Patentamt (fünftes Kapitel) berief Richter Thomas Penfield Jackson einen Spezialisten. Als die Aussagen dieses Experten aber Misstrauen erregten, zog der Richter noch andere Wissenschaftler hinzu und wies Newman schließlich an, seine Energiemaschine zur Prüfung dem National Bureau of Standards zu überstellen. Er verhielt sich seiner Verantwortung entsprechend. Auch der Fall Daubert erinnerte die Richter an die große Verantwortung, die sie tragen.

Die Lawine, die nicht ins Rollen kam

Die Entscheidung des Gerichts im Fall Daubert betraf zwar die einzelnen Bundesgerichte, beeinflusste aber auch die Gerichte auf Staatsebene. Vor diesem Hintergrund verhandelte das Oberste Bundesgericht in Kalifornien den Fall Covalt gegen die San Diego Gas & Electric. Es war das höchste Gericht, dass sich je mit der Gesundheitsgefährdung durch EMF befasst hat. Das Gericht war insbesondere dazu aufgefordert, darüber zu befinden, ob dieser Fall vor Gericht entschieden oder von der kalifornischen Public Utilities Commission (Behörde für öffentliche Angelegenheiten) geregelt werden müsse. Damit geriet der geplante Massenprozess in Gefahr. Anwälte wollen publicityträchtig vor Gericht verhandeln und streben keine außergerichtliche Einigung mit Behörden an.

Das Oberste Gericht Kaliforniens berief sich auf das Oberste Bundesgericht der Vereinigten Staaten im Fall Daubert gegen Merrill Dow, als es auf einer eigenen genauen Untersuchung der Sachlage bestand. Das kalifornische Gericht sah jedoch keinen Anlass, ein unabhängiges Beratergremium einzuberufen, um die Beweise prüfen zu lassen.

Hunderte von Artikeln zu EMF, aus medizinischer, biochemischer und theoretischer Sicht, waren von der American Physical Society bereits genau analysiert worden, wie wir im letzten Kapitel dargelegt haben. Die Konsensbildung innerhalb der Science Community war längst in Gang.

Das kalifornische Gericht entschied gegen die Covalts und schloss, dass EMF-Fälle „vor Gericht nichts zu suchen haben". Die 72-seitige Begründung wurde von Richter Stanley Mosk verfasst, einem liberalen Richter, der nicht in dem Ruf stand, der Wirtschaft zugeneigt zu sein. Sie ist durchaus als Leitfaden für die Wechselwirkung von EMF mit dem menschlichen Körper zu sehen. Die Covalts beriefen sich darauf, dass „es zahlreiche wissenschaftliche Studien gibt, die den Zusammenhang von Krebs und EMF bestätigen", zitierten jedoch nur eine einzige: die Untersuchung aus dem Jahr 1995, bei der ein möglicherweise erhöhtes Risiko für eine seltene Form von Gehirntumor unter Elektrikern festgestellt worden war. Richter Mosk stellte dagegen fest, dass unter Wissenschaftlern ein breiter Konsens darüber bestand, dass dieser Zusammenhang eben nicht besteht. Er bezog sich dabei nicht nur auf die Oak Ridge Associated Universities und die American Physical Society, sondern auch auf eine Reihe von Unterlagen, die von prominenten Wissenschaftlern, darunter Physiker, Biologen, Epidemiologen und Mediziner, eingereicht worden waren. Auch ich gehörte zu den Unterzeichnern. Sechs dieser Wissenschaftler waren Nobelpreisträger. Niemand pflegte Verbindungen zur Stromwirtschaft. Mit der Entscheidung des Covalt-Prozesses endeten die EMF-Klagen in Kalifornien, die Erfolgsaussichten für Prozesse dieser Art wurden deutlich gedämpft. In Texas und Florida gingen daraufhin ähnlich gelagerte Fälle verloren.

Acht Monate nach Ende des Covalt-Prozesses bestätigte der Bericht der National Academy of Sciences über die gesundheitlichen Auswirkungen elektromagnetischer Felder das, was die Forscher von Anfang an gesagt hatten. Das staatliche Krebsforschungsinstitut löschte ein paar Monate später alle verbleibenden Zweifel. Die Gefahr einer Prozesslawine war gebannt. Im Gegensatz zur Vorhersage der Anwälte hatte keine einzige Schadensersatzklage gegen die Auswirkungen von EMF Erfolg. Die Eltern der kleinen an Nierenkrebs erkrankten Mallory verloren ihren Prozess, aber Mallory gewann den Kampf gegen den Krebs und ist wieder ganz gesund geworden.

Das Auge des Gesetzes richtet sich auf die „Schrott-Wissenschaft“

Es war erwartet worden, dass das Oberste Bundesgericht den Fall Daubert später noch einmal heranziehen würde, um den Richtern Hilfestellung für ihre Arbeit zu liefern. Nachdem es dazu aufgefordert hatte, die juristischen Möglichkeiten hinsichtlich Fachberatern auszuloten, musste das Oberste Bundesgericht irgendwann die Entscheidung eines untergeordneten Gerichts, die aufgrund der Entscheidung im Fall Daubert getroffen worden war, untersuchen, um herauszufinden, wohin diese Richtlinie geführt hatte.

Man entschied sich für den Fall *General Electric gegen Robert Joiner*. Robert Joiner hatte 1973 in Thomasville, Georgia, seine Arbeit als Elektriker aufgenommen. Im Rahmen dieser Tätigkeit kam er häufig in Kontakt mit Transformatorflüssigkeit, die ihm auch in die Augen oder den Mund gelangt war. Zehn Jahre später entdeckte man, dass die Transformatoren teilweise mit Resten von Polychlor-Biphenylen (PCB) verunreinigt waren. PCBs waren in Transformatoren früher häufig als dielektrische, feuerresistente Flüssigkeiten verwendet worden, ihre Produktion und Verwendung ist heute jedoch in den meisten Industriestaaten aufgrund der Toxizität und des Verdacht auf karzinogene Wirkung verboten. Joiner war starker Raucher, auch seine Eltern rauchten sehr viel, in der Familie war Lungenkrebs schon mehrfach aufgetreten. Als er aber 1991 an Lungenkrebs erkrankte, suchte er den Grund bei den PCBs und verklagte General Electric, den Hersteller der Transformatoren.

Joiners Anwälte hatten keine Schwierigkeiten damit, „Experten" zu finden, die bereit waren, zu bestätigen, dass Joiners Erkrankung mit PCBs zusammenhing. Sie beriefen sich auf Studien, in denen jungen Mäusen große Dosen von PCB direkt in den Magen injiziert worden waren. Diese Mäuse entwickelten Krebs, allerdings eine Form, die nichts mit Lungenkrebs zu tun hatte. Es schien sich um ein klassisches Beispiel von „Schrott-Wissenschaft" zu handeln, also ließ der Bezirksrichter mit Hinblick auf den Fall Daubert die Gutachten nicht zu. Ein Berufungsgericht widerrief diese Entscheidung aber mit der Begründung, dass seit dem Fall Daubert lediglich gesichert sein müsse, dass die Gutachten wissenschaftlich fundiert sind. Die Gutachten von Joiners Anwälten waren sehr wohl fundiert, sie hatten nur nichts mit seiner Erkrankung zu tun.

Am 15. Dezember 1997 kippte das Oberste Bundesgericht in einer eindeutigen Entscheidung das Urteil des Berufungsgerichts im Fall *General Electric gegen Robert Joiner* und erklärte, das Bezirksgericht habe richtig gehandelt, als es forderte, dass die Schlussfolgerungen aus den Beweisen einen klaren Zusammenhang zu dem im jetzigen Prozess verhandelten Fall aufweisen müssten.

Der Fall Dauber gewann dadurch noch mehr an Gewicht: Beweise mussten nunmehr nicht nur wissenschaftlich fundiert sein, sondern auch wissenschaftlich interpretiert werden.

Auf lange Sicht gesehen hatte die Meinung von Justice Breyer vielleicht sogar noch größeren Einfluss. Mit Bezug auf die Feststellung „Richter sind keine Wissenschaftler" forderte Breyer die Gerichte auf, Berater zu ernennen, die im Sinne des Gerichts arbeiteten. Er hatte erkannt, dass die Gerichte sich an wissenschaftliche Vereinigungen wie die National Academy of Sciences und die American Association for the Advancement of Science wenden konnten, um neutrale Experten zu finden, die wissenschaftliche Fragen nicht beantworten sollten, sondern unzuverlässiges, ominöses und wenig hilfreiches Beweismaterial von dem Gericht fern hielten.

Viele Bezirksrichter sehen die Lösung im Fall Daubert aber auch heute noch als letzten Ausweg an, den man nur einschlägt, wenn das System versagt hat. Die Frage ist nur, wann hat das System versagt? Im Namen der Unvoreingenommenheit werden in amerikanischen Gerichten häufig Menschen als Geschworene ausgewählt, die am wenigsten über das Geschehen wissen. Amerikanische Richter sind der seltsamen Ansicht, dass zwölf uninteressierte und unbelesene Bürger irgendwie die besondere Fähigkeit besitzen, die Wahrheit zu erkennen. Ein Wissenschaftler würde zuerst einmal Beweise fordern. Wir können nicht wissen, was die Geschworenen in ihrem Zimmer wirklich diskutieren, und solange es keine Maßeinheit für die Beurteilung der Leistung von Geschworenen gibt, muss man ihre Fähigkeit, komplizierte Verfahren zu entscheiden, zumindest in Frage stellen.

Die Prozesse Daubert und Joiner brachten in den USA wichtige Fortschritte für die Verhandlung von pseudowissenschaftlichen Fällen, und die jüngeren, nachfolgenden Richter wenden die neuen Möglichkeiten auch bereitwilliger an. Wahrscheinlich werden noch weitere Entscheidungen des Obersten Bundesgerichts notwendig sein, um die Auswirkungen der Fälle Daubert und Joiner noch genauer anwenden zu können. Pseudowissenschaft gelingt es immer wieder, sich den Weg in die Gerichtssäle zu bahnen, aber es gibt jetzt zumindest auch Mittel dagegen.

„Schrott-Wissenschaft“ ist für die Science Community besonders gefährlich. Bei der pathologischen Wissenschaft, über die wir schon früher gesprochen haben, belügen Wissenschaftler sich selbst. Bei Pseudowissenschaft sind häufig politische und religiöse Motive im Spiel, mit denen vorhandene Wissenslücken ausgefüllt werden sollen. In beiden Fällen verhalten Wissenschaftler sich entweder töricht oder werden falsch verstanden, aber zumindest sind sie überwiegend von der Richtigkeit ihrer Behauptungen anfangs überzeugt.

Wissenschaft basiert auf der Voraussetzung, dass nicht vorsätzlich betrogen wird. Bei „Schrott-Wissenschaft“ haben wir es aber mit Wissenschaftlern zu tun, die teilweise eindrucksvolle Leistungen vorlegen können und trotzdem absichtlich versuchen, zu betrügen und zu verwirren. Der juristische Tatbestand des Betrugs wird dennoch zumeist nicht vollständig erfüllt. Vielmehr geht es oft um komplizierte Theorien, die richtig sein *könnten*, für die es aber keine oder nur sehr dürftige Belege gibt. Da solche Theorien gewöhnlich nicht in der Fachliteratur oder auf größeren Konferenzen vorgestellt werden, können sie außerhalb des wissenschaftlichen Diskurses existieren, ohne den selbstregulierenden Mechanismen der wahrhaftigen Wissenschaft unterworfen zu sein.

„Schrott-Wissenschaft“ ist eine Form von Pseudowissenschaft, die sich den aufmerksamen Augen der Science Community entzieht. Im nächsten Kapitel werden wir uns einem viel größeren Bereich wissenschaftlicher Forschung zuwenden, der im Verborgenen bleibt: Jede Regierung glaubt, dass alle Forschung, die im Namen der nationalen Sicherheit betrieben wird, der wissenschaftlichen Kontrolle und Diskussion entzogen werden muss. Es ist daher kaum überraschend, dass Pseudowissenschaft in einer solchen geheimniskrämerischen Umgebung besonders gut gedeiht.

Neun

Nur Pilze wachsen im Dunkeln – und geheimgehaltene Voodoo Science

Der Vorfall in Roswell

Im Jahr 1994 gab die Sprecherin der Air Force, Sheila Widnall, eine bis dahin einmalige Vollmacht heraus, die jeden, der etwas über den angeblichen UFO-Vorfall im Jahr 1947 in Roswell, New Mexico, zu wissen glaubte, von der Verpflichtung zur Geheimhaltung enthob. Als ernst zu nehmende Physikerin und Luftfahrtingenieurin vom MIT glaubte sie, dass die Air Force Wichtigeres zu tun hatte als UFO-Geschichten zu verfolgen, aber Steven Schiff, Mitglied des Kabinetts in New Mexico, bestand darauf, dass alle Zeugen und Berichte genauestens befragt bzw. untersucht werden mussten. Schiff wollte die Öffentlichkeit davon überzeugen, dass die Regierung nicht versuchte, irgendetwas zu vertuschen. Ich erwartete nicht, dass irgendwo neue Informationen auftauchen würden, aber ich erinnerte mich mit einigem Verdruss an mein eigenes „Roswell-Erlebnis“.

Im Sommer 1954 war ich als junger Leutnant der Luftwaffe vorübergehend zur Walker Air Force Base in Roswell versetzt worden, um den Aufbau eines neuen Radarsystems zu überwachen. Nach einem Wochenendbesuch bei meiner Familie im Süden von Texas fuhr ich mitten in der Nacht über einen vollkommen leeren Highway in einer unbesiedelten Region in West-Texas zum Stützpunkt zurück. Die Nacht war klar, obwohl kein Mond zu sehen war, und ich konnte zu meiner Linken eine zerklüftete Hügelkette erkennen, die sich gegen den Nachthimmel abzeichnete. Plötzlich wurde die ganze Landschaft von einem blendenden, blaugrünen Lichtstrahl erhellt, der über den Horizont wanderte. Er blinkte mehrfach zwischen den Hügeln auf und verschwand schließlich ohne ein Geräusch. Das Ganze dauerte nicht länger als zwei Sekunden. Zu damaliger Zeit hörte man fast täglich neue Berichte über gesichtete UFOs. Die meisten waren nicht halb so spektakulär wie das, was ich gerade gesehen hatte, aber ich glaubte zu wissen, was es war. Blasses, blaugrünes Licht entsteht typischerweise, wenn sich freie Hydroxid-Radikale erwärmen. Freie Radikale sind Fragmente von Molekülen. Ein Hydroxid-Radikal – OH – ist ein Wassermolekül, dem ein Wasserstoffatom fehlt. Freie Radikale reagieren sehr leicht, sie versuchen, möglichst schnell ihre Lücke zu schließen und bleiben daher meist nicht lange in diesem Zustand. Wenn Moleküle aber durch Strahlung bei sehr niedrigen Temperaturen aufgebrochen werden, können die entstandenen Radikale nicht reagieren, solange sie gefroren bleiben. Sobald die Radikale aber erwärmt werden, reagieren sie mit anderen Fragmenten, um stabile Moleküle zu bilden. Einmal mehr sagt uns das Gesetz von der Erhaltung der Energie, was nun zu erwarten ist: Die Energie, die benötigt wurde, um die Moleküle aufzubrechen, wird wieder freigesetzt, wenn die Fragmente sich verbinden. Diese Energie wird als blaugrünes Licht sichtbar. Ein Eismeteorit sammelt auf seinem ewigen Weg durch das kalte Dunkel des Alls durch kosmische Strahlung immer mehr freie Radikale. Wahrscheinlich hatte ich gerade das Glück gehabt, einen Eismeteorit beobachten zu können, der in die Atmosphäre eingetreten war. Der Meteorit war wohl vollständig verglüht, bevor er die Erdoberfläche erreichen konnte.

Als ich weiter den Highway entlang über die Grenze nach New Mexico fuhr, war ich sehr zufrieden mit mir. Die UFO-Hysterie, die durch das ganze Land schwappte, sagte ich mir, betraf nur Leute, die nichts von Wissenschaft verstehen. Und dann sah ich die fliegende Untertasse.

Sie befand sich links von mir irgendwo vor der Hügelkette und flog in meiner Richtung. Ich sah eine metallisch glänzende Scheibe von der Seite – in der Mitte war sie etwas dicker –, die sich fast mit demselben Tempo wie ich bewegte. Verfolgte sie mich etwa? Ich gab Vollgas – und auch die Untertasse beschleunigte. Ich trat auf die Bremse – und die Untertasse stoppte. Dann erkannte ich, dass das Scheinwerferlicht meines Oldsmobiles von einer Stromleitung reflektiert wurde, die parallel zum Highway verlief. Plötzlich sah das Ganze überhaupt nicht mehr aus wie ein UFO.

Demut erfüllte mich. Mein zerebraler Cortex lachte über UFO-Geschichten, aber der Teil meines Gehirns, in dem diese Geschichten gespeichert waren, war durch die eindrucksvolle Erscheinung des Meteorits aktiviert worden. Alles andere geschah praktisch von allein. Ich war darauf eingestellt, ein UFO zu sehen – und mein Gehirn sorgte dafür, dass ich es tat. Seitdem versuche ich immer, wenn ich mit Menschen, die an UFOs glauben, die Geduld verliere, was häufig geschieht, an jene Nacht in New Mexico zu denken, als ich ein paar Sekunden lang selbst an fliegende Untertassen geglaubt habe.

Entführt

Sicher haben Sie auch schon mal schemenhaft ein Tier im Dunkeln gesehen, das sich beim Näherkommen als Busch entpuppte. Die Tatsache, dass das Gehirn uns manchmal Streiche spielt, reicht aber nicht aus, um zu erklären, warum Hunderte, vielleicht Tausende von Menschen behaupten, von Außerirdischen entführt und untersucht worden zu sein, wobei insbesondere ihre erogenen Zonen im Zentrum standen. Nach der Untersuchung wird den Menschen meistens ein winziges Implantat eingesetzt. Oft erinnern sich die Betreffenden daran wie an einen Traum, und Details werden nur unter Hypnose erinnert.

Diese Menschen glauben ernsthaft an Außerirdische, mit wissenschaftlichen Argumenten ist ihnen meist nicht beizukommen. Schließlich sind auch Wissenschaftler selbst gegen solchen Irrglauben nicht gefeit. Im MIT fand 1992 eine fünftägige Konferenz zur Untersuchung verschiedener Entführungsgeschichten statt. Die Organisatoren waren John Mack, Professor für Psychiatrie in Harvard, und David Pritchard, ein mit mehreren Preisen ausgezeichneter Physiker des MIT. Mack hatte Patienten behandelt, die von Entführungen durch Außerirdische berichteten. Seine Behandlung bestand darin, den Menschen zu versichern, dass sie nicht unter Halluzinationen litten – sie seien wirklich entführt worden.

Als Experimentalphysiker war Pritchard mehr an körperlichen Spuren interessiert, besonders an den winzigen Implantaten, von denen viele Entführte berichteten. Der am besten geeignete Kandidat war ein Mann namens Richard Price, der berichtet hatte, ihm sei ein Implantat in den Penis eingesetzt worden. Man konnte das Implantat deutlich sehen, es war bernsteinfarben und etwa so groß wie ein Reiskorn. Unter dem Mikroskop wurden kleine vorstehende Drähte sichtbar. Welche außergewöhnliche außerirdische Technologie konnte wohl dahinter stecken? Das „Implantat" wurde vorsichtig chirurgisch entfernt und mit großen Erwartungen sorgfältig analysiert. Offensichtlich stammte es nicht aus dem Andromedanebel. Vielmehr handelte es sich um etwas eindeutig Irdisches: menschliches Gewebe, an dem kleine Fasern von Prices Unterwäsche hängen geblieben waren.

Es überrascht nicht, dass sich die Geschichten der mutmaßlich Entführten ähneln; sie alle haben im Fernsehen und im Kino dieselben Bilder gesehen. In dem Buchladen in meiner Nähe gibt es dreimal so viele Bücher über UFOs wie über alle Wissenschaftsgebiete zusammen. Außerirdische sind in Zeitschriften und selbst in Fernsehwerbespots zu sehen. Sie sind die Hauptfiguren in Filmen und Fernsehserien – selbst in „Dokumentationen".

Im Lauf der Zeit werden die Beschreibungen Außerirdischer sich immer ähnlicher. Jeder Sechsjährige kann heute einen Außerirdischen zeichnen. Wir werden praktisch Zeugen einer Alien-Evolution. Die zugehörigen Mutationen entstehen in den Köpfen von Regisseuren und Science-Fiction-Schriftstellern. Als Selektionsmechanismus dient die öffentliche Meinung. Die Außerirdischen verändern sich so, dass sie den Erwartungen des Publikums entgegenkommen. Dadurch werden sie praktisch zu Durchschnittsaliens. Das Publikum entscheidet also, wie Außerirdische auszusehen haben. Für UFOs gilt das Gleiche.

Versucht man, diese Entwicklung zum Ausgangspunkt zurückzuverfolgen, stößt man unweigerlich auf die merkwürdigen Geschehnisse, die sich 1947 in Roswell, New Mexico, zugetragen haben.

Projekt Mogul

Am 14. Juni 1947 entdeckte William Brazel, Vormann auf der Foster Ranch 120 Kilometer nordwestlich von Roswell, in etwa elf Kilometern Entfernung vom Haupthaus eine große Menge weit verstreuter Trümmer.

In dem Schutt fanden sich Neoprenstreifen, Klebeband, Metallfolie, Kartonagen und Stöcke. Brazel machte sich nicht die Mühe, die Trümmer näher zu untersuchen, aber als er ein paar Wochen später die ersten Berichte über fliegende Untertassen hörte, begann er sich zu fragen, ob das, was er gesehen hatte, nicht vielleicht damit zusammenhing. Er fuhr zurück und sammelte einige Teile auf. Am nächsten Tag fuhr er in die Kleinstadt Corona, um dort Wolle zu verkaufen. Dabei traf er auch George Wilcox, den Sheriff des Gebiets, dem er in verschwörerischem Tonfall zuraunte, Teile dieser „fliegenden Untertassen" gefunden zu haben. Der Sheriff leitete diese Informationen an den Luftwaffenstützpunkt von Roswell weiter. Das Militär schickte den Nachrichtenoffizier Major Jesse Marcel, um der Sache auf den Grund zu gehen. Major Marcel hielt die Trümmer für Teile eines Wetterballons oder eines Radarreflektors. Er konnte alle Teile problemlos im Kofferraum seines Wagens verstauen.

Damit könnte die Geschichte zu Ende sein, aber das Büro für Öffentlichkeitsarbeit des Luftwaffenstützpunkts Roswell publizierte einen etwas undurchsichtigen Bericht, in dem es hieß, dass die Armee „durch die Hilfe eines Landwirts und des örtlichen Sheriffs in den Besitz einer fliegenden Untertasse gelangt ist". Kurz darauf wurde der Bericht korrigiert und die Trümmer als Teile eines Radarschilds bezeichnet, aber es war bereits zu spät. Der Mythos Roswell war geboren. Je mehr Zeit verging, desto mehr sah es so aus, als ob die Korrektur der Armee der Verschleierung dienen sollte.

Als ich ein paar Jahre später nach Roswell entsandt wurde, um die neue Radarstation zu installieren, war der Stützpunkt in Walker Air Force Base umbenannt worden. Dort war eine Batterie B-36-Langstreckenbomber stationiert. Der Sowjetunion war es inzwischen gelungen, auch eine Atombombe zu bauen, und die USA bemühten sich, schnell aufzurüsten. Da das Offiziersquartier voll belegt war, nahm ich mir ein Zimmer in einer großen Pension an einer mit Pappeln gesäumten Straße in der Stadt.

Die anderen Bewohner der Pension waren Einheimische in fortgeschrittenem Alter. Die Atmosphäre war beinahe familiär, aber man ging sich gegenseitig eher aus dem Weg, und manche Bewohner schalten mich spaßhaft wegen der „geheimnisvollen Dinge", die auf dem Stützpunkt vor sich gingen. An einem warmen Juliabend, als wir gerade auf der Terrasse saßen, kam das Gespräch auf das Thema UFOs. Alle wussten über die Trümmerfunde Bescheid – der *Roswell Daily Record* hatte darüber berichtet. Niemand glaubte den Erklärungen der Regierung, es handle sich um Wetterballons oder Radarziele; alle sprachen von geheimen Regierungsprojekten und russischen, experimentellen Fluggeräten. Ich glaube nicht, dass jemand von Außerirdischen sprach.

Erst 1978, also 30 Jahre nachdem William Brazel die Trümmer gefunden hatte, wurden in diesem Zusammenhang erstmals Außerirdische erwähnt. Die Geschichte von Major Marcel, der ein paar Stöcke, Kartons und Metallfolie in sein Auto geladen hatte, war inzwischen zu einer großen Militäroperation ausgeufert, bei der ein ganzes abgestürztes Raumschiff geborgen und insgeheim zum Luftwaffenstützpunkt Wright-Patterson Air Force Base in Ohio transportiert worden war. Die Zahl der Menschen, die sich noch an die Geschehnisse erinnern konnten, schrumpfte zwar ständig, aber dennoch tauchten immer mehr Details aus zweiter und dritter Hand auf: Es hatte nicht nur einen Absturz gegeben, sondern zwei oder drei; die Außerirdischen waren klein und hatten große Köpfe und Saugnäpfe an den Fingern; ein Außerirdischer hatte überlebt und wurde von der Regierung festgehalten usw.

Wie ein gigantisches Vakuum hatte die Geschichte reihenweise Berichte über Flugzeugabstürze und Experimente mit menschenähnlichen Puppen, die aus großer Höhe mit Fallschirmen abgeworfen wurden, in sich aufgesogen, obwohl manche dieser Ereignisse Jahre später und ganz woanders stattgefunden hatten. Zahlreiche „UFO-Spezialisten" bastelten aus Gesprächsfetzen den Mythos einer Zusammenkunft mit Außerirdischen, die von der Regierung verschleiert wurde. Angeblich war die Wahrheit so schrecklich, dass man sie der Öffentlichkeit vorenthielt.

Wenn Einzelteile nicht zusammenpassten, wurden sie passend gemacht. Gelang dies nicht, ließ man sie unter den Tisch fallen. Entstehende Lücken wurden mit viel Fantasie aufgefüllt. Die Grenze zwischen Tatsache und Spekulation verwischte zusehends. Eine Reihe erfolgreicher Bücher erschien, denen schließlich skeptische Kommentare des Luftfahrtspezialisten Philip Klass entgegengestellt wurden. Es gehört allerdings zum Buchhandelsgeschäft, dass pseudowissenschaftliche Bücher grundsätzlich häufiger verkauft werden als die ernsthaften Veröffentlichungen, die sie entlarven.

Roswell erwies sich als Goldmine. Die nicht bestätigten Berichte wurden auf ihren Unterhaltungswert hin von Fernsehproduktionen schamlos ausgenutzt, die man großzügig als Dokumentationen bezeichnete, darunter *Unsolved Mysteries* auf NBC mit Robert Stack, aber auch seriösere Sendungen wie *48 Hours* auf CBS mit Dan Rather, ganz zu schweigen von Talkshows wie etwa *Larry King Live* auf CNN.

Der Tiefpunkt wurde schließlich von Fox TV erreicht. Der Sender strahlte 1995 einen extrem unscharfen Schwarzweißfilm aus, der angeblich die von der Regierung durchgeführte Autopsie eines Außerirdischen zeigte. Experten nannten diesen Beitrag sofort einen schlechten Witz, aber hohe Einschaltquoten erzielte er dennoch. Das Fernsehpublikum vermutete, dass die Experten von der Regierung entweder bedroht oder bestochen wurden. Fox wiederholte den Film noch einige Male.

Als die Einschaltquoten der *Alien Autopsy* nach drei Jahren schließlich zu bröckeln begannen, gab der Sender Fox bekannt, dass man nun Experten engagiert hätte, die den Film begutachten wollten. Mithilfe von „Videoentzerrern, wie sie auch die NASA benutzt“, enthüllte man die schockierende Wahrheit: Der Film war eine Fälschung! Ärgerte man sich bei Fox nun darüber, hereingelegt worden zu sein? Keineswegs. Stattdessen rühmte Fox sich damit, „einen der größten Skandale aller Zeiten“ aufgedeckt zu haben. Sofort wurde ein groß angekündigtes Special ausgestrahlt, in dem erklärt wurde, wie es zu der Entstehung des Films gekommen war. Es gelang Fox, sowohl vom Aufkommen wie auch vom Ende der Gerüchte zu profitieren.

Inzwischen hatte die Untersuchung der Luftwaffenberichte nach Ungereimtheiten im Zusammenhang mit dem Roswell-Vorfall zur Überraschung von Anhängern und Gegnern aber aufgedeckt, dass es in den 40er Jahren tatsächlich ein immer noch geheim gehaltenes Regierungsprogramm mit dem Namen Projekt Mogul gegeben hatte. Es war also wirklich etwas verschleiert worden – nur hatte es nichts mit Außerirdischen zu tun.

Die Sowjetunion hatte im Sommer 1947 zwar noch keine Atombombe gezündet, aber das war, meinte man, nur eine Frage der Zeit. Die Vereinigten Staaten wollten natürlich erfahren, wann es soweit war. Also suchte man nach einer zuverlässigen Möglichkeit, etwaige Tests ausfindig zu machen. Das Projekt Mogul bestand in dem Versuch, Mikrofone in großer Höhe zu installieren, die mit niedrigen Frequenzen arbeiteten und so den Test buchstäblich „hören" konnten. In der Grenzschicht zwischen Troposphäre und Stratosphäre können Schallwellen um den ganzen Erdball transportiert werden. Zahllose Ketten von Wetterballons, die bis zu 180 Meter lang waren, transportierten akustische Sensoren, Radarreflektoren und andere Ausrüstung nach oben.

Die Ballonketten wurden etwa 150 Kilometer von Roswell entfernt in Alamagordo, New Mexico, gestartet. Einer der Wissenschaftler, die damals am Projekt Mogul mitgearbeitet hatten, ist der inzwischen pensionierte Physiker Charles B. Moore. Er erinnert sich, dass Flug Nr. 4 vom 4. Juni 1947 bis etwa 27 Kilometer von dem Punkt entfernt, an dem William Bazel zehn Tage später die Trümmer gefunden hatte, verfolgt werden konnte. Danach brach der Kontakt ab.

Die Trümmer auf der Foster Ranch ähnelten in ihrer Zusammensetzung dem Material, aus dem die Ballons bestanden. Die Air Force ist daher sicher, dass Flug Nr. 4 abgestürzt ist und damit den Roswell-Mythos begründet hat. Wenn das Projekt Mogul nicht sogar vor den Befehlshabern in Roswell geheim gehalten worden wäre, hätte die Episode wahrscheinlich schon im Juli 1947 ein Ende gefunden.

Aus heutiger Sicht erscheint es unverständlich, dass das Projekt Mogul überhaupt geheim war. Es wurde schon beendet, bevor die erste sowjetische Atombombe getestet wurde, und durch eine mehr Erfolg versprechende Technologie ersetzt. Das Projekt Mogul hätte in der Sowjetunion höchstens einige Heiterkeit erregt, wurde aber dennoch fast ein halbes Jahrhundert lang streng geheim gehalten. Sogar der Deckname des Projekts war top secret. Ohne die von Kabinettsmitglied Schiff eingeleiteten Untersuchungen wüsste man wohl noch heute nichts darüber. Die Geheimhaltung scheint eben zur Militärkultur dazuzugehören, also entstehen ständig neue geheime Dokumente.

Niemand weiß, wie viele es tatsächlich gibt, sicher ist aber, dass es heute trotz aller Reformversuche mehr sind als auf dem Höhepunkt des Kalten Kriegs. Allein die Verwaltung kostet schätzungsweise 2,6 Millionen Dollar pro Jahr, aber der Vertrauensverlust bei der Bevölkerung ist mit Geld nicht zu bemessen. In einem verzweifelten Versuch, der Situation Herr zu werden, ordnete Präsident Clinton 1995 an, dass alle Papiere, die älter sind als 25 Jahre – vermutlich mehr als eine Milliarde Seiten –, keiner Geheimhaltung mehr unterliegen. Die Anordnung sollte im Jahr 2000 in Kraft treten.

Das einzig Mysteriöse an Roswell ist heute, wieso selbst das Bekanntwerden des Projekts Mogul 1994 den UFO-Gerüchten kein Ende setzte. Es scheint mehrere Gründe dafür zu geben, die alle damit zusammenhängen, dass die Wahrheit fast 50 Jahre zu spät ans Licht kam. Statt den UFO-Mythos zu zerstören, waren alle Anhänger nun erst recht davon überzeugt, dass das Projekt Mogul nur die Lügen der Regierung kaschieren sollte oder eine weitere Lüge war. Dementis der Regierung ernten seitdem Spott und Hohn.

Wenn das Projekt Mogul den UFO-Mythos auslöste, sorgte ein anderes Geheimprogramm dafür, dass er immer neue Nahrung erhielt. Während des Kalten Kriegs war es durchaus üblich, Gerüchte zu verbreiten, um von geheimen Operationen abzulenken, wie etwa Flügen der U-2-Spionageflugzeuge über dem Gebiet der Sowjetunion.

Die ersten U-2 waren nicht lackiert, d. h. ihre Außenhaut aus Metall glänzte in der Sonne. Besonders in den frühen Morgen- und Abendstunden, wenn es auf der Erdoberfläche dämmerig war, wurden die U-2 durch reflektierte Sonnenstrahlen sehr gut sichtbar. Beim CIA schätzt man, dass mehr als die Hälfte der gesichteten UFOs in den 50er und 60er Jahren auf das Konto geheimer U-2-Flüge gehen. Um die Bevölkerung zu beruhigen, ohne die U-2-Missionen zu verraten, konstruierte die Air Force unglaubwürdige Erklärungen über außergewöhnliche Naturphänomene. Eigentlich lernen wir ja schon als Kinder, dass Geheimnisse schnell zu Lügen führen.

Die US Air Force sammelte alle verfügbaren Informationen über den Roswell-Vorfall und verarbeitete sie in einem umfangreichen Bericht, der allen Spekulationen ein Ende setzen sollte. Tatsächlich hatte man sich der großen Aufgabe, alte Akten zu durchsuchen und überlebende Zeitzeugen aufzufinden, schon gestellt, bevor das Kabinettsmitglied Schiff die Aufdeckung eingefordert hatte. Die Leitung der Air Force im Pentagon verbrachte einen Großteil ihrer Zeit damit, auf Forderungen von selbst ernannten UFO-Spezialisten einzugehen, die sich auf das Recht auf Information beriefen. Sie war bestrebt, den Roswell-Vorfall endlich abschließen zu können. Die Pressekonferenz im Pentagon, auf der *The Roswell Report: Case Closed* veröffentlicht wurde, erregte landesweit große Aufmerksamkeit.

Der Bericht erschien gerade rechtzeitig zum 50. Jahrestag von William Brazels Entdeckung der Wrackteile des Projekts Mogul, aber die für den Bericht Verantwortlichen behaupteten, dies habe keine Rolle gespielt. Im Juli 1997 kamen Tausende von UFO-Enthusiasten nach Roswell, um das 50-jährige Jubiläum zu feiern. Sie kauften Alienpuppen und T-Shirts als Andenken, und sie erwarben alle Bücher über UFOs und Aliens, die sie finden konnten. Das einzige Buch, das sich schlecht verkaufte, war der Bericht der Luftwaffe. Wer konnte die Regierung schon noch ernst nehmen? Fox strahlte immer noch den Autopsiefilm aus und erzielte nach wie vor ansehnliche Quoten. Die letzten Umfragen haben übrigens gezeigt, dass die Zahl derjenigen, die an die Existenz von UFOs glauben, weiter wächst.

Dennoch sollte man dem weit verbreiteten Glauben an UFOs und Außerirdische auf der Erde nicht zu viel Bedeutung beimessen. Carl Sagan sieht in diesem Mythos die moderne Entsprechung zu den Dämonen, die die Welt des Mittelalters bevölkerten und die nur für Leichtgläubige zu einer Furcht erregenden Realität werden können. Die meisten Menschen scheinen allerdings nicht wirklich überzeugt. UFOs und Außerirdische bringen ein bisschen Aufregung in das ansonsten eher unspektakuläre Leben. Außerdem sind sie ein Mittel, den Unmut gegenüber der Regierung auszudrücken.

Am schlimmsten wirkte sich der Roswell-Vorfall auf das Vertrauen der Öffentlichkeit aus. Jede Regierung unserer unruhigen Welt fühlt sich berechtigt, im Namen der nationalen Sicherheit Geheimnisse zu haben. Wer an die Macht kommt, lernt die Vorteile der Geheimhaltung schnell schätzen. Sie ermöglicht der Regierung, Einfluss auf den Informationsstand der Bevölkerung zu nehmen: Schlechte Nachrichten werden einfach nicht verbreitet, gute schon. Auf lange Sicht hat eine Regierung aber angesichts absurder Verschwörungstheorien und pseudowissenschaftlicher Untersuchungen praktisch keine Möglichkeit mehr, das Vertrauen der Bevölkerung zurückzugewinnen.

The Roswell Report: Case Closed erschien am 24. Juni 1997, drei Monate, nachdem die Leichen von 39 Mitgliedern der UFO-Sekte Heaven's Gate in San Diego aufgefunden worden waren. Sie hatten sich in der Überzeugung, dass dem Kometen Hale-Bopp ein riesiges UFO folgen würde, das sie alle zur „nächsten Ebene" transportieren würde, kollektiv getötet. Unter dem Deckmantel der Geheimhaltung sind aber noch viel gefählichere Fälle von Betrug vor sich gegangen. Man denke nur an den Krieg der Sterne und den Röntgenlaser.

Krieg der Sterne

Im November 1998 versammelte sich die konservative Führungsspitze der Vereinigten Staaten in Washington, um Edward Teller, den berühmten „Vater der Wasserstoffbombe", als „Patrioten, der ein zutiefst moralisches Gewissen mit politischer Weisheit verbunden hat", zu ehren. Sanford McDonnell, CEO von McDonnell-Douglas, überreichte Teller eine Auszeichnung für seinen Beitrag zur Strategic Defense Initiative (SDI). McDonnell-Douglas ist einer der wichtigsten Vertragspartner für die SDI. Präsident Ronald Reagan lobte Teller über ein internes Fernsehnetz als „unermüdlichen Förderer" von SDI.

Unter den geladenen Gästen befand sich auch Andrej Sacharow, der russische Physiker, der in der Sowjetunion an der Entwicklung der Wasserstoffbombe beteiligt gewesen und später in die USA übergelaufen war. Nachdem er bereits 1975 mit dem Friedensnobelpreis ausgezeichnet worden war, sollte er nun auch Einsteins Friedenspreis erhalten.

Freunde hatten ihm davon abgeraten, bei Tellers Auszeichnung als Sprecher aufzutreten, aber Sacharow fühlte sich moralisch verpflichtet, seine Bedenken zu äußern. Sacharow war durch mehrere Hungerstreiks, die während seiner Jahre im Exil in Gorky sein einziges Protestmittel gewesen waren, deutlich geschwächt und abgemagert. Mit seinem schlecht sitzenden, beigen Anzug wirkte er unter den ganzen mit Juwelen geschmückten Damen und Herren im Frack völlig deplatziert. Sacharows Schwiegersohn diente ihm als Übersetzer, und er sprach respektvoll von Tellers Leistungen, warnte aber, dass Tellers Unterstützung für SDI ein „schwerer Fehler" sei. Die Einsetzung eines im Weltall stationierten Raketenabwehrsystems könnte das nukleare Gleichgewicht ins Wanken bringen, erklärte Sacharow –, wenn es überhaupt funktioniert, bevor die Supermächte sich in den finanziellen Bankrott treiben, fügte er in weiser Voraussicht hinzu. Sacharow verließ die Versammlung sofort, nachdem er seinen Vortrag beendet hatte. Als sich die Tür hinter ihm geschlossen hatte, trat William F. Buckley jr., der durch das Veranstaltungsprogramm führte, ans Mikrofon und sagte herablassend: „Ein netter Mann, aber leider völlig realitätsfern." Danach ergriff Teller das Wort. Zwar distanzierte er sich öffentlich von Geheimniskrämerei, verwendete sie aber dennoch gerne für seine Zwecke. „Wenn Sie nur wüssten, was ich weiß", bedauerte er in seinem typisch ungarischen Akzent, „ich wünschte, ich könnte Ihnen mehr sagen."

Teller hat viel Fantasie und ein Gefühl für Dramatik, aber leider ist er kein guter Analytiker. In den Jahrzehnten, in denen die nukleare Bedrohung das Weltgeschehen prägte, war der Name Teller zum Synonym für die Wasserstoffbombe geworden. Bei aller Berühmtheit und Begabung ist Tellers Karriere aber von zahlreichen Fehlschlägen gezeichnet, einer davon war seine ursprüngliche Konzeption einer thermonuklearen Bombe. Tellers Idee wurde schließlich als undurchführbar aufgegeben, die erste Wasserstoffbombe basierte auf den Theorien von Stanislaw Ulam. Dennoch war es Teller, der sich in der Öffentlichkeit geschickter präsentierte und als „Vater der Wasserstoffbombe" gefeiert wurde. Ulams Anteil blieb weitgehend unbekannt, auch heute noch assoziiert man nur den Namen Teller mit der Bombe.

In seinem Buch *Teller's War* erzählt Bill Broad von der *New York Times*, dass Teller schon in seiner Jugend zahllose unkonventionelle Anregungen zu einer unglaublichen Vielzahl von Fachbereichen gegeben hatte, von denen aber die wenigsten realisierbar waren. Wirklich produktiv war seine Arbeit nur, wenn er mit namhaften Physikern wie Hans Bethe und Freeman Dyson zusammenarbeitete, die ihn auf den Boden der Realität zurückholten. Nach seiner Aussage im Prozess gegen Oppenheimer im Jahr 1954 weigerten sich viele führende Physiker aber, weiter mit ihm zu reden.

J. Robert Oppenheimer leitete die Entwicklung der Atombombe in den Vereinigten Staaten und wurde von fast allen am Projekt Manhattan beteiligten Wissenschaftlern verehrt. Nach dem Krieg meldete Oppenheimer aber starke Bedenken gegen die Entwicklung einer Wasserstoff- oder Fusionsbombe an. Teller sprach sich dagegen dezidiert für die „Superbombe" aus. Es war auf dem Höhepunkt der McCarthy-Ära, und die Befürworter der Wasserstoffbombe versuchten, Oppenheimers ablehnende Haltung dahingehend zu interpretieren, dass er ein Sicherheitsrisiko sei, was die meisten Wissenschaftler aber als grotesken Vorwurf empfanden. Teller bezeichnete Oppenheimer zwar nicht als kommunistischen Agenten, sagte bei einer Anhörung vor der Atomenergiekommission (AEC) aber aus, dass er davon abrate, Oppenheimer eine Unbedenklichkeitserklärung auszustellen. Daraufhin entzog die AEC Oppenheimer seine Unbedenklichkeitsbescheinigung. Unter den Bedingungen des damals geltenden Atomic Secrets Act bedeutete das für Oppenheimer, dass ihm praktisch die Arbeitserlaubnis entzogen wurde. Außerdem durfte er sich nicht mehr gegen Edward Teller aussprechen. Eine Reihe von Wissenschaftlern vergaben Teller nie, dass er in ihren Augen einen talentierten und ehrenwerten Kollegen verraten hatte.

In der Isolation des Lawrence Livermore Laboratory, das ihm von seinen Unterstützern im Kongress bereitgestellt worden war, umgab sich Teller ausschließlich mit Untergebenen, die ihm niemals widersprochen hätten. Die Isolation wurde fast noch verstärkt, als Teller begann, mit dem jungen Physiker Lowell Wood zusammenzuarbeiten. Im Gegensatz zu den sachlich nüchtern arbeitenden Wissenschaftlern, die Teller in früheren Jahren begleitet hatten, steckte Wood voller ausschweifender Ideen. Teller verschaffte Wood eine einflussreiche Position, und Wood regte im Gegenzug Tellers Fantasie an, die inzwischen etwas an Inspiration verloren hatte.

Es war eine verhängnisvolle Verbindung. Beide machten denselben Fehler: Sie hinterfragten sich nicht. Wie Pons und Fleischmann bestätigten sie sich gegenseitig in ihren negativen Eigenschaften und hielten sich bald für unfehlbar. Das traurige Ergebnis dieser Zusammenarbeit war der Krieg der Sterne und der Röntgenlaser. Genau wie Pons und Fleischmann versuchten sie, ihr Scheitern zu verbergen. Für Teller und Wood war das aber kein Problem: Die Regierung besorgte die Geheimhaltung für sie.

Der Mythos vom Röntgenlaser

Die Science Community hörte am 23. März 1984 zum ersten Mal von SDI. Präsident Reagan wandte sich in einer öffentlichen Ansprache direkt an die Wissenschaft: „Ich rufe die Wissenschaftler, die uns einst die Atombombe gegeben haben, auf, ihr großartiges Talent nun im Sinne der Menschheit und des Friedens dafür zu verwenden, Mittel und Wege zu finden, um genau diese Waffen unbrauchbar zu machen." Ein Präsident würde sich und sein Land doch sicher nicht auf ein technologisch so abenteuerliches Unternehmen mit möglicherweise dramatischen Konsequenzen wie die SDI, auch bekannt als Krieg der Sterne, einlassen, wenn die Aussichten auf Erfolg nicht sehr gut wären, oder? Sollte die Initiative scheitern, könnten viele Bedürfnisse der Bevölkerung nicht weiter befriedigt werden. Und selbst wenn sie in technischer Hinsicht erfolgreich wäre, könnten dadurch Abrüstungsverhandlungen zum Scheitern gebracht werden und sogar das nukleare Gleichgewicht ins Wanken geraten. Das Versprechen, eine Nation unangreifbar und unbesiegbar zu machen, würde für den Rest der Welt eine ständige nukleare Bedrohung bedeuten. Die Sowjetunion hätte durchaus auf die Idee kommen können, ihr Heil in einem Erstschlag zu suchen, bevor das System aktiv werden konnte.

Der Präsident hatte im Weißen Haus eine Stelle eingerichtet, die ihm in solchen Fragen beratend zur Seite stand. Im Jahr 1984 hieß der wissenschaftliche Berater George Keyworth, ein relativ junger Wissenschaftler vom Atomwaffenlabor in Los Alamos, der noch keine großen Errungenschaften vorzuweisen hatte. Keyworth war der Science Community praktisch unbekannt und unterschied sich daher deutlich von den renommierten Wissenschaftlern, die seinen Posten zuvor inne gehabt hatten. Empfohlen wurde er von Edward Teller, den Reagan schon aus seiner Zeit als Gouverneur von Kalifornien kannte. Keyworth galt gemeinhin als Tellers Mann im Weißen Haus. Was hielt Keyworth von SDI? Niemand dachte daran, ihn danach zu fragen. Er erfuhr von der Ansprache des Präsidenten erst wenige Tage, bevor sie gehalten wurde. Selbst der Astrologe des Weißen Hauses hatte wahrscheinlich mehr politischen Einfluss.

Im Allgemeinen gilt Teller selbst als Triebfeder für Reagans Vision eines weltraumgestützten Abwehrsystems. Teller hatte den Präsidenten ein paar Monate zuvor getroffen, um für Unterstützung für die Entwicklung eines Röntgenlasers zu werben, der durch nukleare Kernspaltung betrieben werden sollte. Teller bezeichnete den Röntgenlaser als „Atomwaffe der dritten Generation“. Als erste Generation galt die Atombombe, als zweite die Wasserstoffbombe. Beide Bomben sorgten ausschließlich für Explosionen, bei denen in alle Richtungen Strahlung frei wurde. Die dritte Generation würde die bei einer Atombombenexplosion frei werdende Energie bündeln und mit einem enormen Energiestrahl auch Ziele in großer Entfernung zerstören können. Teller bezeichnete diese Waffe als perfektes Instrument zur Raketenabwehr. Reagan war leicht zu überzeugen. Seine inoffiziellen Berater drängten ihn schon lange zum Aufbau eines Raketenabwehrsystems, und er selbst sah dies als geradezu moralische Verpflichtung an. „Ist es nicht besser, Leben zu retten, als es zu rächen?“, fragte er in seiner Rede zu SDI.

Waren die Aussichten für den Röntgenlaser wirklich so gut, wie Teller behauptete? Wenn man Teller etwas besser kennt, weiß man, dass er selbst die unwahrscheinlichsten technologischen Entwicklungen mit grenzenlosem Optimismus betrachtet. Er ist beinahe der Archetyp des Wissenschaftlers, der seine Arbeit zu sehr liebt. Die treibende Kraft für die Entwicklung des Röntgenlasers war Tellers Protégé Lowell Wood, der wie Teller glaubte, alle drohenden Schwierigkeiten mit einer Handbewegung beiseite wischen zu können. Tatsächlich war der Röntgenlaser noch nicht einmal im Teststadium. Er basierte auf der theoretischen Arbeit eines sonderbaren jungen Wissenschaftlers namens Peter Hagelstein, der mit Wood zusammenarbeitete. Woods eigene theoretischen Kenntnisse waren nur begrenzt, und er hielt Hagelstein für ein Genie. Schon bald war Hagelstein derselben Ansicht.

Das Konzept des Röntgenlasers ist ganz einfach. Wenn Atome aus einem energiereichen Zustand wieder in den Grundzustand übergehen, geben sie Licht ab. Normalerweise geschieht das spontan, aber bei einem Laser werden die Atome mit einer bestimmten Energiefrequenz bestrahlt, damit sie gleichzeitig zerfallen. Das Ergebnis ist ein sehr intensiver, zielgerichteter Photonenstrahl. Je nach ursprünglichem Energieniveau kann das frei werdende Photon sich im sichtbaren oder im infraroten Bereich des Lichts befinden.

Theoretisch könnte es auch im Röntgenbereich liegen, aber das ist extrem schwierig zu erreichen, denn dafür müssen sehr tief liegende Atomniveaus stimuliert werden. Es war geplant, Aluminium als Lasermaterial zu verwenden. Da Aluminium nur ein Röntgenniveau besitzt, hätten alle emittierten Photonen das gleiche Energieniveau. Man wollte Aluminiumstäbe verwenden, die einen Laserstrahl von der Stärke eines Bleistifts erzeugen konnten. Nach Hagelsteins Berechnungen würde der Laser funktionieren, wenn die Strahlung intensiv genug wäre – wie sie etwa bei der Explosion einer Atombombe entsteht.

Die dritte atomare Waffengeneration sollte also ein Laserstrahl sein, dessen Energie von einer Atombombe stammte. Die Strahlung würde die Aluminiumstäbe kurz vor der Druckwelle erreichen. Der tödliche Laserstrahl würde abgefeuert und das Material zu Staub zerfallen. Das war jedenfalls der Plan. Das Projekt trug den Namen Excalibur. Es sollte sich später zeigen, dass der Name eines mythischen Schwerts für eine Laserwaffe eine ideale Wahl war.

Der Presse wurden erste Geschichten und Zeichnungen des durchschlagenden Lasers zugesandt. Er wurde zumindest in den Medien zum zentralen Element von SDI. Als die Frage auftauchte, wie eine Waffe denn von Nutzen sein sollte, die gegen möglicherweise Tausende von Raketen nur ein einziges Mal abgefeuert werden konnte, erschien wie aus dem Nichts plötzlich *Super*-Excalibur. Super-Excalibur sollte, wie aus dem wohl kontrollierten Leck in der streng geheim gehaltenen Waffenproduktion zu hören war, voller Aluminiumstäbe stecken und Hunderte oder Tausende von Laserstrahlen gleichzeitig in verschiedene Richtungen abschießen können. Leider erfuhr man nur wenig über den Entwicklungsstand, aber die Presse spekulierte, dass eine Waffe von solcher Durchschlagskraft sicherlich schon bald produziert werden würde. Sogar der Kongress glaubte an die Waffe – und so auch die Sowjets.

Zwei Jahre und acht Milliarden Dollar später waren die Vereinigten Staaten kurz davor, ein Abkommen mit der Sowjetunion über die Abschaffung aller offensiven Atomwaffen zu unterzeichnen – unter der Bedingung, dass das SDI nicht realisiert würde. Es schien ein Triumph der Politik Reagans zu sein, er hatte die Sowjetunion an den Verhandlungstisch gezwungen. Das war jedoch nicht Tellers Absicht gewesen. Kurz vor der Konferenz in Reykjavik im Oktober 1986 schickte Teller eine dringende Nachricht an Paul Nitze, den Verhandlungsführer der US Army, in der er berichtete, Super-Excalibur sei erfolgreich getestet worden und nun „reif für die Produktion“.

Ein einziger Laser „von der Größe eines Büroschreibtischs“ sei praktisch in der Lage, alle Raketenbasen der Sowjetunion zu zerstören, prahlte Teller. Seine Botschaft war eindeutig: Wir brauchen keine Verhandlungen, denn wir sitzen am längeren Hebel. Man kann heute nicht mehr eindeutig bestimmen, wie viel Einfluss Tellers Anruf hatte, aber die Konferenz von Reykjavik, in die so große Hoffnungen gesetzt worden waren, endete in einem Desaster.

Und was geschah mit dem großen Super-Excalibur? Es hatte nie eine derartige Laserwaffe gegeben. Der Prototyp war nur ein einziges Mal getestet worden – und der Test endete in heilloser Verwirrung. Um zu verstehen, was mit Verwirrung gemeint ist, muss man wissen, wie diese Tests aussehen. Eine Atombombe wurde in einem tiefen vertikalen Schacht in der Wüste Nevadas zur Explosion gebracht. Direkt über der Bombe befand sich der Laser. An ihm waren Sensoren angebracht, die alle emittierten Laserstrahlen registrieren sollten. Per Telemetrie konnten alle Messungen sofort an die überirdischen Empfangsstationen weitergeleitet werden. Zuletzt wurde der Schacht aufgefüllt. Zum Sammeln von Informationen blieb nur die Zeit zwischen der Entstehung des Laserstrahls, der sich mit Lichtgeschwindigkeit fortbewegt, und der Druckwelle, die sich mit Schallgeschwindigkeit ausbreitet. Die Druckwelle zerstört alle Geräte inklusive der Sensoren und der Telemetrie. Man bekommt nur eine Chance. Es gibt hinterher keine Möglichkeit, zu prüfen, ob auch alles richtig funktioniert hat.

Anfangs wies einiges darauf hin, dass ein Laserstrahl entstanden war. Wood und seine Mitarbeiter in Livermore feierten; schnell sprach sich herum, dass der Test erfolgreich gewesen sei. Eine genauere Analyse ergab jedoch, dass der Laserstrahl tatsächlich auch nur fluoreszierender Sauerstoff gewesen sein konnte, den ein fehlerhafter Detektor registriert hatte. Super-Excalibur konnte keiner Fliege etwas zuleide tun. Die Wahrheit wurde wie üblich vertuscht bzw. „streng geheim gehalten", aber danach wurde der gefürchtete Super-Excalibur nie wieder getestet.

Zwar wussten weder der Kongress noch die Öffentlichkeit davon, aber viele Physiker hatten von Anfang an bezweifelt, ob Laserwaffen realisierbar sind. Ich gehörte 1984, kurz nach der Ansprache von Präsident Reagan, zu einer kleinen Abordnung der American Physical Society, die George Keyworth, den wissenschaftlichen Berater des Präsidenten besuchte. Wir schlugen vor, einige Fachleute einzuberufen, die untersuchen sollten, ob Laserwaffen wirklich gebaut werden können.

Keyworth gefiel die Idee, er arrangierte ein Treffen mit General James Abrahamson für uns, der für das SDI-Programm verantwortlich war. Die Untersuchung erforderte den Zugang zu allen geheimen Dokumenten, und dafür musste Abrahamson seine Zustimmung erteilen. Abrahamson war einverstanden und sorgte sogar dafür, dass an dem Projekt beteiligte Arbeitsgruppen uns über ihren Entwicklungsstand informierten. Es dauerte ungefähr ein Jahr, den Ausschuss zusammenzustellen. Die Leitung übernahmen Professor Nicolas Bloembergen aus Harvard, der 1981 für seine Forschung über Laser mit dem Nobelpreis ausgezeichnet worden war, und Dr. Kumar Patel, Forschungsleiter der Bell Laboratories und Erfinder des CO_2-Lasers. Die unterschiedlichen Ansätze der beiden Leiter und der anderen 16 Mitglieder sorgten dafür, dass das Gremium ernst genommen wurde.

Die Untersuchung dauerte 18 Monate und wurde nach der Fertigstellung noch sieben Monate vom Pentagon zurückgehalten, aber am 23. April 1987, drei Jahre nach Reagans Rede, wurde schließlich eine zensierte Version des Berichts „The Science and Technology of Directed Energy Weapons“ (Die Wissenschaft und Technologie von Laserwaffen) der Öffentlichkeit zugänglich gemacht. Nach wissenschaftlichen Erkenntnissen würde es danach mindestens zehn Jahre dauern, um herauszufinden, ob Laserwaffen überhaupt möglich sind – und die Aussichten waren schon zu diesem Zeitpunkt sehr schlecht. Die Studie markierte den Wendepunkt des Kriegs der Sterne. In den folgenden Jahren wurde immer weniger Geld investiert.

Im März 1988 endete die Arbeit am Röntgenlaser. Was wurde aus Wood und Teller? Sie waren wieder in Washington. Ohne ein Wort des Bedauerns oder auch nur einen Kommentar zu der Entwicklung abzugeben, hatten sie Super-Excalibur einfach durch Woods neueste, ultimative Waffe ersetzt: kleine, billige, unabhängige, im Weltraum stationierte Abfangraketen, die feindlichen Raketen die Flugbahn abschneiden sollten. Damit verabschiedeten sich Wood und Teller nach Meinung der führenden Wissenschaftler des Landes definitiv aus dem Kreis der ernst zu nehmenden Forscher.

Die maßgeblichen Politiker jedoch, die an den Röntgenlaser geglaubt hatten, schienen davon nichts zu bemerken und zeigten sich stattdessen begeistert von der neuen Idee. Hier zeigte sich einmal mehr Tellers erstaunliche Fähigkeit, trotz des von ihm verantworteten Chaos in bestem Licht zu erscheinen. Dennoch genügte dies nicht, um SDI zu retten. AM 14. Mai 1993 wurde SDI offiziell für beendet erklärt. Trotz Investitionen in Höhe von 30 Milliarden Dollar konnte das Programm nichts Handfestes vorweisen; das gesamte Geld war an Vertragspartner bezahlt worden.

Damals war der Kalte Krieg auf seinem Höhepunkt angekommen. Im Interesse der Sicherheit gesteht jede Nation ihrer Regierung eine gewisses Maß an Geheimhaltung zu. Wenn Gefahr droht, sogar noch mehr. Das ist ebenso notwendig wie gefährlich. Unter dem Deckmantel der Geheimhaltung werden Verschwendung, Korruption und Dummheit vertuscht, außerdem bestimmt die Regierung, welche Informationen an die Öffentlichkeit gelangen. Im Fall SDI wurden fehlerhafte Theorien und Konzepte, die der üblichen Kontrolle entzogen waren, dazu verwendet, kostspielige Verteidigungssysteme zu entwickeln, die die Vereinigten Staaten nur verletzlicher machten. Die Geheimniskrämerei bot der Voodoo Science offenbar einen idealen Nährboden.

Die einstigen Befürworter von SDI behaupten heute, das Programm sei nur eine brillante Täuschung gewesen, das den Zusammenbruch der Sowjetunion beschleunigt habe. Zweifellos hat es tatsächlich einen Beitrag geleistet, wie Sacharow schon vermutet hatte. Allerdings gibt es keinen Hinweis darauf, dass es Teil eines strategischen Plans gewesen ist. Und selbst wenn es so war, wäre es ein unglaublich gefährlicher Plan gewesen, der die bedrohte Sowjetunion zu fatalen Schritten hätte verleiten können. Die Kosten, die nicht in Zahlen auszudrücken sind, betreffen den Vertrauensverlust innerhalb der Bevölkerung.

Es gibt natürlich eine ganze Reihe von Forschern, die im Geheimen arbeiten. In unserer unvollkommenen Welt ist das notwendig. Leider werden selbst die besten Wissenschaftler nur aufgehalten, wenn sie sich ständig der langwierigen Prozedur unterziehen müssen, von der gesamten Science Community kontrolliert zu werden. Andererseits versuchen gerade die Wissenschaftler, die fragwürdige Forschungen treiben, sich bewusst oder unbewusst jeglicher Kritik zu entziehen. Offizielle Geheimhaltung erleichtert dies natürlich, denn sie verbirgt auch Inkompetenz. Geheimhaltung trägt nicht nur zu wissenschaftlichen Fehlschlägen bei, sie überspielt sie auch. Nirgendwo wurde dies deutlicher als in Frankreich während der Energiekrise.

Das Schnüffelflugzeug

Im Jahr 1976 überzeugte ein belgischer Graf die französische Regierung davon, Versuche mit einem geheimen Gerät durchzuführen, das angeblich mithilfe der Reflexion eines neu entdeckten Elements Mineralvorkommen aus der Luft aufspüren konnte. Die ersten Tests waren über Gebieten durchgeführt worden, deren Vorkommen bereits bekannt waren. Das *l'avion renifleur* oder „Schnüffelflugzeug“ verzeichnete spektakuläre Erfolge bei der Suche nach Erdöl. Im Gefühl, möglicherweise Geschichte zu schreiben, verhängte der französische Präsident Valerie Giscard d'Estaing eine totale Nachrichtensperre, um Frankreich seine führende Position in dieser neuen Technologie zu erhalten.

In den folgenden drei Jahren investierte Frankreich etwa 200 Millionen Dollar, aber 1979 wurden die ersten Regierungsmitarbeiter nervös. Trotz der nachgewiesenen Fähigkeit, Erdöl zu finden, war es dem *l'avion renifleur* nicht gelungen, ein einziges neues Ölfeld zu entdecken. Außerdem hatte bis dahin kein Beauftragter der Regierung das Gerät näher in Augenschein genommen, weil in seiner Umgebung angeblich gefährliche Strahlung auftrat. Schließlich ordnete die Regierung an, dass der bekannte Atomphysiker Jules Horowitz eine Untersuchung durchführte.

Professor Horowitz brauchte nur wenig Zeit, um eine einfache Demonstration vorzubereiten. Können die mysteriösen Teilchen ein metallenes Objekt durch eine undurchsichtige Scheibe aufspüren? Natürlich, versicherte man ihm, man müsste das Gerät nur auf das Metall „einstellen“, bevor es hinter der Scheibe versteckt wird. Horowitz wählte ein einfaches metallenes Lineal als Testobjekt. Er legte das Lineal zuerst auf die Scheibe, damit die Einstellungen vorgenommen werden konnten. Danach legte er das Lineal dahinter, verbog es jedoch heimlich zu einem „L". Das Gerät zeigte das Lineal sehr genau an – allerdings in der Originalform. Der Graf de Villegas und seine Mitarbeiter verschwanden plötzlich. Als man den Apparat aus dem Flugzeug schließlich ausbaute und untersuchte, zeigte sich, dass es sich dabei um nichts anderes als einen Videorecorder handelte, der die Ergebnisse bereits existierender geologischer Untersuchungen wiedergab.

Durch die Geheimhaltung der Regierung blieb der Betrug drei Jahre unentdeckt. Da das *l'avion renifleur* nun enttarnt war, gab es keinen Grund mehr, es geheim zu halten. Stattdessen verstärkte man die Bemühungen noch. Jetzt wollte die Regierung vermeiden, bloßgestellt zu werden.

Die ökonomische Dominanz stand nicht länger auf dem Spiel, es ging nunmehr um das politische Überleben. Politiker werden zwar mit Sex- und Finanzskandalen fertig, aber sie können es nicht ertragen, ausgelacht zu werden.

Im Mai 1981 wurde der konservative Giscard d'Estaing jedoch bei einer Stichwahl von seinem liberalen Gegenspieler François Mitterand geschlagen. Es dauerte zwei Jahre, bis die neue Regierung über die Verschleierung stolperte. Mitterand hob die Nachrichtensperre sofort auf und deckte die Geschichte genüsslich mit allen Einzelheiten auf. Dadurch hatte d'Estaing keine Chance mehr, erneut die Regierung zu übernehmen.

Was wir natürlich nicht wissen, ist, wie viele solcher Geschichten, die nie an die Öffentlichkeit gelangten, in anderen Ländern passiert sind. Nur die Zensoren wissen genau, was alles vertuscht wird. Das Projekt Mogul hat gezeigt, dass manche Projekte jahrzehntelang geheim bleiben können.

Zehn

Wie seltsam ist das Universum? Wie alter Aberglaube als Pseudowissenschaft wiedergeboren wird

Newton war verrückt

Das Buch *Ageless Body, Timeless Mind: The Quantum Alternative to Growing Old* von Dr. Deepak Chopra führte 1993 wochenlang die Bestsellerliste der *New York Times* an, während sein zuvor erschienenes Werk *Quantum Healing* bereits seit zwei Jahren in den Top ten war. In beiden Büchern ging es darum, Krankheiten und den Alterungsprozess durch die Kraft des Geistes zu verhindern bzw. zu stoppen. Zweifler versucht Dr. Chopra mit dem Argument zu überzeugen, seine Thesen gründeten auf der Quantentheorie. Fälle, bei denen sich Krebs plötzlich spontan zurückbildet, erklärt sich Dr. Chopra so: „Diese Patienten springen von einer Bewusstseinsebene auf eine andere, auf der es keinen Krebs gibt ... es handelt sich um einen *Quantensprung* von einer Ebene auf eine andere." Für den Fall, dass Sie glauben sollten, er hätte den Begriff Quantum in metaphorischem Sinne gebraucht, liefert er gleich eine Erläuterung nach: „Ein Quantum war früher nur Physikern bekannt, es bezeichnet eine unteilbare Einheit, die Wellen emittieren oder absorbieren kann. So beschreibt es der berühmte Physiker Stephen Hawking."

Physiker schlagen die Hände über dem Kopf zusammen, wenn sie hören, wie Chopra den Begriff *Quantum* mit Krebs in Verbindung bringt. Dass er ausgerechnet Stephen Hawking in diesem Zusammenhang zitiert, der noch gar nicht geboren war, als die Quantentheorie entwickelt wurde, weist darauf hin, dass seine Kenntnisse sich auf die Lektüre von Hawkings sehr erfolgreichem Buch *Eine kurze Geschichte der Zeit* beschränken.

Dennoch hat Deepak Chopra mit seiner Botschaft Millionen von intelligenten, gebildeten Menschen erreicht, die offenbar glauben, unser Universum sei so merkwürdig, dass einfach alles möglich ist. Und warum sollten sie auch nicht? Wenn ein Universum mit Quarks und Schwarzen Löchern noch nicht genug ist, dann informieren Sie sich mal über Paralleluniversen, Wurmlöcher durch die Raumzeit, Quanten-Teleportation und zehndimensionale Superstrings. Spekulationen sind ein wichtiger Teil wissenschaftlicher Entwicklung. Viele dieser Konzepte werden wieder verschwinden, weil sie entweder nichts Neues bringen oder sich nicht bewahrheiten, doch die Fantasie verliert deshalb nicht an Wert. Allerdings verwischt sich der Unterschied zwischen unerprobter (oder gar nicht prüfbarer) Spekulation und echtem wissenschaftlichem Fortschritt häufig in der Berichterstattung der Medien.

Allerdings tragen dazu auch die Wissenschaftler selbst bei. Schließlich möchten sie den Menschen ja immer gerne erzählen, wie sie neue Dimensionen erschließen. Sie sprechen über Neutrino-Oszillationen, Higgs Bosonen, kosmische Inflation und verrückte Quanten – eben über das, was sie interessiert. Natürlich ist das ihr gutes Recht – das ist schließlich Teil ihres Lebens –, aber sie begeben sich damit eben auch in Gefahr, die Lust ihres Publikums an Schauergeschichten zufriedenzustellen. Augenscheinlich behalten die wissenschaftlich Unerfahrenen nur im Gedächtnis, dass das Universum keinem gesunden Menschenverstand gehorcht – und alles passieren kann.

Warum erscheint uns das Universum, wie es Wissenschaftler erklären, so eigenartig? Wir versuchen, uns das Universum in den Dimensionen zu erklären, die unser tägliches Leben bestimmen: mit Schrittlängen und Lebensspannen. Die Wissenschaft erlaubt uns jedoch, mit ganz anderen Mitteln zu arbeiten. Diese Mittel zeigen uns, dass „das Universum nicht nur viel seltsamer ist, als wir es uns vorstellen, sondern sogar seltsamer, als wir es uns überhaupt vorstellen können", wie es der britische Genetiker J. B. S. Haldane beschreibt.

Dieses berühmte Zitat wird häufig angeführt, um zu verdeutlichen, dass das Wesen des Universums außerhalb unserer Vorstellungskraft liegt. Ich glaube aber, dass Haldane etwas ganz anderes gemeint hat. Er wollte vielmehr klarstellen, dass wir uns nichts vorstellen können, was wir nicht nachempfinden können.

Die Wissenschaft kann nicht behaupten, eine zugrunde liegende Wahrheit getreu wiedergeben zu können. Wir können uns nur auf die Fantasie des menschlichen Geistes verlassen, um uns den Mikro- oder Makrokosmos vorzustellen. Andere Mittel stehen uns nicht zur Verfügung. Wir geraten aber dann in Schwierigkeiten, wenn wir nicht anerkennen, dass es auch Dinge gibt, die sich unseren Erfahrungen entziehen. Die Theorie, dass Materie und Energie sich sowohl als Teilchen als auch als Wellen verhalten können, schien anfangs ebenso merkwürdig wie lächerlich – und vielleicht ist das auch so. Wellen und Teilchen sind aber für uns insofern sinnvolle Einheiten, weil sie es erlauben, das Verhalten der Natur zu beschreiben.

Wenn man sich an Vorstellungen gewöhnt, verlieren sie allgemein schnell ihren Schrecken. Wie merkwürdig mag sich wohl Newtons Gravitationstheorie angehört haben? Sie schloss immerhin die Vorstellung einer Kraft ein, die ununterbrochen auf große Entfernung gleichzeitig im ganzen Universum wirkte. Mit dem Prinzip von Ursache und Wirkung war das kaum in Einklang zu bringen. Aber als Einstein 1916 mit seiner Allgemeinen Relativitätstheorie und dem gekrümmten Raum die Erklärung dafür lieferte, hatte die Welt schon 230 Jahre Zeit gehabt, sich an Newtons Gravitation zu gewöhnen. Dagegen schien nun Einsteins Theorie geradezu grotesk.

Tatsächlich ist die Vorstellung, dass die Schwerkraft durch deformierte Raumzeit entsteht, gar nicht so absonderlich. Blätter, die in einem Teich treiben, „versammeln" sich gewöhnlich in Gruppen. Diese Anziehungskraft ist der gekrümmten Raumzeit nicht unähnlich. Das Gewicht eines Blatts verursacht eine leichte Krümmung in der Spannung der Wasseroberfläche. Zwei Blätter treiben aufeinander zu, wie zwei Menschen in einem durchgelegenen Bett in die Mitte rollen. Dafür ist jedoch keine Kraft nötig, die über große Entfernung wirkt. Wenn ein neues Blatt in dem Teich landet, verursacht es kleine Wellen auf der Wasseroberfläche. Diese neue Blatt beeinflusst die anderen Blätter aber erst, wenn die Wellen sie erreichen.

Einsteins Allgemeine Relativitätstheorie besagt, dass die Raumzeit durch sehr massive Objekte gekrümmt wird, ähnlich wie die Wasseroberfläche durch die Blätter. Eine kleine Welle in der Raumzeit nennt man Gravitationswelle. Sie bewegt sich mit Lichtgeschwindigkeit fort. Fernwirkungskräfte sind damit obsolet, das Prinzip von Ursache und Wirkung ist wiederhergestellt. Die Planeten gleiten auf ihren Bahnen einfach auf den reibungsfreien Strukturen des Universums. Was bedeutet also gekrümmt? Wie kann leerer Raum Konturen aufweisen? Die Theorie beantwortet solche Fragen nicht. Sie erlaubt uns jedoch, innerhalb bestimmter Grenzen die Konstellation dieser Planeten zu einem von uns gewählten Zeitpunkt vorherzusagen. Genau das ist das Ziel der Wissenschaft: Sie will das Universum weniger seltsam erscheinen lassen, und zwar in der Hinsicht, dass mehr Dinge vorherzusehen sind. So gesehen ist das Universum nicht halb so merkwürdig, wie es scheint. Die Öffentlichkeit sollte sich vor allem klarmachen, dass nicht Astrologen und Wahrsager in die Zukunft sehen können, sondern Wissenschaftler.

Der Mars geht auf

Im Herbst 1997 strahlte ABC im Rahmen der Sendung *Good Morning America* eine dreiteilige Serie mit dem Titel: „Fringe or Frontier? Science on the Edge“ aus. Präsentiert wurde die Sendung von Michael Guillen, dem promovierten Physiker, der als Wissenschaftsreporter beim Fernsehen arbeitet, und den wir bereits im Fall Patterson kennen gelernt haben. Die einzelnen Folgen behandelten: Präkognition, also die Fähigkeit, zukünftige Ereignisse vorherzusehen; Astrologie, also der Glaube, dass die Planetenkonstellation das Leben der Menschen beeinflusst; und Psychokinese, also der Glaube, dass unbewegliche Objekte kraft des menschlichen Geistes bewegt werden können.

Vor 200 Jahren hielt man solche Vorstellungen für Magie und Hexerei. Gebildete Menschen gingen davon aus, dass es die wichtigste Aufgabe der Wissenschaft sei, die Welt von solch unsinnigem Aberglauben zu befreien. Das gelang jedoch bis heute nicht.

Am Ende eines Jahrhunderts, das von unglaublichen Fortschritten der Wissenschaft geprägt war, ist die Zahl der Menschen, die an Magie glauben, eher noch größer geworden. Die meisten von ihnen würden jedoch energisch abstreiten, abergläubisch zu sein. Sie sind vielmehr davon überzeugt, dass es wissenschaftliche Belege für diese Vorstellungen gibt.

Der Aberglaube hat in einer rational geordneten Welt überlebt, indem er sich angepasst und die Fachterminologie eben derjenigen Disziplin übernommen hat, die ihn überwinden sollte. Aberglaube ist zu Pseudowissenschaft geworden. Da sowohl Magie als auch Wissenschaft zu außergewöhnlichen Ergebnissen kommen, die unerklärlich scheinen, fällt es dem Normalbürger natürlich schwer, zwischen beiden zu unterscheiden.

Good Morning America war dabei keine Hilfe. In der ersten Folge von „Fringe or Frontier?“ ging es um Präkognition und Telepathie. Am Beginn standen einige Kurzkommentare zu Fällen von Präkognition, die den Interviewten angeblich persönlich passiert waren. Psychologen sehen hier zwei Mechanismen am Werk. Erstens erinnern sich die Menschen zumeist nicht an Momente, in denen sie scheinbar Zukünftiges vorhersahen, aber nichts passierte. Ohne Zufälle entsteht auch kein Aberglaube. Zweitens reagieren Menschen auf subtile Zusammenhänge; durch das bemerkenswerte Mustererkennungssystem des Gehirns werden Verbindungen hergestellt, derer wir uns vielleicht gar nicht bewusst sind. Die Wahrnehmung von Körpersprache ist ein gutes Beispiel dafür. Die meisten Menschen können ein echtes von einem gespielten Lächeln unterscheiden, aber nicht erklären, wie sie das tun.

Wissenschaftler legen viel Wert auf „wissenschaftliche Intuition“, eine Art instinktiver Erkenntnis der Natur und ihres Verhaltens. Manche Forscher haben mehr Intuition als andere, aber alle sind davon überzeugt, dass „wissenschaftliche Intuition“ keine angeborene Fähigkeit ist. Vielmehr ist sie das Ergebnis langjähriger Erfahrung mit Naturphänomenen, die einem ähnlichen Muster folgen – so etwa wie ein Billardspieler „weiß“, wie er die Kugel stoßen muss, ohne vorher lange Berechnungen über kollidierende Körper anzustellen. „Intuition“, sofern es sie wirklich gibt, ist nichts anderes als Mustererkennung.

Der Parapsychologe Dean Radin von der University of Nevada glaubt daran nicht. In *Good Morning America* testete er Michael Guillens Reaktion auf eine Reihe von Bildern, die auf einem Bildschirm zu sehen waren. Einige Bilder zeigten angenehme Motive, andere sehr verstörende. Radin behauptete, Guillens Erregungsgrad an der Menge des Schweißes auf seiner Stirn ablesen zu können. Außerdem erklärte er, dass die emotionale Reaktion des Mediums oft schon eintritt, bevor das Bild zu sehen ist, als ob man in der Lage sei, das Kommende vorherzusehen – auch wenn der Proband noch gar nicht weiß, dass er gleich verstört sein wird.

Radin behauptet nicht, dass diese Vorahnungen jedesmal eintreffen. Vielmehr scheint die Intuition eine Erfolgsquote von etwas über 50 Prozent zu erzielen. Sicher erinnern Sie sich noch daran, dass Irving Langmuirs Pseudowissenschaft (zweites Kapitel) durch eine leichte Abweichung von der theoretischen Erwartungshaltung – hier also 50 Prozent – gekennzeichnet war.

Der Aufbau dieses Experiments wirft eine Reihe von Fragen auf. Kann man allein von der Feuchtigkeit der Haut auf emotionale Erregung rückschließen? Und wozu braucht man eigentlich all die Computer und Monitore? Warum fragt man den Probanden nicht einfach, welche Karte als nächste aufgedeckt wird? Vielleicht, weil es sehr einfach ist, das Experiment Karten raten zu wiederholen. Tatsächlich hat man dieses Experiment schon zahllose Male unter strenger Kontrolle durchgeführt. Bisher ist es niemandem gelungen, die Karten bewusst vorauszuahnen. Es ist viel schwieriger, das Computerexperiment zu widerlegen. Wenn es einem anderen Forscher nicht gelingt, diesen Effekt zu bestätigen, kommt es zwangsläufig zu endlosen Diskussionen über die Art der verwendeten Bilder, über den zeitlichen Abstand zwischen den Bildern, die Rolle des Lebenslaufs eines Probanden usw.

Es handelt sich hier um eine weitere Variation der ermüdenden Geschichte außersensorischer Wahrnehmung. Im Jahr 1987 untersuchte die National Academy im Auftrag der Regierung der US Army die gesamte Literatur zu Parapsychologie. Die Untersuchung war Teil einer groß angelegten Studie über außergewöhnliche Fähigkeiten des Menschen. Ergebnis der Studie war, dass „in den letzten 130 Jahren kein wissenschaftlicher Beleg für die

Existenz parapsychologischer Phänomene erbracht wurde“. Bis jetzt hat sich daran noch gar nichts geändert, abgesehen davon, dass inzwischen noch mehr Jahre vergangen sind. Sobald ein Experiment aber als Betrug entlarvt wird, werden sofort neue, noch merkwürdigere Experimente konstruiert, wie etwa das, das in *Good Morning America* vorgestellt wurde. Die Hoffnung stirbt zuletzt. Es gibt immer wieder jemanden, der glaubt, dass er nun den endgültigen Beweis für außersensorische Wahrnehmungen erbracht hat.

Für die momentane Diskussion ist allerdings die Frage wichtiger, ob Studien zu Präkognition als Wissenschaft zu bezeichnen sind. Nehmen wir einmal die Definition von *Wissenschaft* aus dem zweiten Kapitel:

> Wissenschaft ist der systematische Versuch, Wissen über die Welt zu sammeln und das erlangte Wissen in Form von überprüfbaren Gesetzen und Theorien zu organisieren und zu formulieren.

Gibt es ein Gesetz der Präkognition, das man überprüfen könnte? Guillen schien dies zu glauben: „Nach der Theorie ist es, als ob wir die Zeit durch einen schmalen Schlitz betrachteten. Laut konventioneller Wissenschaft können wir nur einen Moment der Zeit betrachten, nämlich die Gegenwart. Radin wirft jedoch die Frage auf, ob der Schlitz nicht groß genug ist, um etwas mehr als die Gegenwart zu zeigen, nämlich ein kleines bisschen Zukunft. Dann könnten wir ‚aus dem Bauch heraus‘ Vorahnungen haben.“

Worüber sprach der Mann? Wir erfahren die Welt mit unseren Sinnen. Diese Sinne kennen wir heutzutage sehr genau. „Sehen“ bedeutet, dass Photonen auf die Retina des Auges treffen und eine fotochemische Reaktion auslösen. Auf optischen Nervenbahnen wird die Information zum visuellen Cortex transportiert, um dort weiterverarbeitet zu werden. Da während dieses Prozesses Zeit vergeht, sehen wir streng genommen immer nur die Vergangenheit. Das Licht der Sterne, die wir nachts am Himmel sehen, ist manchmal schon seit Millionen von Jahren unterwegs. Es ist schlichtweg Unsinn, darüber zu reden, in die Zukunft zu „sehen“.

Aber vielleicht gibt es ja einen sechsten Sinn, der dem Gehirn Informationen liefert und der noch nicht erforscht worden ist?

Wenn es so sein sollte, arbeitet er mit einem System, der sich von allen bekannten Mechanismen vollständig unterscheidet. Außerdem ist er ziemlich unzuverlässig. Wenn jeder einen sechsten Sinn besitzt, wieso haben die Menschen dann ständig Unfälle?

Für den Bericht über Psychokinese besuchte Michael Guillen das Princeton Laboratory von Robert Jahn, der früher dort als Dekan gewirkt hatte. Jahn war übrigens auch der Mentor von Dean Radin. Seit 18 Jahren führt Jahn Experimente zur Psychokinese durch. Dabei versuchen Menschen, Zufallsgeneratoren durch die Kraft ihres Geistes zu beeinflussen. „Es gibt einen sehr kleinen Effekt", erklärt Jahn, „nicht groß genug, um ihn bei einem einzigen Experiment feststellen zu können. Aber in längeren Studien bemerkt man eine systematische Abweichung der Maschine von ihrem normalen Verhalten, je nachdem, welche Absichten der Proband hat". Inzwischen haben Sie eine solche Antwort wahrscheinlich erwartet – eine große Zahl von Experimenten führt zu einer leichten Abweichung von der statistischen Erwartung, und es gibt keine Möglichkeit, die Erfolgsquote zu verbessern.

In der jetzt besprochenen Variation sitzt Guillen an einem Tisch und hat einen mechanischen Spielzeugfrosch vor sich. Der aufgezogene Frosch springt ziellos über den Tisch, während Guillen durch Konzentration versucht, ihn dazu zu bringen, auf ihn zuzuspringen. Manchmal klappt das – manchmal nicht. Wenn es funktioniert, fühlt es sich für Guillen so an, als ob er den Frosch kontrollierte. Aus demselben Gefühl heraus ruinieren sich Tausende von Menschen an den Spieltischen von Las Vegas. Wenn der Frosch in die falsche Richtung springt, glaubt Guillen, sich nicht genug zu konzentrieren. Nach dem Experiment verkündet Jahn, dass Guillen laut Computeranalyse den Frosch mit 90-prozentiger Wahrscheinlichkeit beeinflusst hat.

Vielleicht fragen Sie sich, was es mit diesen Zufallsgeneratoren auf sich hat. Jahn hat zahlreiche Maschinen getestet, die mit dem Zufallsprinzip arbeiten, darunter zum Beispiel auch Springbrunnen, die die Testpersonen zu besserer Leistung anspornen sollten. Es ist allerdings nicht bewiesen, dass diese Maschinen wirklich ohne System funktionieren. Tatsächlich glaubt man im Allgemeinen, dass es gar kein Zufallsprinzip gibt. Es kann daher durchaus sein, dass erst Experimente beweisen, ob Zufälligkeit vorliegt oder nicht. Außerdem, wenn der menschliche Geist unbewegte Objekte beeinflussen kann, sollte man die statische Kraft, die dabei entstehen muss, doch einfach messen können? In modernen Mikroultrabalancen kann man ohne weiteres Kräfte messen, die im Bereich von Millionstel Gramm liegen. Warum sollte man psychokinetische Kräfte nicht dafür verwenden, Mikrobalancen zu beeinflussen? Sie sind sehr empfindlich und würden alle dubiosen Statistiken unnötig machen.

Der Grund dafür ist natürlich, dass noch nie eine Mikrobalance beeinflusst werden konnte. Deshalb sind Statistiken bei parapsychologischen Untersuchungen auch so beliebt: In ihnen können sich zahlreiche Unsicherheiten und Fehler verbergen. Und Fehler werden vom Versuchsleiter meistens zu seinen Gunsten ausgelegt. Das Experiment mit dem Frosch könnte zum Beispiel durch die Zeitmessung beeinflusst werden. Wenn man die Stoppuhr immer dann startet, wenn sich der Frosch gerade auf die Testperson zu bewegt, wird sich das auf das Testergebnis positiv auswirken. Dabei muss gar keine Absicht im Spiel sein. Allerdings werden solche Experimente zumeist von Assistenten durchgeführt, die ihren Chef gerne mit positiven Ergebnissen zufrieden stellen möchten.

Das bringt uns zu einem weiteren Kennzeichen der pathologischen Wissenschaft: Es scheint keinen erkennbaren Fortschritt zu geben. Die Beweislage verbessert sich grundsätzlich überhaupt nicht.

Jahrzehnte vergehen, und dennoch gibt es immer noch keine deutlich Fotografie von einem UFO oder vom Monster im Loch Ness. Auch zehn Jahre nach der angeblichen Entdeckung der kalten Fusion gibt es keine besseren Ergebnisse als nach den ersten paar Wochen. Keine psychische Kraft ist jemals wirklich nachgewiesen worden. Trotz all der Tests, die von Parapsychologen wie Jahn und Radin entwickelt und durchgeführt worden sind, und trotz der gewaltigen Datenmenge, die sich im Lauf vieler Jahre angesammelt hat, sind die Ergebnisse heute nicht überzeugender als zum Zeitpunkt der ersten Experimente. Kein einziger Mechanismus ist je nachgewiesen worden. Niemals ist eine Theorie entstanden, die man testen und überprüfen kann.

Natürlich wurde in jede Folge von „Fringe or Frontier?“ auch etwas wissenschaftliche Skepsis eingestreut. Sie bestand in einer 15 Sekunden langen Audio-Einspielung, in der erklärt wurde, dass keine der vorgestellten Theorien wissenschaftlich fundiert sei. Wie Langmuir schon vor über 60 Jahren zu seinem Missfallen feststellen musste, als er J. B. Rhines ESP-Experimente entlarvte, scheint die Beschäftigung mit Pseudowissenschaft dazu zu führen, dass der Disput um die Grenze von Aberglauben und Wissenschaft auf eine reine Auseinandersetzung zwischen Wissenschaftlern reduziert wird. Je bekannter die Herausforderer sind, desto mehr Gewicht erhält die pseudowissenschaftliche Theorie.

Nach der Audio-Einspielung erklärte der leichtgläubige Guillen jedoch stets überschwänglich: „Man muss diese Dinge ernst nehmen. Wenn Jahn Recht hat, sind wir nicht mehr weit entfernt von Rollstühlen, Computern und Düsenjets, die nur mit Geisteskraft gesteuert werden. Wir haben es hier mit äußerst interessanten Theorien zu tun.“

In der Folge über Astrologie sprach Guillen mit dem deutschen Parapsychologen Suitbert Ertl, der von Astrologie im Allgmeinen zwar nichts hielt, aber behauptete, beweisen zu können, dass der so genannte Gauquelin- oder Mars-Effekt tatsächlich begründet ist. Der französische Psychologe Michel Gauquelin hatte 1955 behauptet, dass Menschen – oder zumindest in Paris Geborene – besonders häufig Sportler, Soldaten oder Manager werden, wenn der Mars im Aufsteigen begriffen ist oder im Zenit steht; der aufsteigende Saturn sorgt für eine Zunahme an Wissenschaftlern und Physikern, der Jupiter für Schauspieler.

Merkwürdigerweise trifft der Gauquelin-Effekt gemäß Ertl nur für diejenigen zu, die später berühmt werden. Das hört sich natürlich etwas ungerecht an, stimmt aber mit der Beobachtung überein, dass bekannte Hollywood-Schauspieler sich unter Hypnose in früheren Leben grundsätzlich als berühmte Personen wiederfinden. Sie waren einst Napoleon oder Kleopatra, aber niemals Bettler oder arme Handwerker. Es scheint, als ob das Universum nur für die Berühmten geschaffen ist, während wir Namenlosen bloß dazu da sind, ihnen zu huldigen.

Ob es nun der Mars-Effekt ist oder irgendein anderer Einfluss der Planeten auf uns, Astrologie hat mit dem gebräuchlichen Verständnis von Wissenschaft überhaupt nichts zu tun. Trotzdem erklärte Michael Guillen am Ende der Episode zu Astrologie: „Ich persönlich glaube nicht an Astrologie, zumal die Auswirkungen der Planeten so gering sind, dass sie, wenn überhaupt, wohl nur einen von zehn Millionen Menschen betreffen. Andererseits haben sich sehr geringe Effekte in der Physik und der Astronomie – etwa die Quantenmechanik oder die Spezielle Relativitätstheorie – bestätigt. Also müssen wir mit einem abschließenden Urteil wohl noch warten."

Mit dem Urteil warten? Über Astrologie? Guillen war in der einzigartigen Position, Millionen von wissenschaftlich nicht gebildeten Fernsehzuschauern die Funktionsweise der Welt näher zu bringen. Stattdessen entschied er sich, uralten Aberglauben zu beschwören und diesen auch noch mit der Rätselhaftigkeit moderner Physik zu untermauern. Sehen wir uns einige rätselhafte Theorien moderner Physik einmal näher an und untersuchen, ob sie den Aberglauben tatsächlich stützen.

Der Fall Schmetterling

Kann der Mars einen – wenn auch geringen – Einfluss auf das Leben auf der Erde ausüben? Wenn man diese Frage mithilfe der Physik beantworten will, muss man die Gravitation einbeziehen. Genau genommen wirkt die Schwerkraft eines Himmelskörpers auf das ganze Universum. Die Auswirkungen der Schwerkraft des Mondes zeigen sich zum Beispiel an den Gezeiten der Meere auf der Erde. Man geht heute davon aus, dass das Leben in den Meeren entstanden sein könnte, weil dort die notwendigen Bestandteile in großer Zahl vorhanden waren.

Wenn die Mondschwerkraft die Meere beeinflusst, könnte sie dann auch unsere Körper oder Seelen beeinflussen? Verspürt der Mensch Gezeitenkräfte? Sehen wir uns zuerst einmal die Entstehung der Gezeiten an. Sie resultieren aus der *Differenz* der Mondschwerkraft, die auftritt, während er sich um die Erde dreht. Deshalb gibt es zwei Gezeitenwechsel pro Tag. In kleineren Seen sind keine Gezeiten zu erkennen, weil sich der Abstand vom Mond zur Seeoberfläche von der zum Grund nur geringfügig unterscheidet.

Menschen sind also ebenfalls viel zu klein, um Gezeitenkräfte spüren zu können. Wenn man sich unter einen Apfelbaum stellt, wäre die Schwerkraft der Äpfel größer als die des Mondes.

Newton leitete ab, dass die Schwerkraft zwischen zwei Körpern der dritten Potenz der Entfernung zwischen den Zentren dieser beiden Körper entspricht. Mit anderen Worten, wenn die Entfernung zwischen Erde und Mond doppelt so groß wäre, betrüge die Schwerkraft nur noch ein Achtel. Selbst die kleinste Entfernung zwischen Mars und Erde ist jedoch 140-mal so groß wie zwischen Mond und Erde. Obwohl die Masse des Mars achtmal so groß ist wie die des Mondes, beträgt die Schwerkraft nur den 300 000sten Teil. Das wirft eine wichtige Frage auf: Darf man auch eine noch so kleine Kraft einfach vernachlässigen? Die Antwort lautet eindeutig ja. Das hat mit Temperatur zu tun.

Ein Fluss oder Teich, der im Winter klar erscheint, kann trübe werden, wenn die Temperatur steigt. Das geschieht, weil feste Schwebstoffe, die durch die Erdanziehungskraft im Winter auf den Boden gesunken waren, durch die zunehmende Wärme aufsteigen. Untersucht man einen Tropfen dieses Wassers unter dem Mikroskop, scheinen die Schwebstoffe geradezu zu tanzen. Man spricht dabei von der Brownschen Bewegung, die Albert Einstein schon früh in seiner Karriere mathematisch beschrieben hat. Sie entsteht, weil die Wassermoleküle die Schwebstoffe ständig „schubsen". Wir haben es hier mit Wärmeenergie zu tun, die in diesem Fall die Schwerkraft der Erde überwindet. Die Wärmeenergie einer Substanz wird von den Hauptsätzen der Thermodynamik bestimmt und verhält sich proportional zur Temperatur. Die winzige Gravitationsenergie des Mars wird bei den Temperaturen, die auf der Erdoberfläche herrschen, von der Wärmeenergie bei weitem übertroffen.

Das Vernachlässigen der Wärmeenergie ist ein typischer Fehler, der recht häufig zu pathologischer Wissenschaft führt. Diesen Fehler begingen zum Beispiel die Wissenschaftler, die glaubten, dass Hochspannungsleitungen Krebs auslösen können. Und nirgendwo wird die Vernachlässigung der Wärmeenergie deutlicher als beim „Erinnerungsvermögen“ des Wassers in der Homöopathie. Es ist ein wenig merkwürdig, dass Homöopathen überhaupt so viel Wert auf die Erinnerungsfähigkeit von Wasser legen, wenn man bedenkt, dass die meisten homöopathischen Medikamente, wie wir im dritten Kapitel gesehen haben, in Form von Tabletten oder sogar Kaugummi verkauft werden, und nicht als wässrige Lösungen.

Aber lassen wir den Werdegang des Wassers einmal außer Acht. Worauf gründet sich eigentlich die Behauptung, dass es sich an Substanzen erinnern kann, die in ihm gelöst sind? Im Allgemeinen spricht man davon, dass die Erinnerungsfähigkeit in der „Struktur“ des Wassers gespeichert ist. Es ist viel darüber spekuliert worden, was denn mit „Struktur“ gemeint ist: Cluster von Wassermolekülen, die auf bestimmte Weise angeordnet sind oder sogar eingefügte Isotope wie Deuterium oder Sauerstoff-18.

Solche Theorien ähneln Schnappschüssen von Molekülgebilden in einer Flüssigkeit. Wassermoleküle sind immer bestrebt, ein geordnetes Gefüge anzunehmen, wenn das Wasser gefriert, bilden sich Eiskristalle, in denen die Moleküle feste Positionen einnehmen. Oberhalb des Gefrierpunkts werden die schwachen Bindungskräfte zwischen den Molekülen durch erhöhte Molekularbewegungen überwunden – es handelt sich um dieselbe Energie, die die Brownsche Bewegung auslöst. Könnte man die Wassermoleküle fotografieren, würde man einzelne Gruppen erkennen, die sich wie Kristalle anordnen. Aber diese Anordnungen existieren nur sehr kurze Zeit, sie werden durch die Molekularbewegung wieder zerstreut und neu geformt. Das geschieht ununterbrochen. Dass es nicht einmal an einzelnen Stellen auch nur kurzzeitig zu einer „Erholungsphase“ kommt, gehört zum Prinzip von Flüssigkeiten. Nicht unbedingt das, was man sich unter Erinnerungsvermögen vorstellt.

Homöopathen argumentieren, dass nur sehr wenig Erinnerung vonnöten ist. In seinem Buch *Healing with Homeopathy* zieht Wayne Jonas, der Direktor des NIH Center of Alternative and Complementary Medicine, die Chaostheorie als mögliche Erklärung für die Erinnerungsfähigkeit des Wassers heran:

Es ist Teil der Chaostheorie, dass kleine Veränderungen einer Variablen dazu führen können, dass ein ganzes System sich plötzlich völlig anders verhält. So kann eine kleine Änderung der Windrichtung ein ganzes Klimasystem verändern. In diesem Sinne kann man sich die Wirkungsweise homöopathischer Medikamente wie Änderungen einer solchen Variablen vorstellen.

Jonas hat seine Wettermetapher wahrscheinlich der berühmten Frage von Edward Lorenz aus dem Jahr 1960 entnommen: „Kann der Flügelschlag eines Schmetterlings in Brasilien einen Tornado in Texas auslösen?"

Mithilfe von Computersimulationen hatte Lorenz herausgefunden, dass winzige Änderungen der Anfangsbedingungen, etwa der Temperatur oder der Windströme, die Entwicklung des Klimas auf längere Zeit dramatisch verändern können – auf eine Art und Weise, die nicht vorhersehbar war. Jonas hatte diese rhetorische Frage aber offenbar falsch verstanden, denn Lorenz hatte nicht behauptet, dass man diesen Einfluss kontrolliert einsetzen könne.

Das Gegenteil ist der Fall. Nach zahlreichen Simulationen entdeckte Lorenz, dass die Ergebnisse sich zwar nie exakt wiederholten, sich jedoch bestimmten Werten annäherten, die man als Attraktoren bezeichnet und die weit auseinanderliegen können. Stellen Sie sich einen Regentropfen vor, der genau auf den Kontinentalbruch fällt. Ein einziger Windstoß bestimmt, ob der Tropfen in den Atlantik oder den Pazifik fällt. Die komplexen Bedingungen, die bestimmen, wie sich ein chaotisches System weiterentwickelt, sind naturgemäß nicht vorhersehbar. Die Chaostheorie kann die Homöopathie nicht unterstützen, sie beweist im Gegenteil sogar ihre Unwirksamkeit. Jonas' Erklärung ist vergleichbar mit der Vorstellung, dass man Tornados verhindern könnte, indem man alle Schmetterlinge tötet.

Heisenberg war sicher

Man sagt, die Quantenmechanik sei ein Test. Wenn jemand behauptet, sie zu verstehen, hat er einfach nicht genau genug über sie nachgedacht. Quantenphänomene bedeuten praktisch, dass eine Beobachtung an einer Stelle bestimmt, welche Beobachtung gleichzeitig an einer anderen Stelle gemacht wird – und das verletzt Einsteins Gesetz der Kausalität. Die Versuche, dieses Verhalten mit unserem Verständnis der Welt zu vereinen, hat die klügsten Physiker der Welt, darunter Einstein und Bohr, beschäftigt und Dispute ausgelöst, die bis heute nicht beigelegt sind. Eine Zeit lang wurde über die Quantenmechanik nicht gestritten, da die Physiker zu sehr damit beschäftigt waren, sie zu nutzen, statt sich zu fragen, warum sie funktioniert. Gemessen an der immensen Bandbreite von Einblicken, die sie ermöglicht, muss die Quantenmechanik zweifellos als erfolgreichste wissenschaftliche Theorie der Geschichte bezeichnet werden.

Unbeantwortete Fragen wie diese nagen jedoch an vielen Physikern. Der heute fast 90-jährige berühmte Physiker John Wheeler plädiert für eine Erneuerung der „verzweifelten Verwirrung", die die ersten Jahre der Entwicklung der Quantentheorie geprägt hat. Dazu könnte es schon bald kommen, da man derzeit versucht, ihre Besonderheiten in der Computertechnologie einzusetzen.

Viele Missverständnisse hinsichtlich der Quantenmechanik sind entstanden, weil man Heisenbergs Unschärferelation dahingehend fehlinterpretiert hat, dass sie angeblich besagt, in der Welt sei nichts vorhersehbar. Das Gegenteil ist richtig. Die Unschärferelation ermöglicht Vorhersagen, die noch nie zuvor gemacht worden sind.

Nehmen wir einmal an, man wollte die Geschwindigkeit eines Autos errechnen. Dazu stellt man zwei Pylonen in einem bekannten Abstand auf der Straße auf. Dann misst man die Zeit, die das Auto benötigt, um den Abstand zwischen den Pylonen zu überwinden. Schließlich teilt man die Distanz durch die benötigte Zeit und erhält die Geschwindigkeit. Je genauer man den Abstand zwischen Pylonen kennt und je genauer die Zeitmessung ist, desto exakter ist die errechnete Geschwindigkeit. Man kann diese Unsicherheiten minimieren, indem man zum Beispiel die Pylonen möglichst weit auseinander aufstellt.

Nehmen wir nun einmal an, man wolle wissen, wo sich das Auto befand, als die Geschwindigkeit gemessen wurde. Die Antwort würde lauten: zwischen den Pylonen. Je weiter die Pylonen voneinander entfernt sind, desto ungenauer kann man die Position des Autos bestimmen. Wenn man diese Position genauer bestimmen will, muss man die Pylonen näher zusammen stellen. Dadurch wird jedoch die Geschwindigkeitsmessung ungenauer.

Dieses Beispiel verdeutlicht das klassische Problem aller Messungen. Ort und Bewegung gelten als „komplementäre" Variablen. Davon gibt es im Alltag eine ganze Menge. Wenn wir unser Geld möglichst sicher anlegen wollen, müssen wir auf hohe Zinsen verzichten. Das wusste man schon lange vor der Quantentheorie, aber man ging immer davon aus, dass die Messungen durch verbesserte Instrumente immer genauer würden.

Heisenberg behauptete, man könne den Ort und die Geschwindigkeit eines Teilchens gleichzeitig nur bis zu einer bestimmten, grundlegenden Grenze identifizieren.

Diese Grenze bezeichnet man als Plancksche Konstante, sie ist das Maß für die ultimative Unschärfe der Natur. Daraus ergibt sich jedoch auch eine Begrenzung der Zahl möglicher Ergebnisse eines Experiments. Beim Übergang von einer Quantenebene auf eine andere wird ein Photon mit einer ganz bestimmten Energiemenge freigesetzt. Derselbe Übergang wird jedesmal wieder exakt dieselbe Energie freisetzen. Heisenberg hatte die Welt eigentlich genauer erklärt als jeder andere.

Die Quantentheorie stellt die Eigenschaften eines Teilchens mithilfe einer mathematischen Formel dar, die man Wellenfunktion nennt. Mit ihr kann man die Wahrscheinlichkeit berechnen, mit der sich ein Teilchen an einem bestimmten Ort befindet. Gemäß Heisenbergs Unschärferelation wird ein Teilchen, dessen Bewegung genau bekannt ist, durch ein breites Wellenpaket repräsentiert. Sobald das Teilchen entdeckt wird, „kollabiert" die Wellenfunktion vom Standpunkt des Beobachters aus gesehen. Das Entdecken des Teilchens an sich verursacht eine allseitige

Veränderung der Wellenfunktion. Es ist, als ob das Teilchen bis zu diesem Moment überall gleichzeitig gewesen wäre.

Die meisten Physiker zucken ob dieser Tatsache mit den Schultern und sagen: „Na und?“. Die Quantenmechanik liefert ihnen eine mathematische Beschreibung der Natur, die für ihre Experimente sehr dienlich ist. Leider ist es bisher nicht gelungen, die beiden größten Errungenschaften der Physik im 20. Jahrhundert – die Allgemeine Relativität und die Quantenmechanik – miteinander zu vereinen. Die Allgemeine Relativität ist eine klassische Kontinuumtheorie, die das Universum als vollkommenes Ganzes ansieht. Darin liegt wahrscheinlich der Grund für ihre Unvereinbarkeit mit der Quantenmechanik. Bis heute gibt es keine allgemein anerkannte Quantentheorie der Gravitation.

Als Einstein 1916 seine Relativitätstheorie veröffentlichte, unterschieden sich die damit realisierbaren Vorhersagen für Laborexperimente so wenig von der Mechanik Newtons, dass einige Wissenschaftler beinahe verzweifelten. Es schien einfach keine Möglichkeit zu geben, Messungen mit der erforderlichen Genauigkeit durchzuführen. Es mutet wunderbar ironisch an, dass die Bestätigung der Relativitätstheorie ausgerechnet durch die Entwicklung der Quantenmechanik ermöglicht und später geradezu Routine wurde. Ein Nebenprodukt ist etwa die Atomuhr, die in 100 000 Jahren um weniger als eine Sekunde abweicht. Gesteuert wird die Atomuhr durch die Frequenz von Mikrowellen, die bei Quantensprüngen innerhalb von Cäsiumatomen auftreten. So viel zu dem Unsinn, die Quantenmechanik beschreibe eine unberechenbare Welt.

Da ihre Vorhersagen durch Experimente als gesichert gelten können, hat die Quantenmechanik die Welt der Wissenschaft viel leichter verständlich gemacht.

Es ist keine Überraschung, dass sich trotzdem Mysterien um sie ranken. Dass die Quantenmechanik mit der Allgemeinen Relativität bisher nicht zu vereinen ist, zeigt uns nur, dass uns noch große Entdeckungen erwarten. Wenn es so weit ist, werden wir die Welt noch besser verstehen.

Das unbewusste Universum

Nicht jedem gefällt die Vorstellung von einer berechenbaren Welt. In einer solchen Welt werden die Menschen auf komplexe Maschinen reduziert, die im Grunde von denselben Gesetzen bestimmt werden, die auch die Planeten auf ihren Bahnen halten. Das Weltbild der meisten Menschen beinhaltet, dass der Mensch mehr sein muss als die Summe seiner Teile, etwa indem er eine Seele besitzt.

Unter anderem versucht man, das Besondere am Menschen, was ihn zu mehr als einer Maschine macht, in der Quantenmechanik zu entdecken. So könnte die Quantenmechanik eine Welt beschreiben, die das Bewusstsein des Menschen integriert. Dann wäre die Wellenfunktion weit mehr als eine mathematische Formel, sie wäre eine physische Realität, eine Art holistisches Bewusstseinsfeld, das durch Raum und Zeit im ganzen Universum existiert. Allein durch das Beobachten eines Messinstruments verändert der Beobachter die Wellenfunktion irgendeines Systems, was sich gleichzeitig im ganzen Universum auswirkt.

Man kennt diese Theorie auch unter dem schönen Namen „participatory anthropic principle". Nehmen wir einmal an, das Messinstrument wird nicht abgelesen, sondern die Messung automatisch registriert. Wenn das participatory anthropic principle zutrifft, kollabiert die Wellenfunktion erst dann, wenn ein Mensch sich die Ergebnisse bewusst ansieht. Bis dahin wäre das Messergebnis des Instruments nur ein „potenzielles" Ergebnis. Nichts ist wirklich geschehen, bis es von einem Menschen beobachtet wird. Wir selbst schaffen also die Realität.

Man kann das Gegenteil nicht so einfach beweisen, aber diese Art der Weltsicht dürfte eher unpraktisch zu sein und wirft eine Menge unangenehmer Fragen auf: Wie bewusst muss sich ein Mensch sein, um Potenzielles zu Realem umzuwandeln? Kann jeder Mensch eine Wellenfunktion kollabieren lassen?

Wenn man einen Schimpansen so dressieren würde, dass er die Messungen abliest, würde die Wellenfunktion dann auch kollabieren? Was ist mit den Menschen, die kaum intelligenter sind als Schimpansen?

Es gibt zwar auch ein paar besonnene Wissenschaftler, die das participatory anthropic principle teilweise anerkennen, ihre größten Anhänger findet die Theorie aber unter den Freunden paranormaler Phänomene. In Deepak Chopras *Ageless Body, Timeless Mind: The Quantum Alternative to Growing Old* ist zu lesen: „Die physische Welt, einschließlich unserer Körper, ist eine Reaktion des Betrachters ... Überzeugungen, Gedanken und Gefühle schaffen die chemischen Reaktionen, die das Leben in den Zellen erhalten." Dies ist ein Lehrsatz der indischen Heilslehre Ayurveda, die schon seit mehreren tausend Jahren existiert. Chopra zieht die Quantentheorie heran, um den Eindruck zu erwecken, dass Ayurveda durch die moderne Wissenschaft bewiesen worden sei. Wir müssen leider feststellen, dass auch der Autor von *Ageless Body* gegen die Begleiterscheinungen des Älterwerdens nicht immun ist.

In *Healing with Homeopathy* geht Jonas sogar noch einen Schritt weiter als Chopra:

> Einige Theoretiker vermuten, dass Intention und Bewusstsein etwas mit der Wandlung nicht-lokaler Quantenpotenziale zu Molekülen tun haben müssen ... Gedanken und Überzeugungen bewirken durch die Absicht einer Person oder eines Arztes, zu heilen, eine Realisierung potenzieller Heileffekte.

Er glaubt also, dass für die Heilung notwendige Moleküle durch die Kraft der Gedanken nicht nur des Patienten, sondern auch des Behandelnden geschaffen werden können. Natürlich kann die Psyche die chemischen Vorgänge innerhalb des Körpers in gewissem Rahmen beeinflussen, aber es ist ein langer Weg von dort bis zu der Befähigung, mithilfe von Gedanken heilen zu können. (Ich vermeide hier den Begriff Quantensprung.) Man wird unwillkürlich an Gesundbeter und Zauberei erinnert. Wo früher der Magier in seinem langen Gewand die Geister beschwor, beschwört der Pseudowissenschaftler von heute die Quantenmechanik, die Relativität und das Chaos.

Die jüngste Wissenschaftlerin

Besonders viel Gewicht legt auch die so genannte „Biofeldtherapeutik" auf die Macht des Heilers. Sie ist allgemein als Berührungstherapie bekannt, aber man könnte sie genauso gut Nichtberührungstherapie nennen, denn die Hände des Behandelnden geraten gar nicht in Kontakt mit dem Patienten. Vielmehr bewegt der Heiler seine Hände im Abstand von einigen Zentimetern über den Körper des Patienten hinweg, um so sein „Energiefeld" auszubalancieren. Wie dieses Energiefeld beschaffen ist, weiß niemand so genau, aber es gibt Leute, die es als elektromagnetisch bezeichnen. Die Heiler sind sich darüber einig, dass das Energiefeld sich mehrere Zentimeter um den Körper herum ausdehnt. Angeblich kann ein geübter Heiler die Begrenzung der Energiefelder erspüren.

Die Berührungstherapie hat in den letzten Jahren stark an Popularität gewonnen, sie wird heute allein in den USA in über 70 verschiedenen Sanatorien angeboten. Ihre Ursprünge hat die von Dolores Krieger – Professorin für Pflegeberufe an der New York University – in den Vereinigten Staaten eingeführte Berührungstherapie in der chinesischen Heilslehre Qi Gong. Unterstützung durch Qi Gong wird häufig als Begleitung von operativen Eingriffen angeboten, einige Chirurgen berichten, die Patienten wären dadurch ruhiger und entspannter. Immerhin ist noch niemand durch Beschädigungen seiner Aura ernsthaft verletzt worden.

Es gibt bisher keinen Beleg dafür, dass Berührungstherapie wirklich einen therapeutischen Nutzen hat, abgesehen von den positiven Erfahrungsberichten zufriedener Patienten. Die Behandelnden erklären dazu, dass eine Überprüfung des Heileffekts leider nicht möglich ist. Offenbar entsteht er durch das Zusammenwirken der Biofelder von Therapeut und Patient. So gesehen kann jeder eine Berührungstherapie durchführen, aber die meisten Menschen scheinen sich dieser Fähigkeiten nicht bewusst zu sein. Wie jedes angeborene Talent kann auch dieses trainiert und verbessert werden, aber da das Biofeld immer vorhanden ist, kann man eine Behandlung nicht vortäuschen. Dem Patienten ist in jedem Fall geholfen.

Emily Rosa glaubte jedoch, dass es durchaus möglich sei, die Behauptung der Berührungstherapeuten zu überprüfen, sie könnten die Biofelder menschlicher Körper spüren. Meistens sprechen die Therapeuten von einem leichten Kitzeln in den Fingerspitzen, aufsteigender Wärme oder einem schwachen Widerstand. Emily Rosa überredete 21 Therapeuten in ihrer Heimatstadt Boulder, Colorado, an einem wunderbar einfachen Doppelblind-Test teilzunehmen. Wie hätten sie auch ablehnen sollen? Emily war ein sehr nettes, neunjähriges Schulmädchen der vierten Klasse, das den Test als Hausaufgabe für die Schule durchführen wollte.

Zehn Dollar musste Emily für die Materialien ausgeben. Um den Test zu machen, setzte sie sich dem Therapeuten gegenüber an einen Tisch.

In der Mitte des Tisches stand eine Trennscheibe mit zwei Löchern darin, sodass die einander gegenüber sitzenden Personen sich nicht sehen konnten. Der Therapeut streckte seine Hände mit den Handflächen nach unten durch die Löcher. Dann hielt Emily eine ihrer Hände direkt unter eine Hand des Therapeuten. Welche Hand das war, entschied sie jeweils durch Münzwurf. Dann sollte der Therapeut angeben, mit welcher Hand er die Nähe eines Biofelds fühlen konnte.

Nachdem ihnen die Vorgehensweise erklärt worden war, hielten sich die meisten Therapeuten für befähigt, die richtige Hand mit 100-prozentiger Sicherheit herausfinden zu können. Das Experiment sollte auf Videoband aufgenommen werden. Bei 280 Tests erreichten die Therapeuten eine Erfolgsquote von 44 Prozent. Die Behandelnden zeigten sich erstaunt. Sie waren von ihren Fähigkeiten ehrlich überzeugt gewesen und konnten die Ergebnisse deshalb kaum glauben.

Mit der Hilfe ihrer Mutter und eines Statistikers schrieb Emily alle Geschehnisse auf und reichte sie bei dem renommierten Magazin *Journal of the American Medical Association* ein. Die Redakteure des Magazins sahen sich die Versuchsreihe genau an und erklärten, sie sei „Gold wert“. So wurde Emily zur jüngsten Wissenschaftlerin, die jemals in einer bedeutenden medizinischen Zeitschrift einen Artikel veröffentlicht hat. Sie wurde mehrfach geehrt und von verschiedenen landesweit ausstrahlenden Fernsehsendern interviewt. Die James Randi Educational Foundation spendierte ihr sogar ein Stipendium in Höhe von 1000 Dollar für ihr nächstes Studienprojekt – 100-mal mehr Geld, als sie für das erste Experiment hatte ausgeben müssen.

Kürzlich traf ich Emilys Mutter bei einer Konferenz für Mediziner in Philadelphia. Sie erzählte mir, dass ihre inzwischen 12-jährige Tochter jetzt an einem Test zur Überprüfung der Magnettherapie arbeite. Die „Wissenschaftlerin" Emily Rosa tut das, was Wissenschaftler eben tun – sie versucht, die Welt verständlicher zu machen.

Die kosmische Reise

Eine Million Jahre lebte der Mensch in einer Welt, die er nicht einmal ansatzweise verstehen konnte. Dann aber wurden innerhalb weniger Jahrzehnte zahllose Rätsel gelöst. Wir sehen uns daher heute mit einer Welt konfrontiert, die zwar nicht einfacher geworden ist, deren allgegenwärtige Gesetze jedoch bekannt sind.

Diese Gesetze können höchstens verstanden, unter keinen Umständen aber umgangen oder außer Kraft gesetzt werden. Ihre Entdeckung sollte das höchste Ziel einer zivilisierten Gesellschaft sein. Nicht, wie wir gesehen haben, weil Wissenschaftler bessere oder intelligentere Menschen sind, sondern weil sie eher befähigt sind, die Fehler einzelner Forscher aufzudecken. Die Wissenschaft ist unser wichtigstes Mittel, um die Wahrheit von Ideologien, Betrügereien oder einfachen Dummheiten zu unterscheiden.

Unsere Beispiele für „Voodoo Science" beinhalteten sowohl Ideologien als auch Betrügereien und Dummheiten. Betrüger wie die Hersteller von „Vitamin O" verdienen unsere Verachtung. Die meisten Wissenschaftler und Erfinder haben jedoch begonnen wie Joe Newman. Sie glaubten, eine großartige Entdeckung gemacht zu haben, die bis dahin übersehen worden war. Zwar darf man die Fähigkeit des Menschen, sich selbst etwas vorzumachen, nie unterschätzen, aber dennoch musste ihnen früher oder später aufgefallen sein, dass die Dinge sich nicht so entwickelten, wie sie es erhofft hatten.

In diesem Moment mussten sie eine Entscheidung treffen. Entweder gaben sie zu, dass sie sich getäuscht hatten, oder sie beharrten wider besseren Wissens auf ihrer Behauptung. Der erste Weg wird umso schwieriger, je mehr öffentliches Interesse erregt wurde. Der zweite beinhaltet entweder zahllose Wiederholungen der Experimente, bis die „richtigen" Ergebnisse erzielt werden, oder die Flucht in komplizierte Erklärungen, die alle Gegenbeweise entkräften sollen. Dabei werden zahllose Gründe konstruiert, um die Gegner der eigenen Theorie zu widerlegen. Nicht selten verstricken sich die Erfinder in diesem Bemühen immer tiefer in Widersprüche. Mit jedem Fernsehauftritt, jedem neuen Geldgeber und wachsendem Wohlstand wird es schwieriger, eigene Fehler zuzugeben. Dieser Weg führt direkt in den Betrug.

Nur wenige Wissenschaftler sind so klug oder haben so viel Glück, dass sie sich nie einer solchen Entscheidung stellen müssen. Die meisten von ihnen würden ihre Fehler aber eingestehen und dann hinter sich lassen. Einige würden wohl eine Zeit lang auf ihrer Meinung bestehen, sich letztendlich aber doch besinnen. Eine erschreckend große Zahl scheint jedoch den Kontakt zur Realität vollkommen zu verlieren – sie sind einerseits unfähig, eigene Fehlgriffe einzuräumen, wollen andererseits aber auch keine Betrüger sein. Auch wenn es ihnen noch so schwer fällt, weiter an die eigenen Theorien zu glauben, ist es doch einfacher als der Wahrheit ins Gesicht zu sehen.

Für die Wissenschaft bedeuten diese Forscher keine echte Bedrohung. Voodoo Science ist wie ein Rauschen im Hintergrund, ärgerlich, aber keine Gefährdung für den tatsächlichen wissenschaftlichen Fortschritt. Dinge wie die kalte Fusion lassen die Entwicklung zwar für ein paar Monate ins Stocken geraten, letztlich müssen für so außergewöhnliche Theorien aber auch Belege erbracht werden. Bedrohlich können solche Theorien sich jedoch für die Öffentlichkeit darstellen, die zumeist nicht in der Lage ist, Wahres von Erfundenem zu unterscheiden. Wer das Glück hat, eine wissenschaftliche Karriere einschlagen zu dürfen, erwirbt damit auch die Verpflichtung, die Öffentlichkeit aufzuklären.

Die meisten Anhänger dubioser Theorien wünschen sich die Welt einfach ein bisschen anders, als sie ist. Manche wollen zum

Beispiel nicht anerkennen, dass die Erde eine Gefangene der Sonne ist. Sie blicken wehmütig zu den Sternen hinauf und stellen sich vor, dass es doch einen Weg geben *muss*, die Grenzen von Raum und Zeit zu durchbrechen. Andere weigern sich, daran zu glauben, dass all ihre Träume und Wünsche auf die Gesetze der Physik reduzierbar sind. Sie suchen verzweifelt nach Hinweisen darauf, dass es etwas im Universum gibt, dass sich um *sie* kümmert. Die Wissenschaft kann jedoch nichts anderes tun, als zu erklären, was wir erfahren haben, und wir haben schon sehr viel erfahren.

Im Jahr 1996 besuchte ich die Vorführung des Films *Cosmic Voyage* im Luft- und Raumfahrtmuseum in Washington. Der Film war in der neuen IMAX-Technik aufgenommen worden und beschrieb unseren derzeitigen Wissensstand über das Wesen des Universums. Die emotionale Wirkung des Films traf mich völlig unvorbereitet. Ich fragte mich, ob er auf Nicht-Wissenschaftler wohl den gleichen Effekt hätte. Zurück in meinem Büro bat ich meine Sekretärin Delia, sich den Film ebenfalls anzusehen und mir ihre Eindrücke zu schildern. Delia ist belesen und sensibel, besitzt aber keine wissenschaftliche Ausbildung. Ohne zu wissen, was sie erwartete, stimmte sie zu.

Sie war überwältigt. Ihre „kosmische Reise“ trug Delia bis an die Grenzen des Universums, konfrontierte sie mit dem Mikrokosmos der Quarks und schickte sie Milliarden von Jahren in die Vergangenheit. Es verängstigte sie, dass die Erde und ihre Bewohner so vollkommen unbedeutend zu sein schienen. Galaxien kollidierten, Sterne explodierten, Welten verschwanden. Der Mensch steht diesen Kräften machtlos gegenüber. In die Angst mischte sich aber auch Bewunderung.

Bewunderung für die empfindsamen, sich fortpflanzenden, winzigen Wesen, die nur für kurze Zeit auf einem kleinen Planeten leben, der sich um eine von zahllosen Sonnen dreht, die sich wiederum in einer von Milliarden Galaxien befindet, und die dennoch in der Lage sind, all dies zu erkennen. Vielleicht ist dies das wirklich Seltsame am Universum. Seltsam und überaus wundervoll.

Register

»Kenntnisreich und meisterhaft«
Süddeutsche Zeitung
»Eine gelungene Einführung«
Frankfurter Allgemeine Zeitung

Richard Morris
Gott würfelt nicht. Universum, Materie und kreative Intelligenz
Aus dem Amerikanischen von AMS / Dirk Oetzmann
240 Seiten, € 16,90 (D) / sFr 30,20 / ISBN 3-203-80099-3